개정판

와인의 정석

고창범 지음

산지니

● 책을 펴내며

와인은 맛있다. 건강을 위하여 마시기보다는 맛이 있어 즐긴다. 그 맛이 몸 전체에 스며들어 그 참맛을 알기까지는 시간이 꽤 걸린 듯하다. 이 책을 마무리 지으면서 지난 시간을 돌아보니 내가 와인 강의를 업으로 강단에 선 지 10여 년이 훌쩍 지나 있었다.

그동안 강의를 해오면서 와인에 대한 이해를 돕기 위해 파와 시금치에 대한 비유를 자주 언급하곤 했다. 어린 시절에는 파와 시금치를 왜 싫어했는지 지금 생각해보면 웃음이 난다. 몰래 골라 먹다가 밥상머리에서 쫓겨나거나 눈총을 받았던 기억이 떠오르는데 이제는 담백한 설렁탕에 파가 없으면 제맛이 나질 않고 시금치의 깊은 맛과 찰진 식감을 더 찾게 되니 말이다.

아마도 와인이 그렇지 않을까 한다. 포도라면 누구나 그 맛과 향에 금세 공감하겠지만 초심자나 경험이 부족한 이에게 와인은 다가가기 낯선 고급 음료일 수도 있겠다. 하지만 무턱대고 와인을 마신다고 해서 그 맛과 향이 스스로 내 몸에 체득되는 건 아니다. 와인의 참맛을 알기까지는 노력이 필요하다.

여기서 노력이란 지식의 습득을 말한다. 혹자는 와인은 많이 마셔본 사람이 최고라고 한다. 하지만 내 지론은 이렇다. 와인은 공부하면서 마셔야만 알 수 있는 술이며, 그래야만 장복(長服)할 수 있고, 오래 마실 수 있어야만 참맛의 정점에 도달할 수가 있다. 그리고 그 참맛의 정점이란, 그 어떤 술도 흉내 낼 수 없는 고고한 향기와 맛, 즉 자연의 모든 향과 맛을 와인을 통해 얻을 수 있게 된다는 즐거움의 경지를 말한다.

물론 많은 시간과 돈을 투자해야지만 와인은 자신의 맛과 향을 내어주기 때문에, 어쩌면 사치스럽고 호화로운 느낌을 배제할 수가 없다. 하지만 적어도 와인을 몰개성적이며 진부한 알코올쯤으로 치부하는 생각에는 동의할 수 없다. 왜냐면 같은 포도원에서 만든 와인이라도 생산된 해에 따라 가격과 품질의 편차가 심하고, 같은 품종으로 만들더라도 그 맛은 지역에 따라 다르며, 또한 동일한 빈티지의 같은 생산자가 만들었어도 병 속 보존 상태에 따라 너무나도 다채로운 맛과 향을 보여주기 때문이다.

위스키는 병 속에 담기는 순간 진화를 멈춘다. 높은 알코올 덕에 일정한 맛을 오랫동안 유지할 수는 있지만 더 이상 맛과 향의 성장은 없다. 그에 비해 와인은 어디로 튈지 모르는 럭비공과 같다. 어쩌면 와인의 그런 '예측할 수 없는 맛의 세계'가 다른 생산품들과 차별되는 가장 큰 특징이자 그것을 즐기는 이유가 아닐까 한다.

2008년도에 출간했던 나의 첫 번째 와인 서적 『와인 39』가 와인에 관한 흥미와 교양 수준에서 집필되었다면, 두 번째 이 책의 출간 의도는 흥미와 교양 수준을 넘어 와인 지식의 디테일함과 정교함을 담았고 와인 지식을 체계화하려 했던 내 작업이 여러분들의 와인 생활을 좀 더 재미있게 오랫동안 이끄는 데 이바지할 것이라고 믿어 의심치 않는다.

무릇 운동은 자세가 중요하다고 했다. 올바른 자세를 익히지 못하고 골프채를 들면 공은 멀리 날아가지도 않을뿐더러 몸에도 무리가 따라 즐거움을 상실할 수도 있다. 그런 면에서 적어도 이 책은 여러분에게 와인의 '정석'이 되어줄 것이다.

● 개정판을 펴내며

얼마 전 산지니 출판사로부터 연락이 왔다. 2014년에 출간된 『와인의 정석』 개정판 출간에 대한 내용이었다. 좋은 소식이었고 동시에 꽤나 많은 시간이 흘렀다는 것을 강하게 인지시켜준 한 통의 전화였다.

"아! 이 책을 쓴 지도 벌써 10년이 지났구나!"

그동안 연 400회 이상의 와인 강의, 프랑스, 홍콩, 일본을 오가며 진행한 수많은 와인 관련 행사와 투어, 그리고 SNS를 통해 끊임없이 쏟아지는 와인 관련 지식과 시사들을 접해왔다. 그러했기에 필자에게 이번 개정판 출간 제의는 미흡하고 아쉬웠던 부분들을 보완하고 새로운 와인 정보와 지식을 업데이트하여 다시금 독자들에게 다가갈 수 있는 기회이자 선물이 아닐까 한다.

2014년 책 출간 이후 와인 세계에는 많은 변화가 일어났다. 이탈리아 토스카나에서는 키안티 와인과 브루넬로 디 몬탈치노의 새로운 등급체계가 발표되었고 미국에서는 와인 황제, 로버트 파커의 은퇴로 RP점수 시대가 막을 내렸다. 뿐만 아니라 독일도 와인 등급 체계에 변화를 주었고 프랑스에서는 새로운 스파클링 와인 지역이 지정되기도 하였다.

이번 개정판에는 이런 최신 정보와 자료를 담았고, 더불어 발음하기 어려운 전문용어나 외국어는 한글을 덧붙여 독자들이 한결 수월하게 읽을 수 있도록 하였다.

필자는 이번 개정판을 통해 독자들에게 와인이라는 것이 단지 음용하는 술이 아니라 그 속에 여러 색깔을 담고 있는 문화임을 알리고 싶다. 그래서 많은 사람들이 와인에 보다 쉽게 다가설 수 있도록 최선을 다해 보완하고 업그레이드하였다.

바람이 있다면 이번 개정판 발행이 독자들로 하여금 와인을 알아가는 데 유용하고도 즐거운 과정이 되었으면 하는 것이다.

마지막으로 기회를 주신 산지니 출판사에게 감사의 말씀을 드리며 독자 여러분의 행복과 건강을 진심으로 기원한다.

2024년 2월 15일

고창범

● 차례

PART 01

와인의 기초

PART 02

세계 와인의 중심, 유럽

PART 01

와인의 기초

:: 와인, 이만한 술친구도 없다

어릴 적, 우리의 밥상머리 식문화는 '음미' 자체를 배부른 사치와 투정의 시각으로 냉대하기 일쑤였다. 바쁘게 돌아가는 고된 세상살이에서 삼시 세끼 챙겨 먹는 것만으로도 감사히 여겨야 했고 어떤 땐 제대로 씹지도 못하고 목구멍으로 넘기자마자 바쁜 걸음을 재촉하곤 했다. 한가롭게 즐길 여유가 어디 있었겠는가? MSG가 무언지도 몰랐고 주면 주는 대로 군말 없이 먹는 게 미덕이었던 그 시절…, 생각해 보면 그리 먼 옛일도 아니다.

근래에 들어 맛에 대한 관심이 높아지면서 단순히 '먹고 마시는' 행위보다 음식을 '보고 즐기는' 여유가 조금씩 생겨나고 있다. 하지만 아직도 다수에게는 익숙지 못한 문화일 게다. '와인'은 더욱 그럴 것이다.

막상 잔을 들어 한 잔 마셔 보니 '지식'의 부재 때문만은 아니었다. 우리의 코와 혀가 따라 주질 못했던 것이다. 그렇게 우리의 후각과 미각은 감각의 보고(寶庫)가 아닌 구석진 창고(倉庫)에 처박혀 왔을지도 모른다. 그래서 때 묻은 먼지가 쌓여 제 기능을 못하는 슬픈 코와 혀는 주변에 의외로 많다. 더욱 슬픈 건, 이들의 위치가 삶의 현장에서 피로해진 시각과 청각을 위한 기쁨조요, 도우미 정도라는 것이다. 그러다 보니 미각과 후각의 서열도 늘 시청각에 밀린다. 서자의 애환이다. 여기에 홍길동처럼 등장한 게 와인이 아닐까 한다.

물론 초보자에게 있어 와인은 항상 비슷비슷한 붉은 술에 불과할 수도 있겠으나 와인 속에 내재된 맛과 향을 터득하며 그 깊이를 경험한다는 것은 삶의 즐거움과 기대감을 맛보는 일과 같다. 그것은 산지의 정수라서 더욱 그렇다. 같은 생산자가 만들었어도 생산된 해에 따라, 병 속 보존 상태에 따라 맛과 향은 달라진다. 그런 '예측할 수 없는 맛의 세계'는 와인이 다른 생산품들과 차별되는 가장 큰 특징이자 와인을 즐기는 이유다.

맛과 향에 대한 경험! 부족할 수밖에 없었던 우리의 지난날을 돌이켜 보며 그동안 변방에 있어 왔던 코와 혀를 이제 구출해 보자.

레이블도 읽을 줄 알아야 하고 외국어도 좀 해야 할 것 같고 에티켓이니 빈티지니 마시는 절차니, 귀찮은 게 한두 가지가 아니다. 게다가 제 가격 주고 제대로 구입한 것인지, 오래 두면 맛과 향이 좋아지는 건지, 와인 한 병 고르기 전에 이미 숙취로 머리가 무거워진 듯하다. 간신히 추스르고 와인을 따면 붉게 젖은 코르크 마개에 실망하고, 적정 온도가 아니면 제맛이 나질 않고, 생소한 와인 품종 이름까지 들먹이며 마셔야 한다니 복잡하고 번거롭기 짝이 없다. 맛과 향을 알아 간다는 건 이처럼 만만치 않은 일이다. 잘 익은 포도처럼 달콤한 맛을 기대했다가 낭패를 본 경험도 있을 테고, 어디서부터 와인을 시작해야 할지, 어떻게 골라야 할지 난감했을 것이다.

까다로운 술, 와인! 그래도 잘 길들여 친해진다면 평생 그만한 술친구도 없다. 음식은 감자로 만들면 감자 맛이 나고 당근을 넣으면 그 맛과 향이 그대로 음식에 배어 있지만 와인은 다르다. 감자에서 당근 향이 날수도 있고 당근에서는 감자 튀김 맛을 느낄 수도 있다. 또한 만드는 재료, 즉 '포도'에 따라 풍미를 달리하며 뿜어내는 빛깔도 자유롭다. 와인의 이런 점은 사람들의 상상을 자극시키며, 그 이면의 스토리를 통해 감성의 즐거움을 이끌고 스스로를 옥죄는 도덕과 규율과 이성으로부터 잠시나마 해방감을 가져다준다. 그래서 단지 알코올, 그냥 마시는 술의 범주에 옭아매기에 와인은 아까운 음료다.

와인의 유효기간

"이 와인은 음식 하는 데 쓰시고 드시지는 마세요! 너무 오래되었어요." "왜? 와인은 오래되면 좋은 거 아닌가?" 언제부터 그 자리에 있었는지 기억나지 않는다. 찬장에 세워 둔 와인을 꺼내고선 맛을 본다. "와인 맛이 뭐 이래, 간장 조린 맛이구먼!" "엄마! 김치도 겉절이가 있고 묵은지가 있잖아! 겉절이 김치를 묵힌다고 본래 맛이 더 좋아지지는 않아. 아무리 좋은 와인이라도 마실 시기를 놓치면 역한 맛이 날 수도 있어!"

본바탕이 좋지 않은 와인은 오래 두어도 끝내 좋아지지 않는다

어느 레스토랑에 초대 받은 적이 있었다. 마실 시기가 한참 지난 와인을 내놓는다. 난감했다. 혹시나 싶어 맛을 보았는데, 완전 맛이 갔다. 그런데 합석한 20여 명 중에서 몇 명만 작은 소리로 말을 건넸다. "이거 맛 이상하죠? 역한데요." 그렇다! 경험이 부족한 사람들은, 사실 무슨 맛인지도 모르고 따라 마시는 경향이 있다. 맛이 이상해도 그냥 그런가 보다, 하고 지나치는 식이다.

아직도 와인이 오래되면 좋은 줄 알고 구매하는 사람들이 있다. 게다가 절반 가격이라면 얼른 손에 넣고 본다.

"고객님, 2만 5천 원 하던 거 행사가로 1만 원에 판매하고 있습니다. 하지만 올해가 2014년이고요 와인은 2006년 빈티지입니다. 음용적기를 감안하시고 구입하세요!"

이렇게 마실 시기가 지난 와인이라고 속내를 보여 주는 경우는 현실적으로 드물다.

와인도 음식처럼 유효기간이 있다

와인은 '마실 수 있음' 또는 '음용 가능함'이라는 뜻의 음용성 drinkabililty이 생명이다. 음식처럼 유효기간이 있다. 아무리 비싼 명품 와인이라도 세월에 무한정 자유로울 순 없다. 희소가치는 시간에 비례할지 모르나 맛과 향은 일정 기간이 지나면 쇠락한다. 와인 전문가에게도 세상 모든 와인의 음용시기를 정확히 판단하는 일은 그리 녹록하지 않다. 음용적기는 포도밭의 등급, 양조기술, 생산자의 인지도 그리고 포도작황에 따라 다르기 때문이다. 한 병 사서 마시기 참 어렵다. 손쉬운 방법은 없을까?

겉절이는 단기성 와인, 김장 김치는 저장성 와인!

시중의 와인은 가격을 기준으로 볼 때, 단기성 와인과 장기 저장성 와인으로 나눌 수 있다. 매년 전 세계 와인 총생산량의 90%는 출시 후 3년 이내에 마셔야만 제맛을 느낄 수 있는 단기성 와인이고, 약 10% 정도만 저장성이 있는 고급와인이다.

수명이 짧은 단기성 와인은 여러 지역의 포도를 광범위하게 섞어서 대량 생산되므로 지역적인 개성과 깊은 맛을 담기에는 역부족이다. 맛이 없다는 얘기가 아니라, 제맛을 즐기려면 음용 타이밍이 중요하다는 뜻이다. 이런 와인은 품종이나 나라에 관계없이 일단 최근 빈티지를 골라야 한다. 출시 후 3~4년 이상 경과된 단기성 와인들은 풍미를 보장할 수 없다. 딱 잘라 말할 순 없지만, 와인가게 기준으로 대략 4만 원 이하 와인들이 이에 해당한다. 반면 저장성 와인들은 보통 5만 원 이상으로 보면 얼추 맞다.

가격으로 대략적인 와인의 수명을 살펴보면 5~10만 원대 와인은 5~10년, 20만 원 이상은 10~15년 정도 묵혀 두고 마실 수 있다. 하지만 극소수 와인을 제외하고 고가의 최상급 와인이라도 20년을 넘기지 않는 선에서 음용해야 한다. 옛말에 '술'과 '친구'는 오래될수록 좋다고 했다. 친구는 몰라도 술은 아니다. 심해 난파선에서 건져 올린 와인에 대한 환상은 접는 편이 현명하다.

●1978 무똥 로쉴드. 명주이긴 하나 음용시기가 지난 와인

비싼 와인과 싼 와인의 차이점

이런 질문을 많이 받는다.

"저렴한 와인과 질 좋은 와인의 차이점이 뭐죠? 가격으로 치면 1~2만 원대와 10~20만 원대 와인의 품질은 정말 차이가 나는가요? 단지 포도로 발효시켜 만든 술인데 수십만 원씩 하는 와인들을 보면 참 이해가 가질 않습니다."

"분명히 말씀 드리지만, 우선 그 맛과 향에 있어서 확연한 차이가 있습니다. 그리고 저장성과 가치가 다릅니다. 질 좋은 와인은 장기 보존 스펙이 뛰어나서 맛과 향의 증폭이나 가치의 상승까지도 충분히 기대할 수 있지만 일반 와인, 소위 플렁크Plonk 와인은 알코올의 기능적 측면이 강한 술이라고 보시면 됩니다. 먹고 마시는 데는 아무런 문제가 없지만 풍미를 즐길 수 있는 맛과 향의 요소가 부족한 와인입니다."

이런 말이 있다.

"You can't have great wine without great grapes."

그레이트 와인이 만들어지는 데 가장 중요한 요소는 포도의 질이다. 그럼 포도의 질을 결정하는 것은 무엇인가? 바로 포도밭이다. 다시 말해 포도밭에도 '명당'이 있다는 소리인데 포도밭이 명당으로서 갖추어야 할 요소로는 다음과 같다.

첫째 배수가 잘 되어야 한다. 물 빠짐이 좋아야 포도가 묽어지지 않고 풍미가 살아난다.

둘째 경사도가 좋아야 한다. 그래야 태양의 에너지가 포도에 스며들어 포도당을 높여준다. 뿐만 아니라 포도는 뜨거운 태양으로부터 과육을 보호하기 위해 껍질이 단단해지며 동시에 폴리페놀 성분(안토시아닌, 펙틴, 카세틴)이 껍질 속에 켜켜이 쌓이고 이는 고스란히 와인의 품질을 증폭시키는 촉매제 역할을 한다. 게다가 완만한 경사도는 통풍이 원활하여 병충해 예방에도 한몫을 단단히 한다.

셋째 토질이다. 포도나무가 가장 좋아하는 토질 중 하나는 석회질(켈카 클래이쉬스트Calcar Clayschist)이다. 배수가 좋을 뿐만 아니라 뿌리를 땅속 깊이 내릴 수 있게 하여 포도에 풍부한 미네랄(철, 질소, 마그네슘, 칼륨, 불소, 황, 칼슘) 성분을 축적하게 할 수 있으며 이는 고스란히 와인에 투영되며 좋은 맛과 향을 내는 데 없어서는 안 될 매우 중요한 요소다.

따라서 대량생산되는 플렁크 와인들의 공통점은 위 세 가지 요소와는 정반대의 포도밭에서 재배된 포도를 사용한다.

보르도의 '그랑 크뤼', 피에몬테의 '크뤼급 바롤로', 미국의 '컬트 와인', 뽀므롤과 생떼밀리옹의 '거라지 와인', 그리고 토스카나의 '수퍼 투스칸'이라 불리는 와인들이 바로 명당에서 자란 포도를 사용한다고 보면 된다.

'갈변 현상' 아시죠? 이리저리 부딪힌 멍든 사과의 껍질을 깎아 보면 갈색으로 변해 있는 거!

포도를 수확하는 방법은 두 가지인데 바로 '손 수확Hand-Picked'과 '기계 수확Machine harvesting'이다. 대량 생산되는 저렴한 와인들의 포도는 보통 기계 수확을 하며 고급 와인에 사용되는 포도는 손 수확을 원칙으로 한다.

이때 기계로 수확한 포도는 여기저기 멍들어 있거나 터지기 일쑤다. 그러면 공기 접촉으로 포도의 유기산들이 파괴되거나 질이 현저히 떨어진다.

산acid은 식품의 저장성을 높여주는 역할을 하는데 오이지를 떠올리면 쉽게 이해가 될 것이다. 상대적으로 타닌이 거의 없는 화이트 와인도 보존성이 허락되는 경우가 바로 산acid 때문이며 더 나아가 와인의 밸런스를 잡아주고 동시에 우아한 맛으로 이끌어주는 중요한 요소다. 그래서 산이 없거나 부족한 와인은 맛이 밍밍하거나 플랫flat한 느낌을 주어 매력 없는 와인이 된다.

좋은 포도밭을 소유한 오너들은 손 수확한 포도로 와인을 만들기 때문에 대량생산되는 와인보다 그 맛과 향이 좋아 비쌀 수밖에 없다.

반면에 기계 수확한 포도로 만든 와인은 입지 조건이 좋지 않은 포도밭에서 재배된 포도로 만들기 때문에 품질과 맛에 분명히 한계가 있으며 출시 후 3~4년 안에 소비가 되어야 한다. 이런 와인을 총칭하여 이지 와인Easy Wine이라고 한다.

반면에 좋은 환경(배수, 일조량, 통풍, 자갈-모래-석회-점토 토양, 밭의 완만한 경사도)을 갖춘 포도밭에서 자란 포도로 만든 와인은 반드시 손 수확을 하기 때문에 대부분 터짐이 없는 우수한 포도로 생산된다.

가짜 와인을 피하려면?

이 글의 목적은 명품 와인 구매 시 일명 짝퉁 와인을 피하기 위한 약간의 조언을 드리고자 함이다. 물론 여러분이 일반적인 와인 구매자라면 걱정할 필요는 없다. 그런 위조 와인 업자들은 돈 되는 와인만 작업하기 때문이다. 일단 그들의 주요 타깃 와인 리스트를 간추려보면 다음과 같다.

로메네 꽁띠Domaine de la Romanée-Conti
앙리 자이에Henri Jayer
도멘 뒤작Domaine Dujac
슈발 블랑Château Cheval Blanc
라피트 로쉴드Château Lafite Rothschild
라뚜르Château Latour
무똥 로쉴드Château Mouton Rothschild
샤또 마고Château Margaux
라플뤠르Château Lafleur

르 팽Le Pin

페트뤼스Petrus

샤또 하야스Château Rayas

자불레 라 샤펠 에르미따쥐Jaboulet La Chapelle Hermitage

사시까이아Sassicaia

솔데라 브루넬로 디 몬탈치노Soldera Brunello di Montalcino

브루로 지아코사 바롤로Bruno Giacosa Barolo

소위 'fake wines' 또는 'counterfeit wines'은 오래전부터 국제 와인 시장에서 아주 골치 아픈 문제였다. 요즘은 나름대로 각 샤또에서 'Prooftag'라는 인증 프로그램을 실시하여 '페이크 와인'의 유통을 없애보려는 시도를 하고 있다.

예를 들어 Château Lafite Rothschild는 2012년부터 캡슐에 13자리 숫자와 알파벳을 넘버링하고 홈페이지에서 코드 조회를 실시하고 있고, Château Mouton Rothschild도 홈페이지에서 'Prooftag'를 현재 운영하고 있는데 상단 왼편에 'Identity your bottle'를 클릭하면 2005년 이후 빈티지부터 조회가 가능하다.

페이크 와인의 3가지 유형

1. 빈티지 바꾸기
2. 오리지널 보틀에 저가 와인 채우기
3. 가짜 보틀, 위조 레이블, 위조 캡슐 & 코르크

위 세 가지 유형이 국제적으로 발견되는 가짜 와인들의 표본이다.

빈티지 바꾸기

이 경우는 그나마 나은 경우다. 예를 들어 업자가 라피트 로쉴드 2007빈티지를 구입한 다음 레이블상의 2007빈티지를 작황이 좋은 해(그레이트 빈티지)인 2000빈으로 교묘하게 바꾸어 판매하는 경우다.

오리지널 보틀에 저가 와인 채우기

다 마시고 난 빈 병, 즉 오리지널 보틀을 수거하거나 구입하여 싸구려 와인을 채우고 판매하는 방식이다.

가짜 보틀, 위조 레이블, 위조 캡슐 & 코르크

사실 이 경우의 가짜 와인은 웬만한 와인 애호가라면 충분히 육안으로 구별 가능하다. 짝퉁 중에서 제일 하수에 해당한다. 물론 첨단 장비를 사용하면 육안으로 구별이 힘들지만 허술한 업자들의 와인은 바로 들통나기 마련이다.

각 유형별로 짝퉁 와인을 식별할 수 있는 구체적인 방법과 노하우는 있다. 다만 그런 정보와 지식은 하루아침에 이루어지거나 누가 팁을 준다고 해서 바로 식별이 가능하지는 않다. 말씀 드리고 싶은 점은 첫째, 와인 주문 시 현저한 가격 차이에 주의해야 하고, 둘째, 믿을 만한 상점을 통해 구입하며, 셋째, 해외에서 구입 및 유입되는 와인들은 반드시 와인 전문가나 해박한 지식을 가진 자를 통해 조언을 구해야 한다는 것이다.

● 1966 로마네꽁띠. 와인계 최고가!
하지만 마시기 지난 와인

오래 묵은 와인에 대한 환상

●샤또 그리오 라로즈 1978년산

오래 묵은 와인을 경험하고 싶다는 부탁을 받고 28만 원에 구입한 1978년산 와인이다. 보는 순간 알 수 없는 묘한 느낌이었다. 신비감과 환상까지 심어 준다. 와인이 가지고 있는 매력 중의 하나다. 내심 완벽에 가까운 술맛을 바라면서 코르크를 연다. 코르크 전체가 붉게 물들어 눅눅했다. 자리를 같이했던 사람들도 반신반의한 표정이다. 마셔 보지 않은 이상 아직 그 풍미는 장담할 수가 없었지만 이내 고약한 냄새가 진동했다. 맛을 보던 이들은 각자 싱크대로 향했다. 해묵은 세월의 맛은 그렇게 하수구로 사라졌다.

이처럼 저장성이 좋은 보르도 최상급 와인이라도 너무 오래 묵히면 향미를 보장하기 어렵다.

버틀 에이징은 어느 정도까지?

사람과 분위기에 따라 와인은 천당과 지옥의 맛을 선사하는 야누스적인 매력이 있다. 빠져들게 되면 맛과 향에 대한 기대치가 점점 높아져 비싼 와인에 결국 지갑을 열게 된다. 단기성 와인과는 달리 고가의 저장성 와인들은 시음적기를 위해 지하 저장고나 가정용 와인셀러에서 병째로 수년에서 수십 년을 묵힌다. 이런 경우 '병 속에서 술이 익어 간다'는 뜻으로 버틀 에이징bottle aging이라고 표현한다.

10만 원 정도의 저장성 와인이라도 보관환경에 따라 그 맛과 향이 진화할 수도 있고 혹은 소실될 수도 있다. 온도, 습도, 빛에 민감하게 반응하기 때문이다. 와인 애호가들은 최상의 맛과 향을 위해 적절한 음용 시점을 고심한다. 춘가추색이라 했던가! 모든 일에는 때가 있는 법이다. 시기를 놓치면 최상의 맛과 향은 사라지거나 원치 않는 결과를 초래한다.

프랑스 사전 전문 출판사, 라루스Larousse에서 발간한 와인 백과사전Encyclopedia of Wine에서 프랑스 보졸레 빌라쥐 와인과 보르도 그랑 크뤼 와인의 적절한 음용시기를 다음과 같이 서술했다. "보졸레 빌라쥐는 출시 후 3년까지 맛과 향이 좋아지며 4년을 기점으로 급격히 쇠퇴한다. 저장성 와인인 그랑 크뤼 와인은 포도작황이 좋지 못한 특정 빈티지를 제외하고 15년까지 버틀 에이징이 가능하며 그 이후부터는 품질이 저하된다."

자, 15년이라는 세월을 꼭 기다려야만 하는가? 이런 문제는 개인의 취향에 달려 있다. 저장성 와인들은 출시 초기에 진한 과일 향과 농밀한 맛을 가지고 있고 타닌의 촉감은 강하거나 거칠게 느껴질 수도 있다. 하지만 세월이 흐르면서 과일 향은 줄어들며 대신에 포도와는 관련 없는 나무, 미네랄, 감초, 시거, 꽃 향과 같은 제3의 향들이 생성된다. 거친 타닌은 유연해지며 섬세한 질감으로 대체된다. 따라서 진하고 신선한 과일 맛을 원하면 굳이 버틀 에이징은 의미가 없다. '영young하게 마실 것인가?' '세월을 담아서 즐길 것인가?'는 각자의 기호에 달려 있다.

빈티지로 말하는 와인

'남자는 푸른색 셔츠와 정장 한 벌, 그리고 돈으로 말한다.'
영화 〈어느 멋진 순간〉에서 러셀 크로우가 던진 대사다.

● 꼬스 데스뚜르넬 2006(RP94점)
● 꼬스 데스뚜르넬 2005(RP98점)

와인은 색깔과 맛, 향으로 자신을 표현하고 빈티지로 가격이 결정된다. 레이블에 보면 '포도 수확 연도'가 표기되어 있다. 이를 '빈티지'라고 하는데 같은 와인이라도 빈티지에 따라 가격은 상당한 차이를 보인다. 와인이 맛이 있고 없고, 비싸고, 싸고의 문제는 1차적으로 그해의 포도작황에 달려 있다. 다시 말해서 같은 생산자가 같은 포도밭에서 수확한 동일 품종으로 와인을 만들었어도 매년 그 맛과 가격은 다르다는 얘기다. 그 예로 사진에 있는 꼬스 데스뚜르넬 2006 빈티지는 20~25만 원 정도지만 2005 빈티지의 가격은 2006년 와인의 2배 이상이다. 이 포도원은 2005년의 포도작황이 아주 뛰어났다. 순도 높은 포도로 인해 그 맛은 2006년 와인보다 훨씬 풍부하며 풍성한 향기를 뿜어낸다. 그래서 '같은 와인이지만 빈티지가 다르면 별개의 와인이다.'

하지만 중저가에 해당하는 단기성 와인은 어느 해가 좋고 나쁨을 따질 필요는 없다. 최근 빈티지를 구입하는 게 요령이다. 대개 이런 와인들은 대량생산이 이루어지기 때문에 엄청난 양의 포도를 필요로 한다. 같은 품종이라도 다른 지역과 기후에서 재배된 포도를 섞어서 만들면 맛이 흐려지고 개성이 사라진다. 반면에 고급 와인은 다르다. 한 마을, 혹은 우수한 포도밭의 포도만을 사용한다. 그래서 그 마을만이, 그 포도밭만이 낼 수 있는 고유의 향기를 담고 있으며 맛 또한 명료하다.

● 1985 사시까이아. 모험을 하기에는 리스크가 크다.

와인에 점수를 매기다

여러 지역의 포도를 혼용하지 않고 밭 단위로 소량 생산되는 고급 와인들은 보통 점수를 가지고 있다. 유수의 전문가들에 의해 매겨지는 그 점수는 매년 '포도작황'에 따라 달라지는데 해외 인터넷 사이트에 들어가 보면 거대 평가자들의 평가 점수가 빈티지별로 공개되어 있다. 대표적인 예로, 국내 잘 알려진 샤또 딸보를 검색해 보면 점수를 바로 확인할 수 있는데 이들 중 로버트 파커의 점수를 정리해 보았다. 90점 이상이면 좋은 해의 와인이다.

● 샤또 딸보의 빈티지별 RP점수

빈티지	2012	2011	2010	2009	2008	2007	2006	2005	2004	2003	2002
RP점수	90~92	87~89	94	92~94	90	86	89	90	88	90	78

빈티지	2001	2000	1999	1998	1997	1996	1995	1994	1993	1992	1991
RP점수	89	90	88	88	85	89	88	85	84	86	72

*점수 확인 웹사이트
www.wine.com | www.wineaccess.com | www.vinopedia.com

상기 차트를 보면 1991, 2002년산 딸보의 점수가 제일 낮다. 이는 그해 딸보 포도원의 포도 작황이 최악이었음을 말해 준다. 그리고 2000년 이후로는 2007 빈티지의 점수가 86점으로 제일 낮다. 유명 포도원이지만 포도 작황이 좋지 못하면 고품질 와인생산은 불가능하다는 걸 보여준다. 뿐만 아니라 가격도 제값을 받지 못하며 저장성에도 문제가 생긴다. 이런 점을 감안한다면 2002년산 딸보의 시음 적기는 언제가 좋을까? 10년을 넘기기 어렵다고 본다. 빈티지가 좋지 못한 명품 와인은 음용 시기를 앞당겨 맛을 즐기는 게 현명하다. 반면 딸보의 2009와 2010 빈티지는 작황이 좋다. 이 정도 점수라면 15~20년 정도는 무난히 견딜 것으로 보며 맛과 향도 다른 해보다 뛰어나다.

약어	거대 평가자 및 와인잡지
RP	Robert Parker 로버트 파커, 미국 와인 전문가
WA	Wine Advocate 와인 애드버킷, 로버트 파커의 와인 매거진
WS	Wine Spectator 와인 스펙테이터, 미국 와인 매거진
WE	Wine Enthusiast 와인 인수지애스트, 미국 와인 매거진
ST	Stephen Tanzer 스테픈 탠저, 미국 와인 평론가
AM	Allen Medow 앨런 메도우, 부르고뉴 와인 전문가 와인 전문 사이트와 잡지인 버그하운드Burghound 운영
CC	Clive Coates 클라이브 코우트스, 영국의 MW, Master of wine로 부르고뉴 와인 전문가
JR	Jancis Robinson 잰시스 로빈슨, 영국 여성 와인 전문가
JS	James Suckling 제임스 서클링, 미국 와인 평론가
BD	Michel Bettane & Thierry Desseauve 프랑스 와인 평론가 미셸 베탄과 티에리 데쏘브의 이름 약자. RVF에서 활동
RVF	Le Revue du Vin de France 프랑스 와인 매거진
De	Decanter 디캔터, 영국 와인 매거진
PW	Perswijn 독일 와인 매거진
RG	Rene Gabriel 레네 가브리엘, 스위스 와인 평론가
W&S	Wine & Spirits 와인 앤 스피릿, 미국 와인 매거진

wine

맛과 향을 제대로 느끼고 싶다면

분위기, 사람, 그날 컨디션에 따라 쓰기도 하고 달달한 맛의 소주! 4~5℃ 정도로 즐긴다면 거북한 알코올 맛도 피할 수 있다. 홀짝 입 안에 털어 넣고 단숨에 목구멍으로 넘기는 술이다. '음미'라기보다는 서민들의 삶과 노고를 만져 주는 '친구' 같은 술이다. 그래서 입속에 넣고 굴리기보다는 삼켜서 고단함을 털어 내는 술이다. 와인은 어떨까? 싸건 비싸건 와인이라는 술에는 나름의 향미가 녹아 있다. 그래서 소주처럼 단숨에 털어 넣거나 삼켜 버리면 제맛을 느끼지 못한다. 물론 와인도 술인지라 흥취가 무르익으면 감각기관이 무디어져 제아무리 값비싼 와인이라도 그 풍미의 유희는 사라지고 알코올의 기능적인 측면만이 부각된다는 사실에도 동감한다.

칫솔질 하고 먹었던 감귤 맛을 기억하는가? 와인의 맛을 제대로 느끼고 싶다면 우선 시음 한 시간 전에는 껌, 사탕, 양치질 따위의 자극적인 맛과 지나친 단맛의 음식은 피하는 게 상책이다. 그리고 마실 때는 입안에서 굴려야 한다. 2~3초 정도 입안 전체를 묻혀 주면 본연의 맛과 향이 감지되기 시작하며 초보자라도 저가와 고가의 와인 맛을 충분히 구분할 수 있다. '혀 지도'를 참고해 보면 혀끝에서는 단맛, 양 옆은 신맛, 그리고 혀의 중앙을 따라 목구멍에 이르면 쓴맛과 짠맛을 좀 더 잘 감지할 수 있다. 게다가 레드 와인에 있어서 가장 중요한 요소는 '타닌과 유기산의 신맛'인데, 이들의 강약으로 섬세함, 거친 맛, 혹은 닝닝한 느낌을 잡아내며 여기에 '제 5의 맛'이라 불리는 '감칠맛'의 유무를 '펠릿Palate(혀를 목 안쪽으로 구부려서 입천장에 맞닿는 곳)'에서 체크하고 나면 전반적인 평가가 가능하다. 그래서 와인은 소주처럼 단숨에 삼키기보다는 음미하는 술이다. 이때 '음용온도'는 필수인데 보편적으로 레드는 14~18℃, 화이트는 5~10℃에서 최적의 맛과 향을 발산한다.

마지막으로 와인을 마시면서 힘든 것 중 하나가 '향'이다. 블랙커런트 향이 나고, 블랙베리 맛이 난다는데 이런 표현들이 믿기지 않거나 거짓말처럼 들릴 수도 있다. 게다가 '코르크 상태'도 확인해야 하고, 그럴듯한 '스월링'과 '와인 테이스팅'까지 첩첩산중이다.

다음 10여 페이지를 찬찬히 훑어 내려가자! 읽다 보면 어느새 산골짜기에서 벗어나 불빛이 눈에 들어오기 시작할 것이다.

와인을 마시는 최적의 온도와 보관방법

최고의 해에 생산된 와인에 이상적인 보관환경이 주어진다면 세월이 많이 흘러도 그 맛과 향의 생명력은 우리의 기대치를 훨씬 뛰어넘는다. 우크라이나 흑해 부근에 위치한 마산드라Massandra 포도원이 그 좋은 예라 할 수 있다. 2006년 5월 23일에 방영된 KBS 1TV 〈생로병사의 비밀〉에서 이 포도원의 와인 저장고 온도가 13도라는 사실을 밝혀냈다.

보관온도 vs 음용온도

와인은 적정온도를 벗어나 높은 온도와 열에 노출되면 병 속에서 변화가 일어난다. 와인성분들의 분자운동이 활발해지고 서로 충돌을 일으킨다. 그로 인해 발생하는 에너지가 와인의 맛과 향을 바꾸어 놓는다. 다양한 과실맛과 신선한 풍미가 사라지고 급속히 노화된다. 반면에 서늘한 온도에서 세월과 함께 서서히 익어 간다면 신선한 맛과 다양한 향을 오랫동안 유지할 수 있고 그 가치를 높일 수 있다. 그 적정 보관온도가 레드 와인은 13도이고 화이트 와인은 10도가 이상적이다. 화이트 와인의 저장온도가 더 낮은 이유는 타닌 성분이 없어 열에 더욱 취약하기 때문이다. 이렇듯 적절한 저장온도는 와인의 생명력을 연장시키는 중요한 요소다.

그럼 마실 때 음용온도는 얼마가 좋을까? 1~2도를 따져 가며 정확하게 지킬 필요는 없지만 적정온도에서 마셔야만 제맛을 즐길 수 있다. 콜라, 맥주, 소주를 마실 때도 적정 온도는 필수다. 그렇다고 마실 때마다 온도계를 챙겨야 할까? 그럴 걱정은 없다. 마시기 전 와인 병을 손으로 잡아 보면 대충 느낌이 온다. 살짝 서늘한 기운이 손바닥에 전해지면 대략 13~16도다. 이렇게 마시다가도 실내 온도에 따라 다소 오르내림이 있으니 좋은 와인일수록 반드시 온도를 살펴 오른다 싶으면 얼음과 물을 넣은 용기에서 잠시 식히고 너무 차면 기다렸다가 마셔야 제맛을 볼 수 있다.

고급 레드 와인의 경우 마시는 내내 14~18도를 유지해야 하며 이탈리아의 대중적인 키안티 와인, 프랑스의 보졸레 와인은 14도 이하가 좋다. 단기성 와인들은 고급 와인보다 좀 더 차갑게 마시면 신선한 맛이 더욱 살아나며 화이트 와인은 5~12도가 적당하나 구체적인 음용온도는 다음을 참고하자!

●맛있는 샴페인온도는 8~10도

와인 음용온도

구분	와인	음용온도
레드와인	Old Vintage(15년 이상 된 고급와인)	16~20°
레드와인	호주 쉬라즈(바로사, 멕라렌, 라임스톤 코스트). 칠레 아이콘 와인(아콩카구와, 콜차구와, 마이포). 스페인산 고급 뗌쁘라뇨 품종(리오하, 리베라 델 두에로산). 미국 콜롬비아 벨리산 쉬라즈 와인. 아르헨티나 고급 말벡 품종. 포르투갈 도우로산. 이탈리아 부르넬로 디 몬탈치노.	16~18°
레드와인	론 와인(꼬뜨 로띠, 지공다, 꼬르나, 생조셉, 에르미따쥐, 크로즈 에르미따쥐, 샤또뇌프 뉘 빠쁘산). 보르도 그랑 크뤼 및 뽀므롤산. 부르고뉴 피노 누와 마을 단위급 이상(쥬브레 샹베르땡, 모레이 생 드니, 샹볼 뮈지니, 부조, 본 로마네, 뉘 생 조르쥬, 사비니 레 본, 알록스 꼬르똥, 뽀마르산). 뉴질랜드 말보로산 피노 누와. 미국 고급 피노 누와(오레곤, 산타바바라, 소노마, 카네로스산). 미국 나파벨리 소지역 와인(오크빌, 하우웰 마운틴, 욘트빌, 세인트 헬레나, 러더포드, 스텍스립산). 이탈리아 네비올로(바롤로, 바르바레스코산). 수퍼 투스칸. 키안티 클라시코 와인. 호주 쿠나와라산 까베르네 소비뇽 와인. 까베르네 소비뇽으로 만든 스페인 페네데스, 프리오라트산.	14~16°
화이트와인	부르고뉴 샤르도네 마을 단위급 이상(샤블리, 뫼르소, 몽하쉐, 퓔리니 몽하쉐산). 로제 와인. 리슬링, 비오니에, 베르디끼오, 피노 그리, 피노 그리지오, 게뷔르츠트라미너 품종으로 만든 와인.	10~12°
화이트와인	프랑스 쥐랑송 와인. 이탈리아 꼬르테제, 가르가네가 품종. 소비뇽 블랑, 슈냉 블랑, 알리고떼 품종. 프랑스의 드라이한 샴페인(로제, 빈티지& 넌빈티지). 기타 스파클링(까바, 스푸만테, 젝트, 프로세코).	8~10°
화이트와인	단맛 있는 샴페인. 소테른. 독일, 캐나다, 오스트리아 아이스 와인. 독일 BA, TBA. 이탈리아 모스까또 다스티, 브라께또 다퀴.	5~7°

습도, 진동, 그리고 햇빛

유리병을 와인 용기로 사용하기 전, 유서 깊은 포도원들은 오래전부터 지하에 저장고를 만들었다. 와인을 나무로 만든 통이나 오크통에서 숙성시키고 그곳에 저장해 왔다. 오크통은 오크 원목을 약 92cm 길이에 2.6cm 두께의 널빤지로 가공한 다음, 나란히 끼워 가며 만든다. 접착제나 못 없이 제작된다. 따라서 수분을 머금어야 널빤지와 널빤지 사이가 꽉 맞물려 틈이 없어지고 그래야만 와인의 증발이나 누수를 막아 와인손실을 최대한 줄일 수가 있다. 그래서 오크통에 와인을 보관하거나 저장했던 시절에는 습도가 반드시 필요했다.

하지만 와인의 보관이나 저장을 유리병으로 한다면 얘기는 달라진다. 과거처럼 습도가 와인 저장에 미치는 영향이나 효과는 극히 미미하다. 그렇다면 가정용 와인 셀러의 습도 조절 기능은 의미가 없다고 볼 수 있다. 와인 병을 오랫동안 습도가 없는 곳에 두면 코르크가 건조해져서 개봉할 때 부서질 우려가 있지만, 병을 눕혀 보관하면 코르크에 와인이 닿아서 코르크가 수분을 머금게 되므로 파손의 문제는 발생하지 않는다. 장기적인 안목에서 보면 와인 셀러가 필요할 수도 있겠지만 몇 병 되지 않을 경우에는 온도변화가 심한 곳과 열이 높게 발생하는 곳만 피하면 족하다.

진동은 와인에 어떤 영향을 미칠까? 지속적인 진동은 분명 와인에

스트레스와 피로감을 준다. 과학적인 잣대로 얘기해 보자! 와인 한 병 속에 수분은 80% 이상이다. 만약 장시간에 걸친 강한 파장이 와인에 가해지면 와인 속에 용해되어 있는 수분에 변화가 생긴다. 수분 속 기체들이 한곳으로 쏠리게 되고 그만큼 와인 속에는 빈 공간이 생기게 되는데 그런 빈 공간이 커지면 커질수록 와인의 산화속도는 빨라진다. 이를 공동현상(空洞現象)Cavitation이라고 한다. 다행인 점은 가정이나 일상에서는 강한 진동이 지속적으로 발생하지는 않는다는 것이다. 가정용 와인 셀러도 요즘은 무진동으로 설계되어 나온다. 따라서 진동으로 인한 와인의 산화 걱정은 할 필요가 없다. 하지만 빛은 다르다. 강한 빛은 와인을 변색시키며 화이트 와인은 시큼한 맛으로 변할 수 있고, 레드 와인은 타닌에 영향을 주어 와인의 보존성을 해칠 수 있다.

●와인은 꼭 셀러에서 보관해야 오래 두고 마실 수 있다.

와인의 풍미 확인법

와인을 마시다 보면 가슴에 와 닿지 않는 맛과 향들이 있다. 블랙 커런트, 레드 커런트, 라즈베리…. 이러한 외래 과일들의 맛과 향이 난다는데 어떤 이에게는 도무지 감흥이 없다. 생소한 과일 맛을 그것도 와인이라는 술을 통해 인지하기란 결코 쉬운 일이 아니다. 어쩌면 와인과 거리감이 더 생기는 이유일지도 모른다. 하지만 익숙해진다면 와인을 즐기는 데 재미가 붙는다. '콕 집어서 이 과일, 그 맛'이라고 단언할 수는 없지만 포도 품종마나 와인에 부여하는 과일 풍미를 일반화시켜 볼 수 있다.

마트에 가면 구할 수 있는 외래 과일 잼

우선 앵두와 검은 체리는 제철에 구할 수 있지만 이를 제외한 외래 과일들은 잼을 이용해 보면 그 맛과 향을 이해하는 데 도움이 된다.

까베르네 소비뇽, 검은 과일

자두, 블랙커런트, 블랙베리처럼 검은 과일 풍미를 보이는 대표적인 품종은 까베르네 소비뇽이다. 블랙커런트는 불어로 '까시스'라고도 하며 고급스런 과일 향기다. 블랙베리는 우리네 과일인 '복분자'로 인식하면 되겠다. 블랙커런트와 블랙베리의 정확한 맛과 향을 알고 싶다면 '잼'이 최선이다. 마트에서 구입하여 빵에 발라 먹어 보면 까베르네 소비뇽으로 만든 와인의 맛과 향에 한결 친숙해질 수 있다.

멜롯, 과일이 혼합된 달콤한 향기

멜롯으로 만든 와인은 보편적으로 체리와 자두 맛을 내며 지역에 따라 여러 과일을 혼합시킨 '잼'처럼 달콤한 과일 냄새가 배어 있다. 여러 가지 과일 풍미가 섞여 있으므로 콕 집어서 정확한 이름을 표현하기가 애매하지만, 대체적으로 검붉은 과일 향이 난다. 게다가 프랑스의 생떼밀리옹과 미국의 나파지역에서 생산된 멜롯 와인은 오크 숙성을 거치면서 신선한 참나무 향과 검은 과일의 풍미가 조화로워진다.

산죠베제, 앵두와 딸기 혹은 건초

산죠베제 품종으로 잘 빚어진 술은 '체리와 딸기' 향을 낸다. 그래서 봄의 향기를 연상시키지만 음용시기가 지났거나 혹은 저 품질의 산죠베제는 '마른 풀' 냄새와 메마른 나무 맛이 배어 있다. 대표적인 술로는 이태리 토스카나 지방에서 생산되는 키안티Chianti와 부르넬로 디 몬탈치노Brunello di Montalcino가 있다.

네비올로, 가볍고 싱그러운 과일 향

산죠베제와 더불어 붉은 과일 풍미를 와인에 부여한다. 따라서 검은 체리보다는 앵두, 그리고 딸기와 라즈베리 맛을 낸다. 라즈베리는 우리나라의 산딸기 정도가 되겠다. 와인 색깔도 검붉기보다는 연한 붉은 색을 띠며 피노 누와 품종의 와인과 유사한 색조다. 경우에 따라서는 '감초' 맛이 나기도 한다.

쉬라즈/시라, 검은 과일과 블랙 올리브

쉬라즈로 만들면 '블랙베리와 블루베리' 풍미가 강하다. 특히 호주의 바로사 벨리 지역에서 생산되는 쉬라즈 와인이 그렇다. 여기에 질 좋은 녀석을 만나면 '에스프레소'나 '다크 초콜릿' 향이 가미된다. 반면에 같은 품종이지만 프랑스의 론 지방에서 생산되는 와인은 전혀 다른 풍미를 갖고 있는데 '블랙 올리브' 향기가 매력적이다. 참고로 프랑스를 포함한 유럽은 '시라'라고 부르고 호주를 비롯하여 남반구는 '쉬라즈'라고 표기한다.

피노 누와, 붉은 과일 풍미

일반적으로 '붉은 앵두' 향은 피노 누와 품종으로 만든 와인에는 공통적으로 배어 있다. 만약 서늘한 지역에서 생산된 피노 누와 와인이라면 '크랜베리' 과일 향이 진하게 풍겨난다. 미국 오리건, 뉴질랜드의 말보로, 그리고 프랑스의 부르고뉴 와인이 대표적이다. 반면에 기후가 더운 지역인 캘리포니아 주의 소노마 지역과 센트럴 코스트는 '검은 체리 향'이 돋보이며 마지막으로 딸기는 뉴질랜드 피노 누와 와인에 잘 묻어난다.

그르나슈, 라즈베리, 딸기 그리고 매콤한 후추

보통 미국산 그르나슈 와인은 '붉은 과일' 풍미를 특징으로 하지만 프랑스 론 지방의 그것은 매콤한 후추와 미네랄이 나고 비교적 높은 알코올을 와인에 부여하는데 대표적인 와인이 '샤또 뇌프 뒤 빠쁘'이다.

말벡, 블루베리와 블랙베리

그르나슈 품종과 비슷한 성격을 보이지만 아르헨티나에서 생산되는 말벡 와인은 높은 알코올과 함께 농후한 맛을 가지고 있다. 검붉은 색조에 진한 보랏빛이 감돈다. 블루베리, 블랙베리, 삼나무, 오크, 흑연 향이 배어 있고 맛은 중후하다. 아르헨티나의 '국민 품종'이며 거친 맛이 덜하고 농밀한 맛과 강한 끝맛을 선사한다. 프랑스의 까오르산 와인도 말벡으로 만들어지며 가격대비 만족도가 높다.

뗌쁘라뇨, 검붉은 과일과 오크 향

이 품종으로 만든 1년 미만의 숙성을 거친 '크리안자'급 와인은 붉은 앵두 향이 주를 이루며 이보다 숙성 기간이 오래된 '리제르바' 급 와인에서는 라즈베리와 블루베리 향이 더해져 검붉은 과일 향의 조화가 뛰어나다. 주로 스페인의 리오하, 리베라 델 두에로 지역의 와인이 그렇다.

코르크로 진단하는 와인 상태

"어제 사 갔던 와인인데 끓었어요. 다른 와인으로 바꿔 주세요!" 와인을 개봉해 보면 종종 코르크 전체가 혹은 반 이상 붉게 젖어 있는 경우가 있다. 이런 경우 구입 장소로 가져가면 간단한 테이스팅 절차를 거쳐 교체해 주거나 환불이 가능하다. 물론 마셔도 건강에 지장은 없지만 그 와인이 가지고 있는 본연의 맛과 향을 즐기기에는 이미 부족한 술이다.

● 높은 온도에 의해 붉게 물든 코르크(좌)와 정상적인 코르크(우)

일단 코르크가 붉게 물들었다면, 두 가지 경우다. 하나는 현지에서 생산자가 와인을 병입하고 코르크로 봉인할 때 완전 밀폐가 되지 않은 경우다. 운송 도중 와인이 누수와 함께 공기 유입으로 산화 가능성이 있어 맛과 향에 지장을 초래할 수 있다.

또 다른 요인으로는 높은 온도다. 장거리 컨테이너 운송이나 보관

중, 고온에 와인이 노출되면 병속 와인이 밀고 올라와 코르크를 붉게 물들인다. 이런 경우 와인이 '끓었다(열화)Cooked wine'고 표현한다. 열에 의해 와인은 산화작용으로 조기 숙성에 이를 수 있다. 어린아이가 하루아침에 노인이 된 경우와 같다. 진한 과일 맛과 아울러 신선한 풍미가 소실되었을 가능성이 크다. 따라서 '마실 수는drinking' 있겠으나 '즐기기enjoying'에는 부족한 술이 되는 것이다.

며칠 전 어느 밴드에서 읽은 글귀가 계속 마음이 쓰였다. 그 글의 요지는 코르크가 붉게 물든 와인, 그러니깐 '열화', 즉 '끓어 넘친 와인'을 두고, 마시기에 이상이 없고 질적으로 아무런 문제가 되지 않는다는 것이었다. 이를 반증할 자료는 다음과 같다. WFLOWorld Food Logistics Organization*에서 발표한 내용 중에 와인의 보관 온도에 관한 의미 있는 글이 있어 발췌해본다.

*WFLO
'기후변화에 대처하기 위한 세계적 캠페인 연합회(Global Cold Chain Alliance GCCA)' 소속 비영리 시민단체로, 온도 변화에 따른 음식물 및 제반 식제품 관리와 권고를 주 업무로 한다.

WFLO, they state that high or fluctuating temperature is the greatest hazard to wine:

"Any elevated temperature above 60F (16C) accelerate the maturation process, may change their varietal character or their sense of origin (known as terroir) and can shorten the life expectancy of a wine, especially white ones"

"Temperatures above 75F (24C) greatly and untypically age most wines, leading to undesirable aroma, flavor and color changes.

"The WFLO's storage guideline stipulates that wine should be stored between 10C and 16C and never above 30C not even for 30 minutes!"

If a wine experiences a temperature of 30 degree for just 1.5 days, this can degrade its color, aroma and aging potential.

내용인즉, 와인 보관 중에 높은 온도 또는 불규칙한 온도 변화는 와인에 큰 해를 준다는 것이다. 그 온도의 폭을 구체적으로 살펴보면 16도 이상일 경우 와인의 숙성을 가속화시켜 품종 고유의 본래 맛과 향에 변화를 준다는 것이다. 즉, 와인이 가진 '떼루아'적 요소에 문제가 생길 수 있다는 경고다.

여기서 '떼루아적 요소'를 좀 쉽게 풀어 쓰면, 미국 나파 벨리산 까베르네 소비뇽으로 만든 와인과 프랑스 보르도산 까베르네 소비뇽으로 만든 와인의 각각 고유한 맛과 향의 경계가 없어지거나 원산지의 특징이 모호해진다는 뜻이다. 좀 더 쉽게 얘기하면 제주산 당근은 '제주의 맛'이 나야 하고 다른 지역의 당근은 그 지역의 맛이 담겨 있어야 한다는 뜻인데 지역적 특색이 사라진다는 뜻이다. 게다가 16도 이상의 온도는 와인의 보존력을 떨어뜨리며 특히 타닌과 폐놀계 성분이 없거나 빈약한 화이트 와인은 더욱 그렇다.

여기서 끝이 아니다. 만약 24도 이상으로 와인을 보관한다면 본래 그 와인이 갖고 있는 향, 맛, 그리고 색깔에 치명타가 될 것이다. 따라서 WFLO는 와인 보관에 있어 다음과 같이 권고한다.

"와인 보관은 10~16도가 적절하며, 심지어 단 30분 동안이라도 30도의 온도에 노출된다면 와인에 문제가 생긴다. 만약 반나절 동안 30도에 노출된다면 그 와인의 모든 밸런스와 맛, 향, 그리고 숙성 능력은 현저히 떨어질 것이다."

이 정도면 와인 보관과 운송, 그리고 유통에 있어 경각심을 가질 만한 글이 아닌가 싶다. 와인은 적정온도를 벗어나 높은 온도와 열에 노출되면 병 속에서 변화가 일어난다. 여러 와인성분의 분자운동이 활발해지고 서로 충돌을 일으킨다. 그 충돌로 인해 발생하는 에너지가 와인의 풍미를 바꾸어놓는 것이다. 다양한 과실맛과 신선한 풍미가 사라지고 급속히 노화된다. 이런 경우의 와인은 환불을 요구하거나 다른 와인으로 교체를 받아야 한다.

와인은 병 속에서 서서히 익어가야 한다. 그래야만 신선한 맛과 다양한 향을 오랫동안 유지할 수 있고 그 가치를 높일 수 있다.

코르크 냄새로 와인의 상태를 체크한다?!

고급 레스토랑에서 직원이 와인을 개봉한 후 코르크를 손님에게 건네면 대부분 코에 대고 냄새를 맡는다. 코르크에 배어 있는 냄새를 통해 와인의 상태를 가늠하려는 것이다. 하지만 일반 사람들의 코에는 그냥 코르크 냄새만 날 뿐이다. 사실 코르크 냄새로 와인의 불쾌한 향과 맛을 가늠하려면 적어도 수십 년의 경험이 필요하고 후각 능력도 탁월해야 한다. 따라서 코르크를 건네받으면 시각적으로 열화의 상태를 먼저 살핀다. 그다음, 코르크에 표시된 와인의 이름과 빈티지가 레이블에 표기된 것과 일치하는지를 살펴야 한다. 간혹 코르크에 표기된 내용이 주문한 와인 레이블의 그것과 다른 경우가 있다. 흔하지 않지만 가끔 고가의 진품을 모방한 '가짜' 와인이 있으므로 주의해야 한다.

하나 더 알아둘 점은 불량 코르크가 있다는 것이다. 외형상 하자는 없지만 가공 과정에서 오염 인자가 침투한 코르크를 달고 나온 와인은 눅눅한 신문지, 젖은 옷감, 심한 경우는 젖은 개에서 나는 특유의 냄새가 술에 배이게 된다. 이를 전문용어로 코르크 테인트Cork taint라 하며 코르키드Corked 또는 코르키Corky라고도 한다. 그리고 코르크를 감염시키는 오염 인자는 TCATrichloroanisole와 TBATribromoanisole로 불리는데 매년 이 TCA 감염으로 생산되는 와인은 전체 생산량 중에서 약 5%에 해당한다. 어쨌거나 코르크 냄새로 와인의 상태를 파악한다는 건 대단히 어려운 일이다. 만약 그런 사람이 있다면 탁월한 후각의 소유자다.

●높은 온도에 노출된 와인의 코르크 상태

와인 테이스팅

"와인은 '볼'을 잡고 마시는 게 아닙니다." 종종 이런 말을 듣는다. 그러면 "저는 수족 냉증이라 괜찮습니다." 하고 우스갯소리를 한다.

어디를 잡고 마셔야 하나?

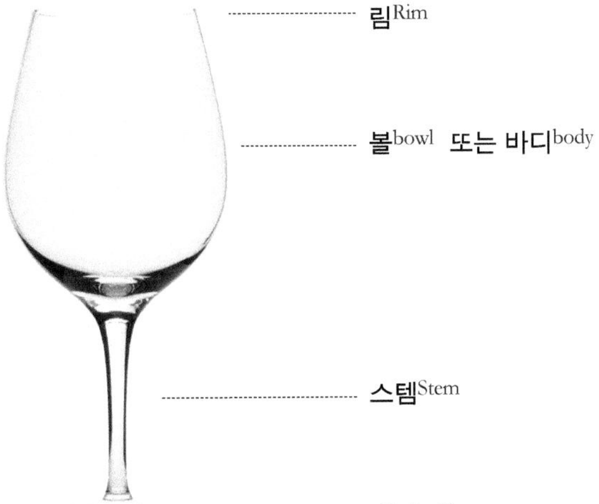

아직도 와인을 마실 때 유독 잔의 '스템'만을 고집한다. '볼'을 잡고 마시면 손의 열기가 맛과 향에 영향을 줄 수가 있다는 우려 때문이다. 하지만 이는 기우(杞憂)에 불과하다. 잠시 볼을 잡고 마신다고 해서 와인에 변화가 일어나지는 않는다.

스템을 꼭 잡아야 하는 경우는 따로 있다. 와인의 색깔, 향 그리고 맛을 통해 전반적인 평가를 내려야 하는 필요성이 있을 때, 즉 '와인 테이스팅'의 경우 '볼'보다는 '스템'을 잡는 것이 여러모로 효율적이다. 우선 스월링이 편하고 전체적인 와인의 외형을 파악하는 데도 '볼'을 잡는 것보다는 유리하다. 하지만 식사나 만찬처럼 와인과 음식을 자연스럽게 접하는 자리에서는 꼭 스템을 잡아야 할 필요가 없다. 더욱이 스탠딩 파티에서는 볼을 잡는 것이 더 안정적이다.

와인 테이스팅 방법과 순서

와인 테이스팅Wine Tasting은 꼭 전문가들만 하는 건 아니다. 와인을 좋아하는 자라면 누구든지 할 수 있으며 알아두면 더욱 유익하게 와인을 즐길 수가 있다. 특히 블라인드 테이스팅의 경우 색깔, 맛, 그리고 향이 주는 단서로 그 와인이 가지고 있는 풍미와 히스토리를 밝혀 내야 하는데 꽤나 재미있는 작업이다. 예를 들어 사용된 품종이 무엇인지, 어느 지역에서 만들어졌는지, 빈티지는 어떻게 되는지를 가늠해 보는 것이다. 처음에는 도통 감이 오질 않겠지만 경험치를 쌓다 보면 '아하' 하는 순간이 온다. 보고See, 잔을 돌리고Swirl, 향을 맡고Smell, 한 모금Sip 맛보는 과정에 집중하다 보면 어느덧 자신의 감각은 세련되어진다.

첫째, 'See' : 색을 보며 사용된 품종과 빈티지를 가늠해 볼 수 있다.

어느 날 문득 거울에 비친 모습을 본다. 얼굴에 탄력도 없어지고 주름이 늘어간다. 뽀얗던 피부도 생기를 잃어가고 거무튀튀하거나 누런빛이 드리운다. 세월에 장사 없듯이 시간의 흐름 속에서 모습은 어떤 형태로든 바뀌어 간다. 와인도 마찬가지다. 레드 와인은 세월의 흐름에 어떻게 반응할까? 잔에 술을 따르고 흰색 식탁보나 하얀 와이셔츠 입은 자신의 팔 위에 비추어 보면 마치 거울처럼 자신의 나이를 알려 준다. 최근에 출시된 와인이라면 전체적으로 균일한 붉은색을 보이지만 오래될수록 적갈색, 벽돌색을 띠며 가장자리는 물을 탄 것처럼 밝고 옅은 붉은색을 보인다. 그리고 약 15년 이상 된 와인의 경우, 오렌지 빛깔을 머금게 된다. 화이트 와인은 세월이 더해질수록 짙은 노란색과 황금빛 색조로 변해 가며 대략 10년 정도 걸린다.

둘째, 'Swirl' : 잔에 공기를 불어 넣어 향을 감지한다.

스월링Swirling의 목적은 잔에 담긴 와인에 공기를 최대한 희석시켜 내재된 풍미를 즐기기 위함이다. 와인을 마실 때 잔을 멋스럽게 돌리는 이유가 바로 여기에 있다.

셋째, 'Smell' : 향을 즐긴다.

스월링 후 향을 맡으면 사용된 품종에 따라 각기 다른 향을 발산한다. 또한 저마다 고유한 향으로 자신이 자란 토양, 기후, 지역을 표현한다. 따라서 다양한 가격대의 와인들을 접해 보면서 경험치를 쌓아 가야 다채로운 향들에

익숙해진다.

넷째, Sip : 한 모금 맛을 본다.

입안에서 살짝 굴린 후 삼킨다. 그리고 다음과 같은 질문과 기준은 맛의 감각을 기르는 데 유용하다. "세련된 맛인가? 무거운가? 거친 맛인가? 향과 맛이 동일한가? 과일 풍미는 좋은가? 혹은 매콤한 맛과 미네랄 느낌은 없는가? 알코올은 적당한가? 아니면 너무 과해서 와인의 맛을 해치지는 않는가?"

마지막으로, 와인 레그leg를 살핀다. 다시 스월링을 하고 잔의 내부면을 타고 흐르는 와인의 눈물을 보면서 알코올 도수를 가늠할 수 있다. 가늘고 천천히 흘러내리면 알코올 농도가 높다(약 14.5도 이상)는 뜻이고, 반면에 굵고 빠른 속도로 떨어지거나 눈물이 맺혀 있지 않다면 알코올이 높지 않다는 뜻이다.

●스월링과 스멜링

wine

화이트, 로제 그리고 심폐 소생술

붉은색은 매혹적이다. 열매의 붉은빛이 산새를 유혹하면 그 씨앗을 먹고 산과들에 생명을 다시 잉태시킨다. 그러고 보면 산속의 열매나 과일들은 검붉은 색과 노란색 그리고 분홍빛이 유독 많다. 그 덕에 산짐승과 조류의 눈에 잘 띄며 다시 자연의 일부로 재탄생된다.

와인이 다른 술과 구분되는 매력 중에 하나가 바로 색이다. 잘 만든 와인의 그것은 탁하지도 흐릿하지도 않으며 빛나고 투명하다. 레드 와인의 붉은색에는 립스틱의 진한 유혹이 투영되며, 화이트 와인에는 달콤하고 풋풋한 청포도의 싱그러움이, 장밋빛 로제 와인에는 한 자락쯤의 사랑이 있을 것만 같다.

이들 중 화이트 와인은 누구나 부담 없이 즐길 수 있는 술인데 여기에 사용되는 청포도에는 무엇이 있을까? 오드리 헵번의 고전미를 닮은 샤르도네', 톡 쏘는 맛과 강한 향을 가진 '소비뇽 블랑', 진한 과일과 달콤한 맛에 산미가 절묘하게 배어 있는 '리슬링', 그리고 장미와 사향musk이 일품인 '게뷔르츠트라미너'…. 이들은 화이트 와인을 만드는 품종 중 가장 개성이 뚜렷한 포도 종들이다.

그럼 '로제 와인' 맛은 어떨까? 원래 레드 와인을 빚다가 부산물로 함께 만들어진 로제 와인은 타닌이 적어 마시기 유순하며 드라이한 맛에서 단맛까지 생산된다. 저렴한 가격 덕분에 인기가 더욱 좋다. 그리고 로제 와인 중에서 로제 샴페인은 특히 귀한 대접을 받는다. 하지만 그런 고가의 술은 레스토랑에서 직접 사서 마시기가 부담스럽다. 해서 요즘은 '코르키지'를 내고 즐기는 경우가 많아졌다. '코르키지'란 손님들이 직접 와인을 사 들고 레스토랑에 방문해 소믈리에에게 와인을 오픈해 주는 대가로 서비스비만 지급하는 것을 말한다. 사람들의 맛과 향에 대한 감각적인 수준도 좋아졌고 디캔터라는 탁상병에 와인을 옮겨 부어 오래 묵은 와인의 침전물을 제거하는 '디캔팅'을 통해 와인의 맛을 일깨우는 '심폐 소생술' 작업도 주변에서 심심찮게 목격된다.

●맛과 향을 일깨우는 디캔팅

화이트 와인을 만드는 주요 포도 품종

영화 〈Now you see me〉의 엔딩 장면으로 센 강에 있는 '퐁데자르' 다리가 소개되었다. 사랑과 이별 그리고 수많은 추억과 언약이 배어 있는 그곳 교각 위에서는 한 줄기 빛과 스치는 바람결에도 치유의 생명력이 전해진다. 그래서 센 강의 다리에는 언제나 사람들이 모여든다. 각자 삶의 궤적을 갖고 그곳으로 온다. 한 번쯤, 아니 다시 방문하게 될지도 모르는 순간을 위해 달콤하고 풋풋한 청포도 와인을 센 강의 다리와 엮어 보았다. 빨간색보다는 왠지 노란색이 더 어울릴 것만 같은 파리의 교각들과 데이트를 떠나 보자!

소비뇽 블랑과 퐁데자르

청순한 사랑의 언약을 맛보고 싶다면 이곳을 찾아라! 안주는 노을이며 소비뇽 블랑의 강한 맛으로도 충분하다. 출시된 지 얼마 안 된 영young한 와인은 라임과 피망이, 만약 잘 익은 고급스런 술을 구할 수 있다면 파인애플, 망고의 열대 과일 풍미는 석양과 견주어도 손색없다. 해질녘! 센 강을 가장 아름답게 바라볼 수 있는 다리는 '퐁데자르le Pont des Arts'다. '예술의 다리'라 불리는 별칭답게 거리 화가와 음악가들의 색과 소리가 묻어난다. 이곳에서의 소비뇽 블랑 한 잔은 삶의 청량제다. 뉴질랜드의 말보로, 프랑스 루아르 지방의 상세르와 뿌이 휘메를 추천하다.

달콤한 맛과 밝은 기운, 리슬링

실연을 극복하기 위해, 삶의 정체성을 찾고자, 그리고 어떤 여행자는 종교적 목적으로 여행을 떠난다. '생 미셸' 다리는 이런 삶의 고단함을 품고 있다. 그런 고된 여정의 무게를 잠시 해갈할 수 있는 술은 '리슬링'이 아닐까 한다. 살구, 복숭아, 그리고 오렌지 껍질 향이 좋다. 힘겨운 삶에 위로가 될 수 있는 달콤한 맛과 밝은 기운 덕에 마시면 이내 기분이 좋아지는 리슬링을 찾아 생 미셸 근처 선 술집에 들어가 목을 축여 볼 만하다. 주변에 예쁜 가게들도 있고 인근 노트르담 성당에서는 기도도 할 수 있다. 호주의 클레어 벨리산이나 프랑스의 알자스산은 드라이하면서 풍미가 깊고, 단맛을 선호한다면 독일 리슬링 와인을 주문하자. 진한 과일과 달콤한 맛에 싱그러운 산미가 절묘하게 배어 있다. 특히 '베렌아우스레제'나 '트로켄베렌아우스레제' 와인이 그렇다.

미라보 다리에서는…

"미라보 다리 아래 센 강은 흐르고 우리의 사랑도 흐른다."

—기욤 아폴리네르의 시구(詩句) 중에서

센 강의 다리들은 적어도 한 자락 사연쯤은 갖고 있다. '미라보 다리le Pont Mirabeau'는 기욤에게 설렘과 눈물의 장소다. 연인 롤렁드와의 애틋한 사랑을 시구에서 느낄 수 있다. 세월이 흘렀지만 아직도 센 강에는 그들의 사랑이 흐르고 있다.

청포도는 푸르거나 노란빛을 낸다. 하지만 게뷔르츠트라미너 품종은 화이트 와인을 만드는 포도 중에서 유일하게 핑크빛 껍질을 가지고 있다. 외모만큼 맛도 독특하다. '리치' 향이 진하고 단맛이 감돌면서 쌉싸름한 맛을 와인에 부여한다. 만약 가격이 좀 나가는 와인을 고른다면 장미와 사향musk이 일품이다. 정말 게뷔르츠트라미너는 '껍질'부터 '속'까지 사랑의 와인이다. 이 품종으로 만든 와인은 프랑스 알자스산이 좋다.

단호함과 섬세함, 샤르도네

청포도 중에서 가장 우아한 맛과 향을 가진 품종은 '샤르도네'다. 사람으로 치면, 매력적이고 강인한 여성인 '시몬 드 보봐르'쯤 되겠다. 프랑스를 대표하는 여성 페미니스트로 잔다르크적 성향과 오드리 헵번의 고전미를 아우른다. 그녀의 이름을 딴 교각처럼 '시몬 드 보봐르' 다리는 여성적이며 날씬하고 우아해서 질 좋은 샤르도네와 견줄 수 있다.

한 여성의 위대한 삶을 와인에 빗대는 것은 욕심일 수 있겠지만, 샤르도네는 분명 그녀만큼이나 표현의 경계를 넘나든다. 자유롭고 거침없으며 당대를 살았으나 현대적 감각의 소유자였던 그녀는 샤르도네 와인과 닮았다.

프랑스 부르고뉴 지방에 가면 샤르도네 청포도의 향기가 물씬 풍기는 마을이 있다. 뫼르소, 샤샤뉴 몽하쉐, 퓔리니 몽하쉐, 그리고 바따르 몽하쉐다. 이 지역 와인은 고전적이다. 매끄러운 질감과 미네랄, 버터, 견과류 그리고 오크 풍미의 전통을 고수한다. 반면에 이국적인 과일 풍미와 당미가 어우러진 진한 맛의 샤르도네는 미국 나파 밸리와 파소 노블레스산이 좋다.

핑크빛 로제 와인

와인 색깔이 장밋빛 같다 하여 영어의 Rose를 프랑스에서는 로제Rosé, 포르투갈은 로사도Rosado, 그리고 이탈리아는 로사토Rosato라고 와인 레이블에 표기한다. 레드 와인처럼 진한 붉은 색조를 띠지 않는 핑크빛 로제 와인은 맛이 어떨까? 크게 두 가지로 나뉜다. 사용되는 품종에 따라 단맛이 없는 드라이한 스타일과 스위트한 로제 와인으로 생산된다. 그리고 로제 와인은 시장에 출시 후 1~2년 이내에 마셔야 하므로 최근 빈티지를 선택해야 하고 제맛을 즐기려면 음용온도는 꼭 10~12도를 지켜야 한다.

단맛이 없는 로제 와인을 원한다면

그르나슈, 산죠베제, 시라, 무르베드르, 까리냥, 쌩쏘, 피노따쥐, 피노 누와 품종을 선택하자. 전통적으로 이들 품종을 이용한 로제 와인들은 단맛이 없고 과일향이 좋다. 깔끔한 맛과 청량감이 장점이다. 단일 품종으로 만들기도 하며 두세 가지 정도 블랜딩되기도 한다.

달콤한 로제 와인은?

설탕을 첨가하지 않고도 와인에서 단맛이 난다는 것은 포도즙에 있는 포도당을 알코올로 전부 발효시키지 않고 일정량을 잔류시켰기 때문이다. 따라서 상기 드라이한 로제 와인보다는 알코올 도수가 낮을 테고 그만큼의 당미가 있어 초심자에게 적합하다. 즉, 단맛이 있는 로제 와인을 고르는 확실한 방법은 알코올 도수가 낮은 와인을 고르면 된다. 특히 화이트 진판델, 화이트 멜롯, 핑크 모스까또 이 세 가지 품종은 보편적으로 단맛이 있는 로제 와인으로 생산된다.

로제 와인, 어떻게 만들어질까?

레드 와인과 화이트 와인을 섞어서 만들까? 아니다. 다만 프랑스 샴페인 지방에서 생산되는 로제 샴페인의 경우는 레드 와인과 화이트 와인을 혼합하여 장밋빛을 얻지만, 버블이 없는 일반 로제 와인은 다음과 같이 생산된다.

적포도를 수확하자마자 포도송이를 제거한 후 알맹이들만 으깬다. 껍질skin과 과육이 뒤범벅된다. 이런 상태의 과즙을 머스트Must라고 부르는데, 1~3일 정도 놔두면 핑크빛으로 변하기 시작한다. 이는 껍질 속에 있는 붉은 안토시아닌 색소가 추출되어 과즙에 착색(침용沈溶)되기 때문인데 양조자가 원하는 수준의 로제 빛깔이 나오면 머스트를 압착기계에 넣고 핑크빛 포도즙을 짜낸다. 여기에 효모를 넣고 발효시키면 로제 와인이 되는 것이다. 이때 색깔의 강도는 침용 시간에 비례한다.

출혈, 세니에 방식

요즘은 대부분 로제 와인이 앞서 설명한 방식대로 생산되고 있지만 엄밀하게 말하면 과거 로제 와인은 족보에 없는 술이었다. 색과 타닌이 농밀한 레드 와인을 만들고자 하는 과정에서 생겨난 부산물이었기 때문이다. 양조기술이 오늘날처럼 발달하지 못했던 과거에는 레드 와인의 색깔이 현재의 그것처럼 진하지 않았고 타닌도 풍부하지 못했다. 그래서 당시 양조자들의 꿈은 진한 색조의 농밀한 레드 와인을 만드는 것이었다. 그런 방법을 찾다가 결국 두 마리 토끼를 잡은 셈인데….

예를 들어 나무에 달린 과일 맛을 농축시키기 위해서는 열매를 솎아 내야 한다. 이와 같은 이치로 침용 과정에 있는 머스트(껍질, 씨, 과육)에서 일정량의 포도즙을 빼낸다. 그러면 껍질과 씨로 인해서 붉은 색소와 타닌을 더욱 응축시킬 수 있다. 이때 양을 줄이기 위해서 방출시키는 포도즙의 모양새가 '출혈'을 연상시킨다 하여 프랑스어로 '세니에Saignée'라고 한다.

예전에는 이렇게 뽑어져 나온 세니에 포도즙을 버리거나 다른 용도로 사용했다. 하지만 통 속에 남아 있는 진한 색조의 포도즙이 정식 레드 와인으로 되기까지는 시간이 소요되었으므로 그 참에 '세니에' 즙으로 로제 와인을 만들기 시작한 것이다. 진한 레드 와인도 만들고 가벼운 로제 와인은 덤으로 얻을 수 있으니 일거양득의 양조기법이었다. 오늘날 세니에 방식은 로제 와인을 만드는 또 하나의 기법으로 자리를 잡아 두루 쓰이고 있으며 프랑스 루아르 지방의 '시농' 마을에서는 이 기법으로 로제 와인을 생산하고 있다.

사실 세니에 생산 방식은 1800년대 보르도와 부르고뉴에서 농밀한 레드 와인을 만들기 위해 머스트에서 빼낸 옅은 포도주스에 효모를 첨가하여 로제 와인을 만들었던 것이 그 시초가 되었고 호주, 미국, 캐나다와 같은 신세계 와인 생산국가에서도 사용되고 있다. 특히 프랑스의 로제 샴페인 중에도 세니에 방식으로 생산되는 와인들이 있다.

● 세니에 방식으로 생산된 로제 와인들

색조가 ‘가장 옅은 로제 와인’

2004년 세계 소믈리에 선발대회에서 ‘뱅 그리Vin gris’에 대한 문제가 출제되었다. 고가의 품격 있는 와인은 아니지만 저렴하고 편하게 접할 수 있다는 취지에서 선정된 듯하다. ‘뱅 그리’, 프랑스어로 ‘회색빛을 가진 와인’이라는 뜻이다. 로제 와인 중에서 장밋빛 색조가 가장 옅어 간혹 회색처럼 보인다 해서 붙여진 이름이다. 오늘날 핑크빛 색조가 가장 옅은 로제 와인을 통칭하여 ‘뱅 그리’라고 두루 불리며 레이블에 표기된다. 침용 과정을 거치지 않고 적포도를 수확과 동시에 강한 압착으로 즙을 내어 로제 와인을 만든다. 또는 다른 로제 와인과는 달리 침용 시간을 1~3시간 정도 아주 짧게 진행시킨 후 즙을 내어 와인을 만들기도 한다. 오크 숙성은 하지 않으며 영어로는 블러쉬 와인Blush wine이라고도 한다. 프랑스 와인법규에 따르면 와인 레이블에 'gris de gris' 혹은 'gris'라고 표기된 와인은 적포도 중에서도 색깔이 연한 쌩쏘, 가메, 그리고 그르나슈 그리 품종만을 사용한 경우에 해당한다.

● 뱅 그리 - 로제 와인

● 그리 드 그리 - 로제 와인

날카롭고 오싹한 신맛의 소비뇽 블랑 와인

어떤 이는 새콤한 맛과 짜릿함에 소비뇽 블랑을 좋아하지만 다른 이에게 그 와인은 아세톤처럼 자극적인 맛과 향으로 느껴진다. 호불호가 분명하게 갈리는 술! 소비뇽 블랑의 다양한 스펙트럼 속으로 들어가 본다.

고수 vs 비트

미국에서 유명 힙합 스타들의 와인 파티가 있었다. 와카 플로카 플레임, 릴킴, 그리고 드레이크가 모인 그 파티장에서 이들의 입맛을 사로잡은 건 '모스까토'로 만든 화이트 와인이었다. 2위는 샤르도네, 그리고 3위를 차지한 '피노 그리지오'에 의해 소비뇽 블랑은 맨 마지막으로 밀려났다.

이런 결과는 마치 '비트beet'와 '고수'의 관계를 연상시키는데 '모스까또'는 달달한 '무' 같아서 대중적 성향이 높지만 소비뇽 블랑은 '천연 산미' 속에 날카롭고 오싹한 신맛이 공존하며 피망과 할라피뇨 향기가 코를 찡하게 만든다. 반면 샤르도네는 과일 맛을 담고 있으면서도 부드럽고 온순한 맛으로 소비뇽 블랑의 그것처럼 소름 끼치는 신맛도 없고 거칠지도 않다.

그래서 어떤 이는 소비뇽 블랑을 오즈의 마법사에 나오는 '서쪽 마녀'로 묘사한다. 그로테스크한 모습에 초록빛 피부와 검정 드레스를 입은 기이한 모습을 피망과 같은 푸른색 야채 풍미, 고수처럼 강한 향기, 갓 배어 낸 풀 냄새로 비유하곤 한다. 그렇다면 샤르도네는 뽀얀 피부와 금발의 아름다운 외형을 지닌 '동쪽의 마녀'로 표현해도 좋지 않을까 싶다.

'패션 푸르츠'와 자몽의 향기를 더하기 위해서

포도 재배 환경이 미약한 지역에서 충분한 태양을 머금지 못하거나 혹은 포도밭이 좋지 못한 경우 소비뇽 블랑으로 만든 술에는 썩은 배추 냄새와 거친 풀 맛이 배어난다. 메톡시피라진Methoxypyrazines이라는 성분 때문인데 이를 방지하기 위해서는 포도송이 주위의 잎사귀를 솎아 내어 충분히 익은 양질의 포도만을 골라서 사용해야만 한다. 그래야만 '신선한 허브와 상쾌한 숲 속의 향기로 진화시킬 수 있고 '패션 푸르츠'와 '자몽'의 풍미를 담아낼 수 있다. 여기에 옵션으로 오크 숙성을 통해 깊이감과 유연한 맛을 더할 수 있는 것이다.

Warm, Cool, Cold

와인의 맛과 향에 영향을 미치는 가장 큰 요소는 기후다. 모든 와인이 그렇듯이 소비뇽 블랑도 자란 기후에 따라 그 맛과 향을 달리한다. 미국의 나파 밸리, 호주, 칠레의 센트럴 밸리처럼 따듯한 지역은 좀 더 부드럽고 과일 맛이 좋으며 시트러스와 멜론 향이 좋다. 반면에 산미가 약하고 신선한 허브와 상쾌한 풀 향은 기대하기 어렵다. 그런 경우 와인의 생기를 빼앗아 마치 한 여름에 축 늘어진 살찐 개와도 같다. 하지만 나파 밸리의 호니그 포도원Honig winery에서 생산되는 소비뇽 블랑은 예외다. 날렵하고 잘 빠진 그레이하운드 같다.

그럼 갓 베어 낸 풀, 기분 좋은 허브, 그리고 자몽과 패션 푸르츠 풍미를 맛보고 싶다면 어떤 지역이 좋을까? 해답은 '서늘한 기후'다. 칠레의 경우 해안가와 인접한 코스탈coastal 지역이 좋은데 콘차 이 토로Concha y Toro 사가 만든 '떼루뇨Terrunyo 소비뇽 블랑'은 가격 대비 뛰어난 품질로 평가받는다. 그리고 프랑스는 상세르Sancerre와 뿌이 휘메Pouilly-Fumé에서 생산되는 와인을 알아준다. 특히 이 두 곳에 위치한 도멘 푸르니에Domaine Fournier, 파스칼 졸리벳Pascal Jolivet, 그리고 도멘 바쉐론Domaine Vacheron이 만든 소비뇽 블랑을 최고로 친다.

● 떼루뇨

와인 생산지역 중 가장 추운 지역에 속하는 뉴질랜드의 말보로Marlborough와 남아공의 엘진Elgin에서 생산되는 소비뇽 블랑도 이름이 높다. 특히 뉴질랜드 말보로 지역에 있는 클라우디 베이Cloudy Bay 포도원에서 빚은 소비뇽 블랑은 프랑스 루이뷔통 모에 헤네시LVMH 그룹이 보유한 브랜드 중에서 '가장 저렴한 명품'으로 불릴 만큼 맛이 좋다. 이 술과 더불어 도그 포인트Dog Point도 말보로 지역의 수작으로 꼽는다.

도그 포인트

●도그 포인트 소비뇽 블랑

1985년에 설립된 클라우디 베이는 20여 년의 호황기를 누리다가 2003년도에 프랑스의 명품 사냥꾼, 베르나르 아르노 LVMH 회장에게 매각된다. 그러자 이 포도원의 맛과 향을 담당했던 두 사람(제임스 헐리, 이반 서더랜드)은 고심 끝에 클라우디 베이를 떠나게 되며 이후 그들은 보란 듯이 도그 포인트 포도원을 차려 중후하고 무게감 넘치는 와인을 선보였는데, 그 맛과 향은 예전 클라우디 베이의 업그레이드 버전으로 보면 될 것 같다. 산도가 높고 가벼운 스타일로 인식되었던 '소비뇽 블랑'의 한계를 극복했고 편견을 끊어 내었다는 데 이 술의 의미가 있다.

뉴질랜드 소비뇽 블랑

오늘날 뉴질랜드 말보로 지역의 소비뇽 블랑 와인이 세계적인 명성을 얻기까지에는 여러 장애물들이 있어 왔다. 병충해와 양조 기술의 부족, 무엇보다도 과거 술에 대한 사회적 인식이 좋지 않았던 뉴질랜드는 1960년대에 비로소 소매점과 레스토랑에서 와인 판매가 이루어졌고 1980년대에 들어와 선진 양조 기술과 포도재배기법이 도입되면서 와인 산업에 활기를 띠게 된다. 여기에 가장 큰 벤치마킹 대상이 되었던 포도원들이 바로 앞전에 언급했던 도멘 푸르니에, 파스칼 졸리벳, 그리고 도멘 바쉐론이다. 이들이 이루어 놓은 업적에 뉴질랜드 고유의 기후가 더해져 오늘날 말보로만의 색깔을 지닌 소비뇽 블랑을 창조해낸 것이다.

가제트 형사처럼 다재다능한 소비뇽 블랑 품종

소비뇽 블랑은 다른 나라에서도 폭넓게 와인 생산에 사용되는 청포도다. 이 품종이 와인에 부여하는 '경우의 수'는 다양하다. 라임, 레몬, 자몽, 허브, 구즈베리, 미네랄, 야채, 견과류의 풍미를 보인다. 생산국에 따라 다채로운 맛과 향을 지니고 있어 팔색조와도 같은 매력을 가지고 있다.

뉴질랜드의 말보로산 소비뇽 블랑 와인이 시트러스 풍미와 열대과일향, 그리고 산미가 우수하다면, 프랑스 루아르 지방의 상세르 지역과 뿌이휘메 지역에서 생산되는 소비뇽 블랑 와인은 열대 과일 향에 미네랄 풍미가 도드라진다.

게다가 소비뇽 블랑의 제일 친한 친구, 세미용Semillon 품종과 섞여서 만들어지면 확연히 다른 맛과 향을 구사한다. 프랑스의 보르도 지방에서 생산되는 '엉뚜르 드 메르'산 와인은 세미용 품종과 브랜딩될 때, 깔끔하고 드라이한 맛이 강점이다. 또한 보르도 지방의 소테른과 몽바질락 지역에서는 세미용과 브랜딩되어 스위트 와인으로 생산되는데, 그 달콤함 속에 깔려 있는 경쾌한 산미가 일품이다.

음식과도 조합이 좋아 해물 떡볶이, 베이컨 말이 아스파라거스, 전, 그리고 샐러드와 잘 어울린다. 음용온도는 8~10℃에서 마셔야 제 맛을 낸다.

소비뇽 블랑! 서쪽 마녀의 이미지를 털어내고 가제트 형사의 다재다능함과 유쾌함으로 재미를 주는 품종이며 싱그러운 맛에서 깊은 풍미의 울림까지 담아내는 명료한 술이기도 하다. 때로는 짧은 청치마의 순수한 섹시미에서 세련된 슈트를 걸친 커리어 우먼의 이지적인 아름다움을 동시에 발산하는 품종이기도 하다.

이런 매력을 느껴보려면 우선 뉴질랜드의 말보로산 소비뇽 블랑을 접해보고 그다음 아래 열거한 프랑스산 소비뇽 블랑 와인을 경험해보기를 적극 추천한다. 마셔본다면 필자가 왜 그토록 소비뇽 블랑 와인을 추천하는지 알게 될 것이다.

꼭 마셔봐야 할 프랑스, 뉴질랜드 소비뇽 블랑 와인 24선

1. 프랑스

- Didier Dagueneau, Pouilly Fume, Silex 디디에 다그노, 뿌이 휘메, 실렉스
- Didier Dagueneau, Pouilly Fume, Buisson Renard 디디에 다그노, 뿌이 휘메, 뷔숑 흐나르
- Didier Dagueneau, Pouilly Fume, Blanc Fumé de Pouilly 디디에 다그노, 뿌이 휘메, 블랑 휘메 드 뿌이

- Didier Dagueneau, Pouilly Fume, Pur Sang 디디에 다그노, 뿌이 휘메, 쀠흐 쌍
- Didier Dagueneau, Sancerre, Le Mont Damne 디디에 다그노, 상세르, 르 몽 담네
- Pascal Jolivet, Sancerre 파스칼 졸리베, 상세르
- Pascal Jolivet, Pouilly Fume, 파스칼 졸리베, 뿌이 휘메
- Pascal Jolivet, Sancerre, Sauvage 파스칼 졸리베, 상세르, 쏘바쥬
- Pascal Jolivet, Sancerre, Exception 파스칼 졸리베, 상세르, 익셉시옹
- Domaine Fournier Pouilly-Fumé 도멘 푸르니에, 뿌이 휘메
- Domaine Fournier Sancerre blanc L'Ancienne Vigne 도멘 푸르니에, 상세르, 블랑 라시엔느 빈뉴
- Henri Bourgeois, Sancerre Les Baronnes 앙리 부르주아, 상세르, 레 바론
- Henri Bourgeois Sancerre d'Antan 앙리 부르주아, 상세르, 당탕
- Henri Bourgeois, Sancerre Etienne Henri 앙리 부르주아, 상세르, 에티엔 앙리
- Henri Bourgeois, Sancerre Le M.D. de Bourgeois 앙리 부르주아, 르 M.D.드 부르주아

2. 뉴질랜드

- ISABEL, Marlborough, Sauvignon Blanc 이사벨, 말보로, 소비뇽 블랑
- Lake Chalice, Marlborough, Sauvignon Blanc 레이크 챌리스, 말보로, 소비뇽 블랑
- Greywacke, Marlborough, Sauvignon Blanc 그레이와커, 말보로, 소비뇽 블랑
- Cloudy Bay Marlborough, Sauvignon Blanc 클라우디 베이, 말보로, 소비뇽 블랑

- Dog Point, Marlborough Sauvignon Blanc, Section 94 도그 포인트, 말보로, 소비뇽 블랑, 섹션 94
- Palliser Estate, Marlborough, Sauvignon Blanc 팰리셔 에스테이트, 말보로, 소비뇽 블랑
- Kim Crawford, Marlborough, Sauvignon Blanc 킴 크로포드, 말보로, 소비뇽 블랑
- Villa Maria, Marlborough, Sauvignon Blanc 빌라 마리아, 말보로, 소비뇽 블랑
- Sileni Estates, Marlborough, Cellar Selection Sauvignon Blanc, 실리니 에스테이츠, 말보로, 셀러 셀렉션, 쇼비뇽 블랑

● 산미와 과실맛이 싱그러운 소비뇽 블랑

코르키지와 디캔팅

코르키지Corkage는 코르크Cork와 차지Charge의 합성어다. 자신이 가지고 온 와인을 레스토랑에서 마실 경우, 식당 측에서 와인 잔과 함께 병을 오픈해 주고 서브해 주는 대가로 지불하는 금액이다.

외부에서 와인을 가지고 갈 경우, 먼저 식당 측에 의뢰를 해야 한다. 사전에 음식점과 상의 없이 와인을 가지고 가는 건 예의에 어긋날뿐더러 그들의 기분을 상하게 할 수도 있다.

코르키지는 보통 병당 1~3만 원 정도다. 식당에 따라 자율적으로 정해져 있다. 어떤 곳은 1인당 1만 원을 요구하기도 하며, 혹은 가지고 온 와인가격의 30%를 매기는 경우도 있다. 해외에서도 비슷한 수준이다.

요즘은 비용을 지불하고서라도 직접 와인을 들고 가는 모습이 흔하다. 편하게 마실 수 있는 와인부터 구하기 힘든 고가 와인들도 자주 눈에 띈다. 일반적인 와인이야 그냥 잔에 부어 마시면 되겠지만 올빈Old vintage이나

또는 마시기 아직 이른 Great vintage라면 디캔팅이 필요하겠다. 디캔터Decanter가 구비되어 있는 곳이라면 직원에게 디캔팅을 요청해도 좋다. 별도의 비용이 발생하지는 않는다. 다만 디캔팅이 끝나면 수고의 뜻으로 한 잔 정도는 건네는 게 도리다.

디캔팅 얘기가 나왔으니 한마디 덧붙여본다. 우아하고 꽃병처럼 생긴 투명한 유리병! 여기에 부어 마시면 더욱 분위가 있을 것 같다. 허접한 와인도 왠지 더 맛있을 것 같다. 그래도 괜찮다. 집에서 혹은 편한 자리에서 내 돈 주고 산 저렴한 와인이라도 분위기 내고 먹겠다는데 누가 말릴쏘냐? 그래도 디캔팅을 하는 이유가 궁금하다.

어떤 이는, 소위 명품이라는 와인을 마시기 전에 절반은 디캔터에 옮겨 놓고 나머지 반은 그냥 병째로 나눈다. 같은 와인을 디캔팅할 경우와 그렇지 않은 경우를 비교 시음하기 위해서다. 맛과 향의 경험석인 측면을 즐기는 사람이다. 하지만 고가의 명품 와인이라고 해서 모두 디캔팅을 해야 한다는 법은 없다.

원론적인 얘기를 한다면, 디캔팅의 목적은 와인의 맛과 향을 단시간에 좋게 만드는 것이다. 디캔터로 옮겨지는 과정에서 공기가 들어가 와인의 향을 더욱 강렬하게 만들며 맛도 부드럽게 음미할 수 있다. 하지만 웬만한 와인은 디캔팅이 필요 없을지도 모른다. 더군다나 요즘은 기술의 발전으로 와인 메이커들이 디캔팅 절차 없이도 맛과 향을 충분히 느낄 수 있도록 애당초 와인을 그렇게 만들기 때문이다.

어쨌든 디캔팅을 하는 또 하나의 이유는 병 바닥에 가라앉은 앙금 때문이다. 와인 메이커들은 맛과 향을 더욱 증진시키기 위해 여과 없이 병입하는 사례가 늘고 있는데 이러한 류의 와인들은 보통 장기 저장성이며 병 바닥에 앙금이 생길 수가 있다. 이런 경우 디캔팅을 하지 않은 채 와인을 마시면, 와인의 정제된 맛을 느끼지 못할 뿐만 아니라 잔에 따랐을 때 혼탁해져서 본연의 와인 색이 흐려진다.

그렇다고 디캔팅을 꼭 해야 하는 건 아니다. 예를 들어 20년 이상 된 명품 와인은 아주 잘 익은 과일 같아서 맛과 향이 완벽한 조화를 이루고 있는 상태인데, 자칫 디캔팅을 통해 지나친 공기가 유입되면 맛과 향이 금세 산화되거나 밸런스가 깨지는 경우를 초래할 수도 있다. 따라서 디캔팅의 부작용이 염려된다면 시음 1~2일 전에 세워 두어서 침전물이 병 바닥에 가라앉도록 하는 편이 현명하다. 천천히 잔에 따라 마시면 맛과 색이 탁해지는 일은 없다.

고급와인은 좀 열어 두었다가 마셔야 할까?

한 와인 가게에 들렀다가 우연히 듣게 된 얘기를 잠시 소개해 본다. 계산대에서 손님이 점원에게 "이 와인은 마시기 전에 얼마나 열어 두면 되나요?"라고 묻자 점원이 설명해 주었다. "오픈하고 한 30분 정도 있다가 드시면 맛과 향이 더 좋아집니다." 그러자 손님이 "역시 고급 와인은 좀 열어 두었다가 마셔야 되는군요."라고 수긍하는 게 아닌가.

듣고 있자니 순간 직업병이 도져 귓가에 거슬렸다. 그렇다고 영업 방해를 할 순 없었고…. 그래 봐야 잘하면 본전이고 눈총받기 일쑤에다가, 사실 그런 용기도 없었다. 해서 답답한 속내를 이 글로 대신할까 한다.

흔히 코르크를 오픈한 다음 바로 잔에 따라 마시지 않고, 일정시간이 지난 후에 마시면 와인 맛이 더 좋아진다고 생각하는 사람들이 있다. 아마도 브리딩breathing을 얘기하는 것 같다. 브리딩이란? 병 속으로 들어간 공기가 와인과 만나서 와인의 맛과 향을 일깨운다는 뜻이다. 하지만 단지 와인을 오픈하고 일정시간 가만히 놔둔다고 해서 더 좋은 맛과 향을 기대할 순 없다. 이는 병 입구의 와인과 공기가 맞닿는 면적이 극히 적기 때문이다. 그렇다고 양재기에 와인을 부어 놔둘 수는 없는 노릇이다. 가장 좋은 방법은 디캔터를 사용하는 것인데 어쩌다 한번 마실 요량이면 굳이 비용을 들여 구입할 필요는 없다.

잔으로 풀어 마시자!

혹 디캔터가 구비되어 있더라도 초심자에게는 또 하나의 걱정거리가 생긴다. 그것은 '어떤 와인을 얼마만큼의 시간으로 디캔팅한 후에 마실 것인가' 하는 문제인데 이런 질문에 명확히 답을 내릴 수 있는 사람은 극히 적다. 왜냐면 디캔팅에 대한 논쟁은 아직도 전문가, 애호가, 그리고 소믈리에들마다 제각기 얘기하는 바가 다르기 때문이다. 즉, 품종, 빈티지, 보관상태, 원산지에 따라 저마다의 생각과 의견이 분분하여 뭐라 콕 집어 답을 내놓을 수가 없다.

개인적인 생각은 '좋은 와인 잔에서 천천히 스월링하며 즐기자'이다. 필자는 몇몇 경우를 제외하고 디캔팅을 거의 하지 않는다. 이유는 맛과 향의 정점을 찾기 위해 디캔팅을 하기보다는 디캔팅의 가장 부정적인 측면을 방지하기 위해서다. 왜냐하면 일단 한 번 디캔팅을 거친 와인의 맛과 향은 되돌릴 수가 없기 때문이다. 게다가 잘못하면 과도한 산소의 접촉으로 와인의 지나친 산화가 우려된다. 디캔팅은 와인에 따라 다르지만 보통 30분, 한 시간, 내지는 두어 시간의 시간차를 요하므로 세심한 주의와 경험, 그리고 오랫동안의 노하우가 없으면 와인의 맛과 향을 오히려 그르치기 십상이다.

따라서 좋은 와인일수록 좋은 잔에서 천천히 음미한다면, 마치 아침에 뜨는 해를 볼 수도 있고 저녁에 지는 노을도 함께 즐길 수 있으리라. 그래서 필자는 좋을 와인 일수록 디캔팅을 하지 않고 오히려 잔으로 살살 녹여 마신다.

디캔팅은 심폐소생술!

그러면 "당신은 언제 와인을 디캔팅해서 마시나?"라고 묻는다면 고급 와인임에도 불구하고 기대치를 밑돌거나, "어라! 이 정도의 맛과 향으로 그칠 와인이 아닌데…"라고 생각이 들 때 마지막 수단으로 디캔팅을 한다. 어쩌면 그 작업으로 인해 와인의 맛과 향이 살아날 수도, 그렇지 않을 수도 있다는 점에서 디캔팅 작업은 '심폐 소생술'이라 보면 되겠다. 그만큼 디캔팅이 중요하지만 그 결과는 장담 못한다.

PART 02

세계 와인의 중심, 유럽

:: 와인의 심장

오늘날 프랑스 와인이 최고 반열에 오를 수 있었던 그 중심에는 '그랑 크뤼' 와인의 명성을 빼놓을 수 없다. 주력 품종인 까베르네 소비뇽과 멜롯으로 빚어지는 보르도의 그랑 크뤼 와인은 '강(强)과 유(柔)'의 절제된 맛을, 부르고뉴 지역의 피노 누와는 섬세함의 극치로 프랑스를 빛낸 주연들이다.

그런 주인공 못지않은 조연들도 있다. 효모의 깊은 맛을 천연 버블에 담아내는 샴페인, 호두와 아몬드 맛이 독특한 뱅 존느, 해산물과 조합이 좋은 샤블리, 그리고 독일 문화가 어우러진 알자스 지역의 화이트 와인까지…. 이들이 있어 프랑스 와인은 더욱 빛을 발한다.

그리고 종류가 가장 많은 이탈리아 와인! 이 나라의 술맛을 제대로 접하려면 순서가 있다. 먼저 샴페인의 대주(代酒)로 통하는 '프로세코 와인'을 가볍게 축이고, 그 다음 말린 포도로 만든 '아마로네'의 진한 맛을 겪고 난 후, 강렬한 타닌과 부드러움이 공존하는 '바롤로'와 '바르바레스코'를 건드려야 하며 마지막으로 '부르넬로 디 몬탈치노'와 '키안티 와인'까지 접하면 진정한 이탈리아의 술맛에 빠져들어 궁중지락을 만나게 될 것이다.

스페인과 독일 술맛은 또 어떠하랴! 가장 스페인다운 맛과 향이 담겨 있는 '누만시아' 와인과 천재 와인 메이커 마리아노 가르시아가 만든 필생의 역작, '아알토 PS 와인'…. 그리고 독일 최고의 포도밭, '샤르초프베르그'에서 생산되는 화이트 와인에는 그 어떤 맛으로도 대체될 수 없는 고귀함이 있다.

프랑스 〉 보르도

보르도다운 와인 6선

"보르도 와인 중에 어떤 술이 맛있나요?"라고 물어 온다면 주저 없이 대답한다. "와인다운 와인"이오. 여기서 와인이란, 사전적 의미의 포도주를 말함이 아니다. '취기' 즉 '알코올'의 기능적 측면을 넘어서 다양한 맛과 향을 담아낼 수 있는 미주(味酒)를 뜻한다. 취하기 위해서가 아니라 마시다 보면 취기가 오르는 풍취 있는 술! 만약 '소주'를 두보의 술이라고 한다면 이백의 술은 와인이라 할 수 있다.

두보와 이백의 시에 운율과 심상이 있듯 '와인다운 와인'에는 타닌과 유기산이 있어야 제맛이다. 모눈종이처럼 촘촘한 타닌과 유기산의 활력! 이것이 좋은 레드 와인의 척도이며 여기에 검붉은 과일 맛과 미네랄 풍미가 더해진다면 가히 미주(美酒)라 할 수 있겠다.

그럼 "서민의 애환을 담아낸 두보의 술이 '소주'라면 당신이 말하는 이백의 미주는 구체적으로 무엇이오?" 자유분방함과 낭만이 깃든 '보르도 와인'이오, 라고 흔쾌히 말하고 싶다.

'샤또 마고'와 견줄 수 있는 와인

2009년산 말레스꼬 생떽쥐페리! 매끈한 질감에 촘촘히 깃듯 타닌, 풍부한 맛이 매력적이다. 바닐라 크림처럼 달콤하고 감미롭다. 시간과 함께 과실 향들이 피어나고 신선한 오크 향도 과하지 않은 기품 있는 술이다.

앙증맞을 정도의 산미와 훈제 향까지 합세해 한참을 다채로운 향기에 취하게 만든다. 마고 지역에 위치한 포도원으로 빈티지가 좋은 해에는 과일과 꽃 향이 잘 배어든 와인을 만들어낸다.

●말레스꼬 생떽쥐페리 2009

마고 마을에서 가장 유명한 포도원인 '샤또 마고Ch. Margaux'와 견주어도 손색이 없을 것 같은 이 포도원의 2009 빈티지는 70년대 이후 2005 빈티지와 더불어 역대 최고 빈티지다. 하지만 2001과 2007년에 포도작황이 썩 좋지 않았기 때문에 이 두 빈티지만 제외하면 다른 빈티지의 와인들도 충분히 좋은 퍼포먼스를 보여줄 것이다.

레이블을 보니 포도원 이름이 낯설지가 않다. 『어린 왕자』의 작가 생떽쥐페리와는 무슨 관련이 있을까? 1627년 원 소유자인 루이즈 에스꾸쎄Louise Escousees가 이 포도원 영지를 시몬 말레스꼬 에스콰이어Simon Malescot Esquire에게 팔게 된다. 이때 포도원 이름이 Chateau Malescot가 되었고, 다시 1827년에 장 밥티스트 생떽쥐페리Jean Baptiste St. Exupery라는 백작에게 매각된다. 이 사람의 손자가 바로 어린왕자의 저자 생떽쥐페리이다. 이런 매각 과정을 통해 오늘날 Chateau Malescot St. Exupery가 된 것이다. 즉, 두 가문의 이름이 함께 쓰여진 채로 포도원 이름이 되었다.

생떼스테프의 감칠맛

2013년 6월 필자는 보르도를 방문했다. 2년마다 열리는 빈엑스포vinexpo에 참관하기 위해서였다. 사실 와인 박람회 참관도 좋았지만 메독 지구의 유명 포도원 방문과 시내를 돌아다니며 다양한 보르도 와인을 즐길 수 있다는 게 가장 큰 매력이었다.

●오 마르뷔제 2009

여행 중 맛본 와인 중에서 가장 기억에 남았던 술은 '샤또 오 마르뷔제Chateaux Haut-Marbuzet' 2009 빈티지다. 생떼스테프 지역의 감칠맛을 잘 표현하는 술이며 우유 냄새와 꽃 향이 화사하다. 과하지 않은 미네랄 풍미와 과일 맛이 섞여 있고 초콜릿과 함께 매콤한 향기가 매력적이다. 풍성한 맛 위에 펼쳐지는 매끄러운 감이 일품이다. 밝은 산미와 건장한 타닌이 맛깔스럽다.

메독 2급 그랑 크뤼 포도원인 꼬스 데스뚜르넬과 몽로즈 포도원 사이에 있는 이 포도원은 무등급, 무계급 와인이지만 맛과 품질이 우수해 와인 애호가들로부터 많은 사랑을 받는 와인 중 하나다.

세련미가 돋보이는 생줄리앙 와인

보르도 메독 지구에 있는 마을 중에서 가장 안정적인 품질의 와인을 생산하는 곳은 생줄리앙St-Julien이다. 이 마을에 위치한 포도원들은 메독 지역에서 포도 재배에 가장 완벽한 배수, 지형, 토양을 갖추고 있다.

따라서 작황이 좋지 못한 해에도 다른 마을에 비해 상대적으로 우수한 와인을 생산한다. 이곳 생쥴리아의 대표적인 포도원을 꼽자면 레오빌 라스 까즈Leoville Las Cases, 레오빌 뿌와페레Leoville poyferre, 뒤크뤼 보까이유Ducru Beaucaillou, 브라네르 뒤크뤼Branaire Ducru이며 과일, 산미, 알코올, 타닌의 밸런스가 좋고 세련된 맛이 돋보인다. 이들 와인에 흠이 있다면 가격이다. 좋은 빈티지로 한 병 구매하려면 수십만 원은 너끈히 줘야 한다. 그래서 가격 대비 성능이 좋은 라랑드 보리Lalande Borie를 추천한다. 신선한 오크 향과 진한 과일 맛이 조화롭다. 특히 2008 빈티지는 새 오크통을 사용하여 영하면서 상쾌한 풍미를 지녔다. 무겁고 침울한 맛이 아니라 밝고 신선하다. 마시다 보면 농밀한 맛이 살아나고 타닌감이 조금 강해지는 특징을 가지고 있다. 그랑 크뤼 와인은 아니지만 가격 대비 매우 맛있는 와인이다.

●라랑드 보리 2008

오 메독 지역의 와인은 싫어하지만…

개인적으로 오 메독산 와인은 거리감이 느껴진다. 나무와 오크 풍미가 강하고 과일 맛과 질 좋은 유기산 맛은 떨어진다. 더군다나 이곳 포도원들은 매년 품질의 편차가 크다. 작황이 좋으면 그나마 과일 풍미가 감돌지만 그렇지 못한 해에는 생명력을 잃은 고목나무처럼 투박하며 메말라 있다. 이런 현상은 포도밭 토양에 근거하는데 표층은 자갈이지만 하층으로 내려갈수록 석회와 진흙이 주를 이루어

배수가 썩 좋지 못한 데서 기인한다.

최근 오 메독에 대한 나의 편견에 호반새와 같은 와인이 날아들었다. 신선한 오크와 꽃 향을 발산하며 라면 스프처럼 매콤한 향까지 더해진 빨간 레이블.

●라로즈 트랭토동 2009

가격 대비 풍미가 좋아 빈티지가 좋지 못한 웬만한 그랑 크뤼 와인보다 훌륭한 맛과 향을 보여 준다. 매끈한 질감과 부드러움, 건실한 타닌, 스파이시한 느낌과 훈제 향이 특징이다. 바로 라로즈 트랭토동Larose Trintaudon 2009 빈티지 와인이다. 데일리 와인으로 찜해 두면 가격과 품질을 동시에 만족시켜 어느 자리에서도 손색이 없을 것 같다.

페삭 레오냥 지역의 꽃과 같은 와인

'페삭 레오냥', 10여 년 전에 살았던 동네다. 눈에 띄는 건 포도밭과 농가, 그리고 보르도 2대학이 전부다. 그야말로 와인과 농사짓는 거 말고는 할 게 없는 깡촌이다. 이곳을 대표하는 유명 와인들은 많지만 '피유잘' 와인처럼 시골의 목가적인 풍취를 가장 잘 담아낸 와인은 드물다.

보르도 시내에서 남쪽으로 약 30분, 차로 달리면 그라브Graves 지구에 접어든다. 이 지역에는 마르띠약 마을과 함께 페삭 레오냥 동네에 걸출한 포도원들이 의외로 많다. 오 브리옹Ch. Haut Brion, 빠쁘 클레망Ch. Pape Clement, 도멘 드 슈발리에Domaine de chevalier, 부스꼬Ch. Bouscaut…. 하지만 어느 고가의 와인보다도 이 피유잘 와인이 더 사랑스런 이유는 향기로움에 있다. 마셔 보면 분명 봄의 전령사의 느낌이다. 어떻게 오크 향과 과일 맛을 섞어서 꽃 향을 피워 낼 수 있을까? 매혹적인 향기에 고개가 저절로 끄덕인다. 생생한 블랙커런트의 향을 넘어 섬세한 타닌이 입안 구석구석에 퍼진다. 매끄러운 목 넘김, 정갈한 산미, 그리고 여전한 꽃 향이 진하게 감돈다. 샤또 드 피유잘 2009 빈티지! 이 녀석은 진정한 꽃이다.

● 피유잘 2009

뽀이약 지역의 강한 미네랄 터치

감자만 한 크기의 돌, 두 개를 각각 손에 잡고 비벼 본다. 그리고 냄새를 맡아 보자! 비온 후 땅에서 풍겨나는 물과 흙 같기도 하고 어쩌면 피의 비릿한 '철분' 냄새 같기도 한 그것이 미네랄 향이다.

뽀이약에 있는 포도원들은 메독 지구에서 가장 미네랄 풍미가 강한 와인을 생산한다. 그라브 지역의 페삭 레오냥도 돌, 흙, 초크와 같은 향을 내지만 뽀이약이 최강이다. 와인 속 특유한 미네랄 향기는 이 지역 토양에 근거하는데 자갈이 많아 배수가 잘되고 포도나무가 뿌리를 깊게 내려 땅 속의 풍부한 미네랄 성분을 와인에 부여하기 때문이다. 입안을 조여 주는 타닌은 강건함과 섬세함을 동시에 가지고 있다. 이런 풍미를 잘 살리는 포도원 중에서 퐁떼 까네Pontet-Canet 와인을 추천한다. 뽀이약 마을에서 가장 안정적인 품질의 와인을 생산하

●퐁떼 까네 2006

는 포도원이다.

간혹 이 와인을 마시다 보면 달콤한 과일 향보다는 자갈, 흙 따위의 풍미가 많기 때문에 다소 차갑게 느껴질 수도 있다. 어떤 이는 산화된 피의 향이 난다고 하지만 옹골차고, 세련된 맛을 수반하는 이 와인은 언제 마셔도 늘 곧은 '선비의 매력'을 담고 있다.

더욱이 이 와인은 1994년부터 포도 재배 및 양조에 혁신을 주며 뽀이약 마을에서 돌풍을 일으키고 있다. 바로 코앞에 있는 무똥 로쉴드 포도원과 견주어도 손색없는 와인으로 그 명성이 자자하다. 이는 현 소유주 알프레드 떼세홍Alfred Tesseron이 퐁떼 까네만의 독특한 맛과 향을 불어 넣기 위해 새로운 시도를 한 것이 적중했기 때문이다. 떼세홍은 자신의 포도밭 흙을 넣어 만든 고대 숙성 용기(Amphora, 암포라)에 와인을 숙성시켜 이 와인만의 고유한 풍미를 담아내 주변 뽀이약 마을의 와인과 차별화를 두었다. 특히 이러한 이유로 2000년 이후 빈티지부터 생산된 와인은 세계 시장에서 많은 호평을 받고 있다.

●암포라

프랑스 〉 보르도

와인의 브랜드와 원산지를 구분하는 '샤또'와 '떼루아'

프랑스어로 샤또château란 성, 또는 저택의 사전적 의미를 지니고 있지만 이를 와인에 그대로 대입시키면 곤란하다. 와인에서 '샤또'란 영어의 Castle 혹은 우리말의 성(城)을 의미하는 게 아니다. 더욱이 샤또라는 단어가 표기된 와인이 좋은 술이라는 뜻은 더욱더 아니다. '포도밭' 과 '양조시설'을 합쳐 부르는 말로, '포도원'이라는 뜻의 프랑스어일 뿐이다.

예를 들어 레이블에 'Château Talbot'라는 표기가 있다면 '딸보Talbot'가 포도원 이름이며, 그 이름을 표기하는 이유는 여러 지역이나 혹은 다른 포도밭의 포도를 사용하지 않고 오로지 '딸보'라는 포도원에서 재배된 포도를 사용했다는 말로 딸보만의 특유한 맛과 향을 담아냈다는 뜻을 전달하기 위함이다.

●샤또 딸보, 그랑 크뤼 와인

만약 '샤또 딸보'라는 와인에 다른 지역의 포도를 혼용해서 와인을 만들면 안 될까? 그런 경우 '샤또 딸보'라는 이름을 사용할 수 없게 된다.

또한 보르도 와인 중 레이블에 'Château○○'라는 표기가 없는 술은 여러 지역의 포도를 섞어서 만든 와인으로 그 혼용범위가 넓을수록 맛의 순도는 떨어진다. 따라서 샤또 딸보를 좋은 술이라고 하는 이유가 단지 축구 감독 히딩크가 마신 술이기 때문이 아니라 오랜 세월 '딸보'라는 포도원에서 자란 포도를 통해 그 포도원만이 낼 수 있는 맛과 향을 맛볼 수 있기 때문이며, 그 어디에도 딸보와 똑같은 풍미를 지닌 와인이 없기 때문이다. 모름지기 와인이란 포도가 자란 장소의 독특한 '떼루아'를 담고 있어야 그 가치가 높다.

프랑스는 전 국토에 걸쳐 각 지역마다 그들만의 '토질과 기후의 맛(떼루아Terroir)'을 담아내는 와인들이 고루 생산된다. 특히 보르도는 약 8,000개의 샤또가 매년 7억 병의 와인을 쏟아낸다. 이 방대한 양의 보르도 와인들을 살펴보면 레이블에 각자 생산된 지역의 명칭, 정확히 말하면 '포도의 원산지명'을 달고 있다. 메독, 그라브, 소테른, 생떼밀리옹, 그리고 뽀므롤! 이렇게 보르도 와인을 지역별로 구분하는 이유는 지리적 특색이 와인의 맛과 향에 스며들기 때문이다. 물이 다르면 술맛 또한 다른 게 이치 아니겠는가? 하지만 여기서 끝이 아니다. '샤또' 즉 포도원마다 맛과 향은 그야말로 점입가경이다. 같은 동네라도 집집마다 김치 맛에 차이가 있는 것과 같다. 즉, 각 포도원들은 저마다 위치한 지역적 기후, 토질, 밭의 경사도가 달라서 같은 품종이라도 포도원마다 술맛이 다르다. 그런 지리적 요소가 와인 맛과 향의 디테일을 결정하게 된다.

이런 지리적, 자연적 요소들을 고려하여 프랑스는 보르도 지방의 수천 개 샤또들 중에서 각 지역별로 우수한 포도원을 선별하기에 이른다. 그 결과 1855년에 최초로 '보르도 최상급 포도원'들의 선별이 이루어졌고 여기에 뽑힌 포도원들이 생산하는 와인을 '그랑 크뤼

Grand cru'라고 한다.

다른 나라 와인에는 해당사항이 없고 '그랑 크뤼'라는 단어는 오로지 프랑스 내에서 선정된 최상급 포도원에만 사용된다. 또한 그랑 크뤼로 선정된 포도원들은 다른 포도원이나 지역의 포도를 섞어 사용하지 않는다. 자신의 포도원에서 재배한 포도만을 사용하며 이는 다른 포도원과 차별되는 자신만의 고유한 맛과 향을 만들기 위함이다.

프랑스 〉 보르도

국보급 와인, 5대 샤또

세상에서 가장 비싼 와인이 뭘까? 그림의 떡이라도 호기심 당기는 질문이다. '로마네 꽁띠'는 피노 누와 품종으로 만든 술 중에서 가장 최고며, 멜롯으로 만든 와인은 '페트뤼스'다. 그럼 까베르네 소비뇽으로 만든 세계 최고의 와인을 꼽는다면?

보르도 5대 샤또

1855년 보르도 메독 지구에서 최상급 포도원으로 선정된 61개 와인 중 1등급 5개 와인을 일컬어 부르는 말이다. 병당 최소 70만 원은 줘야 하므로 접근이 상당히 어려운 술이지만 수백 년을 이어온 이들의 향기로움 속에는 거부할 수 없는 맛의 유혹과 사연이 깃들어 있다.

샤또 마고, 신의 질투가 담겨 있는 술

"프랑스 최고의 와인들 중에서, 단 하나만 꼽으라 한다면 샤또 마고Chateau Margaux다." 미국 3대 대통령 토마스 제퍼슨이 프랑스 대사 시절에 이 술을 맛보고 덧붙인 얘기다.

포도 작황이 좋은 해에 생산된 와인은 완벽한 맛과 향을 지니고 있어 '만화방초(萬花芳草)의 술'이라는 애칭이 붙는다. 샤또 마고의 모든 와인이 그런 것은 아니지만 1990년과 2000년산이 그러하며 다채로운 향과 무결점의 정교한 와인으로 천의무봉(天衣無縫)이라는 찬사가 결코 아깝지 않은 술이다.

●샤또 마고

희대의 와인, 샤또 마고! 이 술에 붙여진 별칭들은 극히 일부에 불과하다. 그 이면에는 '죽음'이라는 키워드를 가진 술이기도 하다. 산탄총으로 자살하기 직전까지 헤밍웨이가 사랑했던 술이었고 그래서 사랑스런 손녀의 이름도 '마고 헤밍웨이'라고 지어 주었지만 그녀도 스스로 목숨을 포기했다. 여기에 모티브를 얻은 일본 영화감독 모리타 요시미츠는 영화 〈실락원〉에 샤또 마고를 등장시킨다. 자신들의 사랑이 사회의 도덕과 윤리에 부딪히고 현실을 부정할 수 없게 되자 설 곳을 잃은 두 남녀는 그들만의 '낙원'을 찾아 설국여행을 떠난다. 어느 한적한 마을 여관에서 "당신과 함께라면 이대로 죽어도 좋습니다. 함께하는 바로 이 순간이 낙원입니다."라고 묵언의 눈빛을 교환하며 샤또 마고에 청산가리를 타서 음독자살한다.

16세기 레스토냑 가문을 시작으로 오늘날에 이르기까지 샤또 마고는 여성미, 화려함, 섹시함, 그리고 로맨틱의 심벌이었다. 기품 속에 울림이 있고 그 울림 속, 맛의 섬세함은 5대 샤또 중에서 최고로 친다. 마실 때까지 시간이 걸리며 덜 성숙된 술은 완숙미가 부족하지만 궤도에 오르고 나면 화려한 향과 복잡한 맛에 놀라울 지경이다. 최저 15년, 그레이트 빈티지는 약 30~40년의 세월로 더욱 그 맛과 향을 빛나게 한다.

아마도 그런 궁극의 맛과 향은 신의 전유물인지도 모른다. 그래서

*세컨드 와인
조르지오 아르마니는 엠포리오 아르마니, 프라다는 미우미우, 베르사체는 베르수스라는 세컨드 브랜드가 있듯이 명품 와인들도 세컨드 와인이 있다. 같은 포도원에서 동일한 양조가가 만들지만 포도나무 수령이 어린 포도를 사용하여 만든 와인을 말한다.

인간이 만들어 내지 말았어야 할 술이라면 신의 질투가 녹아 있는 음료가 아닐까 싶다. 샤또 마고의 세컨드 와인*으로 '파비옹 루즈' 레드 와인이 있으며 '파비옹 블랑' 화이트 와인도 함께 생산되고 있다.

라피트 로쉴드, 세계에서 가장 비싼 와인

이 술의 1787년산은 포브스Forbes 2세에게 15만 6천 달러에 팔려 세간의 이목이 집중되었던 와인이다. 너무나 오랜 세월이 지난 술이라서 맛이 무척 궁금하기도 했고, "과연 식초일까?" "정말 토마스 제퍼슨이 소장하고 있었던 와인일까?"라는 의구심으로 이 술의 궁금증을 더욱 부추겼다. 결과야 어쨌든 라피트 로쉴드Lafite Rothschild는 세상에서 가장 비싼 술로 기록되었다. 게다가 최근 2010년 홍콩 소더비 경매에서 1869년산이 23만 달러에 낙찰되어 다시 한 번, 병당 세계 최고가를 경신했다.

●라피트 로쉴드

이 와인이 스타덤에 오르게 된 유명한 역사적 일화가 있다. 1755년 리슐리외Richelieu 공작이 보르도 지방에서 임기를 마치고 파리로 돌아와 루이 15세를 알현한다. "공은 세월이 흘러도 어찌 더욱 젊어지는 것 같소!", "젊음의 비밀은 바로 라피트 로쉴드에 있습니다. 강장제요 신의 술이옵니다." 리슐리외의 이런 멘트는 당시 프랑스 귀족사회에서 최고의 와인으로 자리매김하는 데 일조한다.

일화에 언급된 '회춘'이라는 타이틀 덕에 라피트 로쉴드는 오늘날 중국 갑부들의 영순위 와인으로 시장에서 싹쓸이 현상까지 빚게 되었는데 제비꽃과 복숭아 향이 좋고 우아하며 매끈한 술맛은 그 가치를 더욱 높였고 상대적으로 가격이 저렴한 라피트의 세컨드 와인, '까뤼아드Carruades'의 인기도 상승시켰다. 1982, 1986, 1996, 2000, 2003, 2010은 라피트의 그레이트 빈티지다.

17세기 세귀르 가문에 매입되면서 본격적인 와인 생산이 이루어졌고 18세기에 접어들어 '리슐리외'의 적극적인 지지와 루이 15세의 애주로 간택되면서 최고의 반열에 올랐다. 이후 2차 대전 당시 라피트 로쉴드의 매력에 빠진 히틀러와 그의 충복 괴링도 대단한 애착을 보였지만 다행히 강탈 직전, 위기를 모면하기도 했다. 오늘날 유대계의 큰손 '로쉴드 가문'의 포도원으로도 유명한 술이다.

무똥 로쉴드, 명주와 명화의 만남

"제 이름은 바롱 필립 드 로쉴드'라고 합니다. 무똥 로쉴드Mouton Rothschild 포도원의 주인장이지요. 아버님의 그림을 제가 만든 와인의 레이블로 사용하고 싶습니다."

1973년 피카소가 죽은 후 어느 날 무똥의 주인장이 피카소의 딸, 파로마를 찾아가 허락을 구했다. 그녀의 응낙으로 '바쿠스의 주연'이라는 그림이 1973년산 무똥 로쉴드 와인에 새겨졌다.

●무똥 로쉴드

매년마다 와인 레이블에 유명화가의 그림을 담아 출시하는 무똥 로쉴드 포도원! 품질을 떠나서 한번 마주하면 이내 호기심을 자극하기에 충분한 와인이다. 레이블에 그려진 명화는 와인의 신뢰와 더불어 맛의 기대감을 고조시키는 효과를 불러일으키며 스토리텔링이 가미되어 와인의 가치를 한층 증폭시키는 역할을 했다.

사실 1972년까지는 메독 1등급 포도원이 4개였다. 1855년부터 1972년까지 2등급이었던 무똥은 그 이듬해인 1973년에 1등급으로 승급되면서 오늘날 '5대 샤또'라는 타이틀을 갖게 되었고 승급되었던 그해에 피카소가 서거하였다. 이렇듯 '희(喜)'와 '애(哀)'가 교차하는 역사적인 두 사건이 1973년산 무똥 로쉴드의 가치를 상승시킨 것이다. 품질로만 본다면 그 빈티지는 다른 해의 와인에 비해 떨어지지만, 오히려 품귀현상이 발생했으니 1973년 빈티지는 소장용으로서의 기념비적인 의미가 강한 술이라 하겠다. 숙성이 덜 된 와인은 거칠고 강한 맛을 내지만 10~20여 년 정도 세월이 묻으면 중후한 맛에 시거와 가죽향이 좋고 '유(柔)'한 풍미를 보여 준다. 1982, 1986, 2009, 2010은 무똥의 그레이트 빈티지다. 그리고 '르 쁘띠 무똥'이라는 이름으로 세컨드 와인이 생산되며 이름에서 알 수 있듯이 '라피트 로쉴드' 와인처럼 이 포도원도 유대계 금융가문인 '로쉴드' 가의 소유다.

라뚜르, 고집불통 같은 술

라뚜르Latour는 바위, 부싯돌, 흑연과 같은 미네랄 풍미가 독보적인 와인이다. 꽃과 과일처럼 대지 위의 자연을 담기보다는 땅 속의 그것을 표현하며 개방적인 향기보다는 폐쇄적인 맛을 추구한다. 그래서 부드럽고 온화한 맛을 가진 오 브리옹에 비해 라뚜르는 차갑고 단단한 술이다. 처음부터 쉽게 자신을 내주지 않는 냉정한 기질을 가지고 있어 오픈하고 한 두어 시간 흘러야 비로소 옹골찬 맛과 향의 내부를 보여 주는 술로 기다림과 인내심을 요하는 와인이다. 갓 출시된 와인은 설익은 과일처럼 풋풋한 느낌이며 10~20년 정도는 숙성시켜야 제 맛을 내는, 고집불통 같은 술이다.

●라뚜르

5대 샤또 중에서 가장 남성적이며 색이 짙고 타닌이 풍부하다. 더욱이 작황이 좋은 해에는 응축된 과실 맛이 더해져 심연의 미네랄 풍미와 절묘한 조화를 보이는데, 이는 '라뚜르'만의 전매특허다. 그래서 오 브리옹과는 닮은 듯, 다른 술이다. 1982, 1996, 2003, 2009, 그리고 2010년 빈티지는 극상의 맛과 향을 담아낸 라뚜르 최고의 해로 평가받는다. 이 포도원에서 생산되는 세컨드 와인에는 '레 포르 드 라뚜르'가 있으며 레이블에 '뽀이약'이라고 쓰인 써드3rd 와인도 생산된다.

오 브리옹, 대지의 맛을 완벽하게 담아낸 술

최근 중국인들이 라피트 로쉴드에 빠져 있다면 오 브리옹Haut-Brion은 오래전부터 영국 귀족사회에서 대단한 인기를 누렸던 술이며 1660년경 영국 왕 찰스 2세의 와인셀러 리스트에도 올라 있었던 와인이다.

●오 브리옹

한번 맛보면 감탄이 절로 나온다 하여 영국인들은 이 와인을 오 브라이언Oh Bryan이라 불렀고 섬세한 타닌과 함께 묻어나는 매끈한 맛에 매료되었다고 한다. 영국의 늘 흐리고 칙칙한 날씨에 있어 오 브리옹은 태양과 같은 와인이었다고 전해지는데 한 잔을 마시면 구름이 걷히고 두 잔은 태양을 뜨게 한다는 속설까지 있었으니 영국인들의 오 브리옹 사랑은 대단했었나 보다. 사실 1855년 메독 그랑 크뤼 등급 선발에도 메독 지역이 아닌 그라브 지역 출신으로, 그것도 1등급에 랭크된 유일무이의 포도원 아니었던가! 게다가 공식적인 문헌상, 5대 사또 중에서는 가장 오랜 역사를 가지고 있다. 포도원 형태를 갖추고 제대로 된 와이너리로서의 모습은 1533년에 완성되었지만 1423년부터 이미 그 터에 포도가 경작되어 왔다.

오랜 역사와 함께 그 맛 또한 칭찬 일색이다. 송로버섯과 흙 내음, 그리고 붉은 과일 맛이 탁월해서 대지의 향기를 가장 완벽하게 담아낸 술이라 평가된다. 1989년산을 최고로 치며 최근 2009와 2010년산 와인도 작황이 매우 좋아 모두 RP 100점을 받았다. 세컨드 와인으로는 '바항'이라는 이름으로 생산되어 오다가 2007년 빈티지부터는 '클라랑스'라는 명칭으로 레이블이 변경 출시되고 있다. 현재 샤또 오 브리옹은 '딜롱' 가문이 1935년에 매입하여 운영하고 있다.

딜롱 가문의 와인들

영화 〈코드네임 쉐도우〉에서 '샤또 오 브리옹Ch. Haut-Brion'이 등장했다. 크리스 파인과 케네스 브래너가 한 레스토랑에서 1989년산을 즐겼는데 크리스털 디캔터에 들어 있는 선명한 붉은 액체가 정말 맛나게 보였다. 순간 머릿속을 스치는 와인이 하나 있었는데 2012년에 개봉된 〈하트브레이커〉에서 여주인공 바넷사 파라디가 모나코의 어느 멋진 레스토랑에서 주문했던 '샤또 라 미시옹 오 브리옹 블랑Ch. La Mission Haut - Brion Blanc'이었다. '오 브리옹'이라는 명칭을 함께 쓰고 있어 더욱 신경이 쏠렸다. 어떻게 풀어낼까 고민하다가 현재 소유주, '딜롱Dillon'이라는 가문과 그의 행적에 포커스를 두기로 마음먹었다.

미국인 금융업자 '딜롱'

클라랑스 딜롱, 그가 태어나고 자란 곳은 분명 미국이지만 그의 영혼은 프랑스인에 가까웠다. 어릴 적 그의 성장 배경은 그의 어머니,

베르타 스텐복Bertha Stenbock의 교육적 철학과 늘 함께했기 때문이다. 프랑스 혈통의 베르타는 모국 문화에 대한 자긍심이 강했고, 늘 프랑스 문화를 동경하며 그리워했다. 어쩌면 딜롱은 뱃속 태아 때부터 어머니를 통해 프랑스 문화를 맛보고 자랐을지도 모른다. 마침내 그 증상은 성인이 되었을 무렵 낭중지추가 되어 모태적 기질을 감출 수가 없게 되었다. 건축과 예술에 심취했으며 특히 프랑스 요리를 무척 좋아해 '르 꼬르 동 블루Le Cordon Bleu'라는 프랑스 명문 요리 학교를 졸업한다.

그 후 하버드를 나온 클라랑스 딜롱은 미국에서 유명 금융회사에 몸을 담게 되고 그 업계에서 두각을 보이기 시작했다. 사업적 마인드에 예술가적 안목이 더해진 그의 재능은 마침내 프랑스 보르도 지방의 포도원 인수에 열정을 품게 된다. 1933년 겨울, 그는 보르도 지방을 돌며 그의 타깃 목록에 슈발 블랑Cheval Blanc, 오존Ausone, 그리고 마고 지역의 유명 포도원들을 올려두었다. 이때까지만 해도 '샤또 오 브리옹'은 그의 목표 대상이 아니었다. 그러던 어느 추운 겨울날, 포도원 답사 중 날씨가 좋지 않아 비와 함께 짙은 안개로 길을 잃게 된다. 차를 돌려 잠시 쉬어 갈 곳을 찾던 딜롱 앞에 요술 궁전처럼 나타난 곳이 바로 '샤또 오 브리옹'이었다. 그리고 약 1년 반이 흐른 1935년 5월, '오 브리옹'은 딜롱 가문으로 넘어오게 되면서 다섯 번째 주인을 맞이하게 된다. 16세기부터 있어 온 이 포도원의 소유주 변천사를 간략히 살펴보면 다음과 같다. 퐁탁Pontac(1533년)→푸멜Fumel(1769년)→탈리랜드Talleyrand(1801년)→라리유Larrieu(1836년)→딜롱Dillon(1935년).

도멘 클라랑스 딜롱

보르도에서 딜롱 가문이 만들어 내는 와인은 정확히 몇 종류나 될까? 이 질문에 정확한 대답을 할 수 있는 사람은 극히 적을 것으로 본다. 필자 또한 그랬고 앞으로도 새로운 종류의 딜롱 와인들이 계속 등장할 수도 있기 때문이다. 여태껏 출시된 딜롱 가문의 와인을 보면 그 명칭에 있어서 헛갈리고 애매한 부분들이 많아 정리해 둘 필요가 있다. 우선 딜롱 가문이 소유하고 있는 포도원은 4개인데 이를 통칭하여 '도멘 클라랑스 딜롱Domaine Clarence Dillon(DCD)'이라고 부른다. 여기서 '도멘'은 'OO 그룹'으로 이해하면 되겠다. 다시 말해 '딜롱 와인 그룹' 쯤으로 풀이할 수 있다. 딜롱 그룹은 보르도 그라브 지역에 '오 브리옹', '라 미시옹 오 브리옹', '라뚜르 오 브리옹'을 소유하고 있으며 생떼밀리옹 지역에는 '퀸투스' 포도원을 가지고 있다

● 샤또 오 브리옹 Château Haut-Brion

이 와인에 대해서는 앞에 설명했듯이 1855년 메독 그랑 크뤼 등급에 선정된 '1등급 포도원이자 레드 와인 이름'으로 5대 샤또 중에서 문헌 상 가장 오랜 역사(1533년 설립)를 지니고 있으며 다른 1등급 4개 와인의 '원조'로 알려지고 있다. 원조라고 불리는 이유는 양조 방식에서 스테인리스 스틸 통을 발효에 처음 도입하였고 오늘날 보르도 와인의 짙은 색깔과 강하고 섬세한 타닌을 가장 먼저 와인에 녹여낸 '조상'급 와인이기 때문이다.

●르 클라랑스 드 오 브리옹 Le Clarence de Haut-Brion

샤또 오 브리옹의 세컨드 와인으로 '오 브리옹'과 같은 양조 방식, 동일한 포도원에서 재배된 포도로 만들지만 수령이 어린 포도나무의 것을 사용하므로 레이블과 이름에 차별을 두었다. 멜롯과 까베르네 소비뇽이 사이좋게 주력으로 사용되며 까베르네 프랑과 쁘띠 베르도는 보조 품종으로 조금씩 혼합된다. 원래는 '샤또 바항 오 브리옹Chateau Bahans Haut-Brion'이란 이름으로 100년 가까이 생산되어 오다가 최근 명칭이 변경되었다. 샤또 오 브리옹을 매입한(1935년) '클라랑스 딜롱'을 기념하고자 후손들이 그의 이름 '클라랑스'를 따서 2007년 빈티지부터 '클라랑스 드 오브리옹'으로 출시되고 있다.

●샤또 오 브리옹 블랑 Château Haut-Brion Blanc

앞에 언급한 것처럼 샤또 오 브리옹은 그랑 크뤼 1등급 레드 와인으로 유명하지만 그 포도원 한편에 청포도인 '세미용 과 소비뇽 블랑'을 재배하여 부드럽고 풍부한 맛과 우아한 산미가 일품인 화이트 와인도 생산하고 있다. 'Blanc'은 'white' 와인이라는 뜻이다. 풍부한 아로마와 매끄러운 질감으로 정평이 나 있고 생산량이 극히 적어 식도락가들의 침샘을 자극하는 와인이다. 레이블은 샤또 오 브리옹과 동일하다.

●라 끌라르떼 드 오 브리옹 La Clarté de Haut-Brion

이 녀석도 화이트 와인인데 바로 앞에 언급한 '샤또 오 브리옹 블랑'의 세컨드 와인으로 '샤또 오 브리옹'과 '샤또 라 미씨옹 오 브리옹' 이렇게 두 포도원에서 재배된 포도(세미용 과 소비뇽 블랑)를 혼용해서 생산된다. 그 전 이름은 '레 플랑띠르 뒤 오 브리옹Les Plantires du Haut-Brion' 이었지만 2009빈티지부터 '라 끌라르떼 드 오 브리옹'으로 변경하여 출시되고 있다.

●샤또 라 미시옹 오 브리옹 Château La Mission Haut-Brion

샤또 오 브리옹과 넘어지면 코 닿을 거리에 있으며 딜롱 가문이 1983년에 인수했다. '리벡스 2013 보르도' 등급 체계에서 무똥 로쉴드, 라피트 로쉴드, 오 브리옹, 라뚜르, 샤또 마고와 더불어 1등급에 랭크된 레드 와인이다. 로버트 파커는 1955, 1975, 1982, 1989, 2000, 2009 빈티지에 100점을 부여했고 영국의 잰시스 로빈슨은 이 레드 와인을 가리켜 '제 5원소'라 칭했을 정도니 그 맛과 향을 미루어 짐작할 수 있겠다. 까베르네 소비뇽과 멜롯을 주력으로 하고 까베르네 프랑은 보조로 혼합된다.

●라 샤펠 드 라 미시옹 오 브리옹 La Chapelle de La Mission Haut-Brion

이름 한번 참 길다. 줄여서 '라 샤펠'이라고 부른다. 상기 '샤또 라 미시옹 오 브리옹'의 세컨드 와인이다. '라 미시옹 오 브리옹'과 같은 포도원에서 자란 포도(다만, 수령이 어린)를 사용하며 동일한 양조 방식으로 생산된다. 정확히 말하면 2005년 빈티지까지는 그랬다. 하지만 이 와인의 2006년 빈티지부터는 다른 포도원의 포도가 혼합되어 생산되고 있는데, '샤또 라 뚜르 오 브리옹Chateau La Tour Haut-Brion'에서 재배한 포도 전량을 이 와인에 혼합하여 생산하고 있다는 것이다. 따라서 '라 뚜르 오 브리옹' 와인은 2005년 빈티지를 마지막으로 더 이상 생산되지 않는다.

●샤또 라 미시옹 오 브리옹 블랑 Chateau La Mission Haut-Brion Blnac

보르도 최고의 화이트 와인으로 의심의 여지가 없고 '샤또 오 브리옹 블랑'과 함께 화이트 와인 부문에서는 최고의 경지에 오른 술이다. 레이블은 레드 와인인 '라 미시옹 오 브리옹'과 동일하다. 2008년까지는 '샤또 라빌르 오 브리옹Château Laville Haut-Brion'으로 생산되었다가 2009년 빈티지부터 '샤또 라 미시옹 오 브리옹 블랑'으로 변경 출시되고 있다. 세미용을 주력으로 소비뇽 블랑이 혼합되며 아주 소량의 뮈스까델 품종이 더해진다.

● **샤또 퀸투스** Château Quintus

DCD가 생떼밀리옹 지역에 소유하고 있는 포도원으로 2011년에 매입했다. 그 후 2013년에는 퀸투스에 이웃한 포도원, 샤또 라로제Château L'Arrosée를 구입하여 퀸투스 포도원으로 편입시켰다. 세컨드 와인으로 '르 드라공 드 퀸투스Le Dragon de Quintus'를 함께 생산하고 있다. 멜롯과 까베르네 프랑으로 빚어진다.

● **클라랑델** Clarendelle

싱글 빈야드 와인은 아니다. 보르도 여러 지역에서 재배되는 포도를 사다가 만들어진다. DCD가 출시한 와인들 중 가장 저렴한 술로 전형적인 보르도 블렌딩 스타일의 가벼운 와인이지만 가격 대비 우수한 품질로 평가받는다.

프랑스 〉 보르도

새로운 스타일의 보르도 와인

마트나 와인가게에 간다. 예산은 2~3만 원! 무얼 사야 할까? 이정도 가격으로 초심자에게 일반 보르도 와인은 텁텁한 맛과 나무 향이 강해 선호도가 떨어진다. 보르도 그랑 크뤼급 와인에 눈길이 가지만 작황이 그다지 좋지 못한 해에 생산된 와인도 최소 5~6만 원은 줘야 하는데 빈티지가 좋지 못한 그것은 기대치를 밑돌 수 있다.

그럼 칠레나 호주, 미국처럼 '마시기 편한 보르도 와인'은 없을까? 전통적인 나무 맛과 오크 풍미에서 벗어나 친숙한 과일 맛을 끌어올려 가격과 품질의 경쟁력을 갖춘 그런 와인 말이다.

국내에 수입되는 보르도 와인에도 이지 드링킹 와인이 있다. 거대 네고시앙 업체인 지네스떼Ginestet와 크레스만Kressmann이 생산한 와인들이 대표적인 예라 할 수 있지만 신세계 와인에 밀려 가격과 품질에 있어 고전을 면치 못하고 있다.

최근 여기에 맞서 출사표를 던진 인물이 있다. 샤또 앙젤뤼스Chateau Angelus의 소유주, 위베르트 드 부아르Hubert de Bouard 씨다. 그는 2013년 6월 보르도에서 열린 빈엑스포 행사장에서 〈디캔터〉지와 인터뷰를 가졌다. 신세계 와인처럼 마시기 편한 보르도 와인생산에 대해 언급하며 자신의 향후 와인 전략을 밝혔다.

그의 요점은 'Easy drinking wine' 생산에 역점을 두겠다는 것! 기존 보르도 와인이 가지고 있는 '오크와 나무 향'을 줄이고 과일 향을 끌어울리며 타닌감이 부드러운 와인을 5€ 에서 11€ 가격에 공급하겠다는 얘기다. 이미 그는 2012년부터 음용성이 좋은 이지 드링킹 와인을 생산하고 있다. 생떼밀리옹, 가스떨리옹 꼬뜨 드 보르도, 그리고 메독 지역에 소유하고 있거나 관계된 포도원 11개에서 새로운 스타일의 보르도 와인을 만들고 있다.

여기서 주목할 점은 보르도 내 여러 지역의 포도를 구입해서 만든 기존의 네고시앙 와인과는 달리, '한 포도밭'에서 직접 재배한 포도만을 사용한다는 것인데 와인의 순도가 높을 것으로 보인다. 보르도 와인 계시록으로 불리는 그의 주요 와인 리스트는 다음과 같다.

와인이름	원산지
라 피에르 레베Château de La Pierre Levée	가스떨리옹 꼬뜨 드 보르도
세글라디Château de Seglady	생떼밀리옹
레 푸제르Château Les Fougère	생떼밀리옹
부띠욧Château Boutillot	보르도
가이용Château Gaillon	보르도
그랑 부쇼냉Château Grand Bouchonin	메독

와인의 맛 지도를 완성하는 원산지 정보

와인 이야기에 앞서 우리네 전통음식 얘기를 하나 해 볼까 한다. 김치! 언제부터 먹어 왔을까? 여러 가지 설들이 있으나 아직 그 기원은 명확하지 않다. 다만 김부식(1075~1151)이 저술한 삼국사기에 따르면, 신라 31대 신문왕이 왕비를 맞이하기 위하여 준비한 음식 목록 중에 채소절임에 관한 글귀로 미루어 보아 삼국시대를 그 기원으로 추정한다.

오랜 세월만큼이나 김치는 우리 음식문화에 깊은 뿌리를 내리고 있다. 몇 년 전 '아사즈케' 방식의 채소절임도 김치로 인정해 달라는 일본의 국제적인 요구가 있었다. 신맛을 내기 위해 구연산을 첨가하고 고춧가루 대신 파프리카를 넣었으니 '아사즈케'도 김치의 범주에 넣어 달라는 것이었다. 하지만 국제사회에서 인정을 받지는 못했다. 이미 2001년 6월, 국제식품규격위원회CODEX가 한국식 김치를 공식적으로 인정했기 때문이다. 김치에 대한 국제적인 정의가 내려진 것이다. 김치 고유의 재료, 레시피, 그리고 만드는 방법이 국제적으로 보호를 받는다는 뜻이다.

이것뿐만이 아니라 2013년 초에는 미국 퍼스트레이디 미셸 오바마 여사의 '간단한 김치Simple Kimchi' 레시피까지 소개되었고 2012년 9월 미국 워싱턴포스트는 '김치를 세상에서 가장 값싼 건강보험'이라고 극찬했다. 이 정도면 모 신문사의 말처럼 국제 사회에서 김치 종주국 자리는 따 놓은 당상이다. 하지만 과연 그럴까?

사실 백악관의 관심과 유력지의 찬사도 듣기 좋다. 코덱스의 등재도 축하할 일이다. 하지만 이런 낭보들을 김치의 세계화로 보기엔 그 내실이 허하다. 옛말에 수신제가치국평천하라 했다. 김치의 고유한 맛을 지방별로 특화시키는 게 수신(修身)이라면, 제가(齊家)는 이를 근간으로 구체적인 재료들과 레시피에 대한 원칙을 세우는 것이고, 치국(治國)은 그 원칙을 토대로 김치 맛에 대한 국민적 합의를 이끌어 내는 것이다. 즉, 원산지 명칭과 지리적 경계를 제도화하는 것이다. 예컨대 전라도 김치의 맛을 정의하고 설명할 수 있는 객관적인 근거는 무엇인가? 추상적인 전라도의 맛은 어디서 나오는가? 그리고 흔히 말하는 '손맛'을 어떻게 정의할 것인가? 무릇 농수산물은 자기가 자란 지역의 고유한 맛을 담고 있다. 따라서 각 지방마다 사용되는 배추와 각종 양념의 재료들은 그 지역 자연환경과 밀접한 관련이 있다. 그럼 이런 사유들을 통합하여 객관화할 수 있는 체계가 필요하다. 김치 맛에 공통적인 특징이 나타나게 하는 지리적 환경을 공유하는 지역을 구분하자는 것이다. 여기서 공통적인 특징이란 해수 온도, 조류의 흐름, 갯벌의 상태, 토양의 종류, 고도, 일조량 등의 가변적인 요소가 포함된다. 김치 맛에 대한 지리적 경계가 없다면 김치마다 갖고 있는 차별성을 설명할 근거가 없어진다. 사실 와인 생산국들도 이런 이유에서 자국의 원산지 명칭과 지리적 경계를 제도화하고 있다. 가장 먼저 이를 법제화시킨 나라는 프랑스다. 물론 법제화 이전에 프랑스도 원산지와 지리적 경계에 상관없이 이문 남는 포도나 와인을 우선적으로 양조하거나 블렌딩해서 팔았다. 상업적 이익이 앞서다 보니 품질의 근거가 없고 급기야 정체불명의 와인들과 가짜 와인들이 속출한 경험도 있었다. 이를 타개하고자 프랑스는 1935년에 농무부 산하에 '이나오INAO Institut National de Appellations d'Origine'라는 조직을 설립하여 와인 생산지역을 380개로 나누고 원산지 명칭을 각각 부여했다. 그리고 원산지마다 그 지역 자연환경에 적합한 포도품종을 개량했고 그 품종에 맞는 양조방식을 제도화시켰다. 뿐만 아니라 수확기에 포도 수확량을 제한하여 포도의 순도를 높였다. 이나오의 이런 역할은 지방색이 뚜렷한 와인을 생산케 했고 프랑스 고품질 와인의 근간이 되었다. 그래서 프랑스 와인의 맛과 향은 객관적으로 설명이 가능하다. 왜 보르도 와인에는 특유의 검붉은 과실향이 나는지를 토양과 품종을 근거로 설명하는 것이다.

이렇듯 오늘날 프랑스 와인이 찬사를 받는 이유는 그것의 역사와 전통 이전에 '원산지 명칭 체계'라는 '와인의 맛 지도'를 완성하였기 때문이다.

보르도 그랑 크뤼 네 개 지역

군계일학

프랑스는 보르도 지방에만 약 8,000개에 달하는 포도원이 있는데 총 4개 지구에 걸쳐 최상급 포도원(그랑 크뤼Grand Cru)들이 선발되어 있다. 이는 모두 185개로 보르도에 있는 포도원들의 약 2.3%에 해당하는데, 여기에 선발된 포도원들은 그야말로 군계일학인 셈이다. 그랑 크뤼는 프랑스 와인 역사를 이끌어 왔고 프랑스는 '와인의 메카'라는 타이틀을 거머쥐게 만들었으며 그랑 크뤼에 얽힌 히스토리는 문화적 교양과 상식의 이름으로 널리 회자되고 있다. 그래서 와인을 취급하는 곳이라면 어디든지 보르도 그랑 크뤼 와인은 늘 존재한다. 어쩌면 쉽게 대면할 수도 있지만 이들의 맛과 향을 제대로 다룰 수 있는 자는 그리 많지 않다. 왜냐면 160년 묵은 '요물?'이기 때문이다. 꼬리가 몇 달린 짐승일 수도 있고 마법을 부려 사람을 매혹시키는 것도 가능하다. 누구에게는 '요물'일 수도 있고 어떤 이에게는 '보물'이 될 수도 있는 그랑 크뤼! 그 오랜 발자취를 추적해 본다.

● 보르도 그랑 크뤼 4개 지역

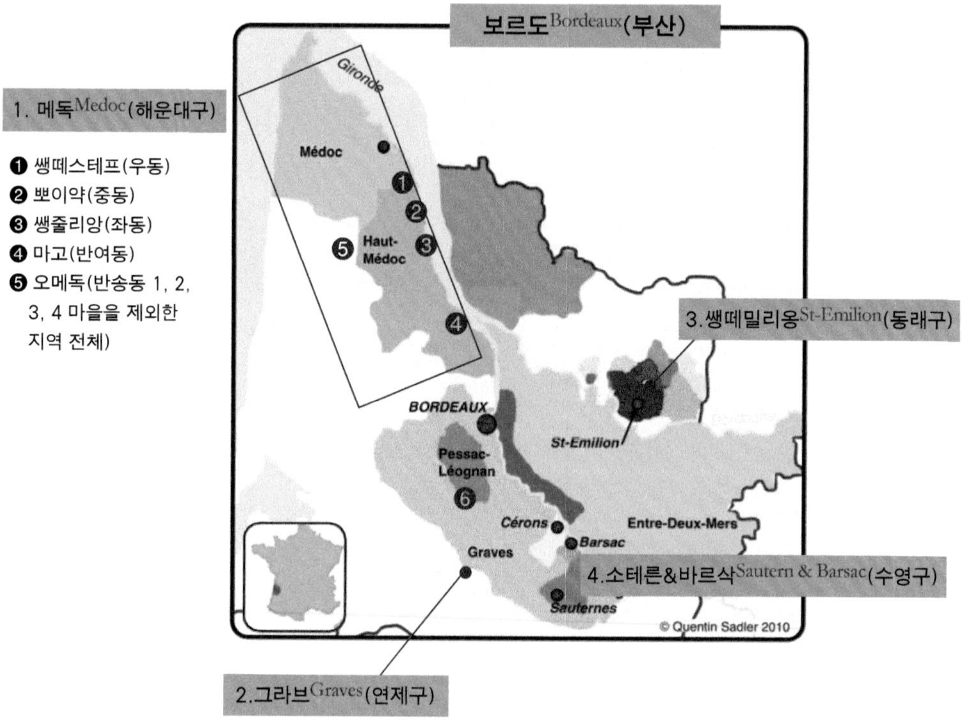

● 보르도 각 지구별 그랑 크뤼 포도원 개수(2014년 기준)

지구별	와인 타입	그랑 크뤼 포도원 개수
1. 메독	Dry red	61개(60개는 메독 지구, 1개는 그라브 지구에 있는 샤또 오 브리옹)
2. 그라브	Dry red & white	15개*
3. 쌩떼밀리옹	Dry red	85개
4. 소테른 & 바르삭	Sweet white	27개

*2005년 빈티지를 마지막으로 '라 뚜르 오 브리옹' 포도원의 생산이 중단되었기 때문에 16개에서 15개로 수정됨.

그림에서 알 수 있듯이 보르도는 메독, 그라브, 생떼밀리옹, 소테른&바르삭 지구에 그랑 크뤼 포도원들이 선발되어 있다. 이 중 '메독 지역'에서 처음으로 그랑 크뤼 포도원들이 선발되었고 이후 다른 지구들도 각자의 등급 체계를 마련하게 된다. 어쨌든 오늘날 그 어떤 와인 생산국가도 프랑스와 같은 그랑 크뤼 등급체계를 가진 나라는 없다.

프랑스 최초의 등급 체계, '메독 그랑 크뤼'

보르도 지방에서 최초로 등급체계가 이루어진 곳은 메독Medoc 지구다. 1855년 파리 만국 박람회에서 와인을 전시·홍보할 목적으로 나폴레옹 3세의 명에 의해 최상급 포도원을 선발하였다. 당시 메독 지역(생떼스테프, 뽀이약, 생줄리앙, 마고, 오 메독)의 레드 와인만을 대상으로 선별이 이루어졌고 61개 포도원들이 선정되었다. 뽑힌 각 포도원들은 다시 1~5등급으로 나뉘었고 이들 포도원이 생산하는 와인 레이블에는 'Grand cru'라는 문구를 표기하도록 하였다. 이것이 오늘날 프랑스 와인에서 '그랑 크뤼'라는 용어가 등장하게 된 원조 등급체계며 약 160년간 이어져 오고 있다.

●마고 마을에서 생산되는 그랑 크뤼 와인

하지만 명실상부한 '메독 그랑 크뤼 등급체계'에도 세 차례의 변동은 있었다. 1855년 제정 이후, 그 이듬해인 1856년에 깡뜨메를 포도원이 5등급으로 추가되었으며, 2등급이었던 무똥 로쉴드 포도원이 1973년도에 1등급으로 승급된 사례가 있었고 마지막으로 3등급이었던 샤또 뒤비뇽이 같은 3등급인 말레스꼬 생떽쥐페리 포도원에 합병되면서 제외되었다. 선정된 61개 포도원들의 마을별 분포를 보면, 마고에 21개로 가장 많고, 뽀이약은 18개, 생줄리앙은 11개, 생떼스테프와 오 메독은 각각 5개, 예외적으로 메독 지구가 아닌 그라브 지역에서 샤또 오 브리옹이 1등급에 선정되었다.

한결같이 고품질 와인을 빚는 그랑 크뤼 포도원 16곳

그랑 크뤼로 지정된 포도원들은 좋은 품질의 와인을 만들 수 있는 잠재성이 그렇지 못한 포도원보다 높다는 뜻으로 받아들여야 하며, '그랑 크뤼'라는 문구가 무조건 고품질 와인을 뜻하는 건 아니다. 왜냐면 저마다의 토질, 포도밭의 위치, 미세한 기후에 의해 포도원마다 그해 포도작황이 다를 수밖에 없기 때문이다. 쉽게 말하면 A라는 포도원은 냉해와 병충해에 시달려 그해 포도농사가 엉망일 수 있지만 맞은편의 B라는 포도원은 포도작황이 의외로 좋을 수 있다. 61개 그랑 크뤼 포도원들도 사정은 매한가지다. 해마다 품질과 맛, 그리고 가격이 들쑥날쑥거린다. 하지만 그중에서도 매년 안정된 고품질 와인을 생산하는 그랑 크뤼 포도원 16개는 특히 주목할 만하다.

이 포도원에서 생산되는 레드 와인은 블랙커런트, 블랙베리, 체리, 자두와 같은 진한 과일 풍미를 기본으로 하며 빈티지가 탁월한 해는 와인에 꽃 향이 탁월하다. 배수가 잘되는 토양 덕에 뿌리를 깊이 내려 미네랄 풍미가 전체적으로 배어 있고 맛의 깊이감이 또렷하며 타닌이 섬세하다.

특히 농사가 잘된 해의 이 와인들은 1등급에 편재된 샤또 마고, 무똥 로쉴드, 라피트 로쉴드, 라뚜르, 그리고 오 브리옹 와인과 비교해도 좋을 만큼 가격 대비 빼어난 맛과 향을 보인다.

● 매년 안정적인 품질로 맛있는 와인을 생산하는 그랑 크뤼 포도원 16개

와인(포도원)명칭	포도원이 위치한 마을	등급
레오빌 라스 까즈Leoville Las Cases	생쥘리앙	2
레오빌 뿌와페레Leoville poyferre	생쥘리앙	2
라스꽁브Lascombes	마고	2
피숑 렁그빌 바롱Pichon-Longueville Baron	뽀이약	2
피숑 렁그빌 라랑드Pichon-Longueville Lalande	뽀이약	2
뒤크뤼 보까이유Ducru Beaucaillou	생쥘리앙	2
꼬스 데스뚜르넬Cosd'Estournel	생떼스테프	2
몽로즈Montrose	생떼스테프	2
말레스꼬 생떽쥐페리Malescot Saint Exupery	마고	3
팔머Palmer	마고	3
깔롱 세귀르Calon Segur	생떼스테프	3
브라네르 뒤크뤼Branaire Ducru	생쥘리앙	4
뒤아르 밀롱 로쉴드Duhart Milon Rothschild	뽀이약	5
퐁떼 까네Pontet Canet	뽀이약	5
랭쉬 바쥬Lynch Bages	뽀이약	5
끌레륵 밀롱Clerc Milon	뽀이약	5

메독 그랑 크뤼 와인과 RP점수

그랑 크뤼 와인의 맹점은 그해 기후가 받쳐 주지 못하면 명성에 비해 좋은 와인을 기대하기 어렵다는 것이다. 이런 점을 간파한 미국 와인 평론가, 로버트 파커는 그랑 크뤼 와인의 품질을 100점 만점을 기준으로 매년마다 점수를 매겨 놓았다. 그의 점수가 와인의 모든 풍미를 대신할 수는 없지만 그의 평가 점수는 국제 와인 거래 및 가격 결정에 있어서 절대적인 지표가 되고 있다. 와인 구매 시 90점 이상을 선호하며 그 이하 점수는 여러분의 선택에 달려 있다. 그리고 이 차트의 목적은 동일한 레이블의 같은 와인이라도 빈티지에 따라 가격차가 심하다는 것을 알리기 위함이다. 따라서 여러분의 예산에 걸맞게 빈티지를 비교하여 구입한다면 좋은 지침이 될 것이다.

●1등급 5개

포도원	17	16	15	14	13	12	11	10	09	08	07	06	05	04
오브리옹 Haut Brion	97	100	100	96	NA	96	95	100	100	96	92	96	98	92
샤또 마고 Chateau Margaux	99~100		99	95	NA	96	94	99	99	94	92	93	98	93
라뚜르 La Tour	99~100		97	97	89	97	95	100	100	96	92	96	96	95
무똥 로쉴드 Mouton Rothschild	99	100	98	95	93	96	92	98	99	94	92	98	96	92
라피트 로쉴드 Lafite Rothschild	99	99	96	95	NA	91	93	98	99	98	93	97	98	95

포도원	03	02	01	00	99	98	97	96	95	94	93	92	91	90
오브리옹 Haut Brion	95	89	94	99	93	96	89	95	96	93	92	90	86	98
샤또 마고 Chateau Margaux	99	93	93	100	94	91	90	99	95	92	89	89	88	100
라뚜르 La Tour	100	96	95	98	94	90	89	99	96	94	90	88	89	96
무똥 로쉴드 Mouton Rothschild	95	93	89	96	93	96	90	94	95	91	90	88	86	87
라피트 로쉴드 Lafite Rothschild	100	95	94	100	95	98	92	100	95	90	88	89	86	96

●2등급 14개

(그중 로장 가씨에, 뒤포르 비방, 브란 깡뜨냑 포도원은 제외했음)

포도원	17	16	15	14	13	12	11	10	09	08	07	06	05	04
로장 세글라 Rausan Segla	96	97	97	92	NA	94	93	95	93	90	91	93	94	89
레오빌 라스 까즈 Leoville Las Cases	98	100	98	96	NA	93	93	96	98	93	91	95	98	93
레오빌 뿌와페레 Leoville poyferre	95	97	94	93	NA	92	94	98	100	94	91	93	93	93
레오빌 바르통 Leoville Barton	93	95	95	94	NA	92	92	96	93	92	90	94	94	92
그뤼오 라로즈 Gruaud Larose	NA	94	93	90	NA	NA	NA	93	95	90	90	84	89	87
라스꽁브 Lascombes	NA	NA	94	NA	NA	NA	93	97	94	93	93	93	95	93
피숑 렁그빌 바롱 Longueville Baron	97	97	97	94	NA	93	91	97	98	95	92	94	94	93
피숑 렁그빌 라랑드 Longueville Lalande	96	98	96	93	NA	90	94	92	97	92	90	96	86	92
뒤크뤼 보까이유 Ducru Beaucaillou	97	98	97	96	NA	92	92	98	100	95	90	94	97	93
꼬스 데스뚜르넬 Cosd'Estournel	100	100	95	94	NA	93	94	97	100	94	92	94	98	92
몽로즈 Montrose	99	99	95	96	NA	92	90	99	100	95	91	94	95	91

포도원	03	02	01	00	99	98	97	96	95	94	93	92	91	90
로장 세글라 Rausan Segla	88	90	89	90	88	89	79	88	90	87	87	87	87	93
레오빌 라스 까즈 Leoville Las Cases	93	95	93	99	91	93	90	98	95	93	90	90	89	96
레오빌 뿌와페레 Leoville poyferre	98	90	90	95	89	88	87	93	90	87	87	79	84	96
레오빌 바르통 Leoville Barton	95	92	92	96	88	91	86	92	91	90	88	87	87	92
그뤼오 라로즈 Gruaud Larose	88	90	90	94	89	88	87	89	89	86	86	86	85	93
라스꽁브 Lascombes	92	93	92	90	79	83	78	80	79	86	85	82	82	86
피숑 렁그빌 바롱 Longueville Baron	94	89	93	96	89	90	86	91	90	88	84	89	89	96
피숑 렁그빌 라랑드 Longueville Lalande	95	94	93	97	87	88	88	96	96	91	85	79	89	79
뒤크뤼 보까이유 Ducru Beaucaillou	96	89	89	94	91	91	87	96	94	90	87	87	86	89
꼬스 데스뚜르넬 Cosd'Estournel	98	93	93	92	88	88	87	98	95	91	89	88	87	95
몽로즈 Montrose	97	90	91	96	90	90	87	91	93	91	87	87	88	100

●3등급 14개

(그중 디쌍, 라그랑쥐, 보이드 깡뜨냑, 깡뜨냑 브라운, 데스미라일, 페리에르, 마르퀴스 달레메 벡커, 라 라귄느 포도원은 제외했음)

포도원	17	16	15	14	13	12	11	10	09	08	07	06	05	04
키르완 Kirwan	92	90	90	91	NA	NA	87	92	92	90	89	88	92	90
랑고아 바르통 Langoa Barton	NA	93	90	93	NA	NA	87	91	91	90	87	89	90	90
지스꾸르 Giscours	92	93	94	92	NA	NA	90	94	94	90	86	88	91	91
말레스꼬 생떽쥐 페리 Malescot Saint Exupery	93	95	94	92	NA	93	90	96	96	93	89	91	97	90
팔머 Palmer	98	98	98	94	NA	96	96	97	97	95	89	92	97	94
깔롱 세귀르 Calon Segur	94	96	93	92	NA	91	90	94	94	90	87	91	92	89

포도원	03	02	01	00	99	98	97	96	95	94	93	92	91	90
키르완 Kirwan	93	88	90	90	89	90	87	88	85	87	86	85	77	78
랑고아 바르통 Langoa Barton	90	90	88	91	87	89	84	86	86	86	86	83	86	87
지스꾸르 Giscours	90	90	90	92	89	81	85	84	85	86	85	86	86	86
말레스꼬 생떽쥐 페리 Malescot Saint Exupery	92	92	88	92	90	90	87	90	90	87	85	82	84	90
팔머 Palmer	89	94	90	95	95	91	87	91	90	86	78	84	87	88
깔롱 세귀르 Calon Segur	94	89	90	94	87	89	82	92	92	86	86	74	84	90

●4등급 10개

(그중 쌩 피에르, 뿌제 깡뜨냑, 라뚜르 까르네, 마르퀴스 드 떼름, 4개 포도원은 제외했음)

포도원	17	16	15	14	13	12	11	10	09	08	07	06	05	04
딸보 Talbot	NA	92	89	90	NA	90	90	94	93	90	86	89	90	88
브라네르 뒤크뤼 Branaire Ducru	90	94	90	91	NA	90	93	94	96	93	90	90	95	90
뒤아르 밀롱 로쉴드 Duhart Milon Rothschild	91	93	90	NA	NA	NA	91	95	97	94	90	92	94	91
라퐁 로쉐 Lafon Rochet	NA	93	91	90	NA	NA	90	93	90	88	87	88	90	90
베이슈빌 Beychevelle	92	95	93	92	NA	92	91	93	93	89	89	90	90	89
프리외르 리신 Prieure Lichine	90	92	90	NA	NA	91	90	92	93	90	88	90	92	90

포도원	03	02	01	00	99	98	97	96	95	94	93	92	91	90
딸보 Talbot	90	78	89	90	88	88	85	89	88	85	84	86	72	85
브라네르 뒤크뤼 Branaire Ducru	95	90	91	93	89	89	87	89	90	89	84	82	85	88
뒤아르 밀롱 로쉴드 Duhart Milon Rothschild	92	89	89	90	88	89	87	90	87	86	85	85	84	88
라퐁 로쉐 Lafon Rochet	90	86	88	90	87	88	87	90	89	89	86	85	85	87
베이슈빌 Beychevelle	90	86	88	91	86	87	78	86	85	85	82	81	85	81
프리외르 리신 Prieure Lichine	90	89	89	90	85	87	79	86	85	86	83	87	84	89

●5등급 18개

(그중 대표 포도원 4개만 추림)

포도원	17	16	15	14	13	12	11	10	09
퐁떼 까네 Pontet Canet	98	98	96	94	92	93	93	100	100
랭쉬 바쥬 Lynch Bages	93	97	92	92	NA	91	90	96	98
다르마이악 D'Armaihac	92	93	92	89	NA	91	NA	93	92
끌레륵 밀롱 Clerc Milon	95	94	93	92	NA	92	88	92	92

포도원	08	07	06	05	04	03	02	01	00
퐁떼 까네 Pontet Canet	96	94	95	96	90	95	88	89	92
랭쉬 바쥬 Lynch Bages	93	89	93	91	89	89	88	89	97
다르마이악 D'Armaihac	89	87	91	90	89	90	89	89	91
끌레륵 밀롱 Clerc Milon	90	89	93	92	90	91	90	88	92

※ 와인 황제, 로버트 파커Robert Parker가 2019년 6월 공식 은퇴를 선언하였다. 전 세계 와인업계에서 가장 큰 영향력을 발휘했던 그의 시음 전문 평가 점수는 이제 더 이상 나오지 않는다. 건강상의 이유로 몇 년 전부터 은퇴설이 나왔고 그동안 주요 그랑 크뤼 와인들 위주로만 평가 점수를 내놓았다. 게다가 2013년 보르도 그랑 크뤼 와인의 경우는 거의 점수를 평가하지 않았는데 이 해는 포도 작황이 매우 좋지 않아 파커는 2013년 평가에 큰 의미를 두지 않았다. 따라서 NA(Not-Announced)라고 표기된 빈티지는 다른 전문가들의 점수를 참고하기 바란다. 이 책 차례에 보면 '와인에 점수를 매기다' 부분에 유명 평가자들의 이름과 약어를 수록해 놓았다. Wine-Searcher 또는 Wine.com 사이트를 활용하면 평가 점수를 더욱 편리하고 객관적으로 볼 수 있다.

그라브 그랑 크뤼

메독 지구 밑에 위치한 그라브 지역은 1953년에 '그라브 그랑 크뤼' 등급체계를 만들어 이 지역 와인을 대표할 수 있는 우수한 포도원 16개를 자체 선발하였다. 이들 포도원은 모두 그라브 지역에 있는 뻬삭 레오냥Pessac-Leognan 마을에 있으며 모두 단맛이 없는 드라이한 와인을 생산한다. 샤또 오 브리옹을 필두로 라 미시옹 오-브리옹, 빠브 끌레망, 그리고 피유잘 포도원의 레드 와인은 특히 그 맛과 향이 뛰어나며 '라빌르 오-브리옹 화이트 와인이 주는 맛의 감동도 빼놓을 수 없다.

● 그라브 그랑 크뤼 포도원 16개(2006년부터는 15개)

포도원	생산 와인 타입
오 브리옹Ch. Haut-Brion	Red
부스꼬Ch. Bouscaut	Red & White
까르보니유Ch. Carbonnieux	Red & White
도멘 드 슈발리에Domaine de chevalier	Red & White
꾸앵Ch. Couhins	White
꾸앵 뤼르똥Ch. Couhins Lurton	White
피유잘Ch. de Fieuzal	Red
오바이Ch. Haut-Bailly	Red
라 미시옹 오-브리옹Ch. La Mission Haut-Brion	Red
라뚜르 오-브리옹Ch. Latour Haut-Brion	Red
라뚜르-마르띠악Ch. Latur-Martillac	Red & White
라빌르 오-브리옹Ch. Laville Haut-Brion	White
말락틱 라그라비에르Ch. Malartic-Lagraviere	Red & White
올리비에Ch. Olivier	Red & White
빠쁘 끌레망Ch. Pape Clement	Red
스미스 오 라피트Ch. Smith Haut-Lafitte	Red

각 와인의 빈티지별 RP점수는 www.wine.com, www.wineaccess.com, www.vinopedia.com에서 확인 가능하다. 참고로 '라뚜르 오-브리옹' 레드 와인은 2005년 빈티지를 마지막으로 더 이상 생산되지 않아서 2006년 이후 그라브 그랑크뤼는 15개이며, 샤또 오 브리옹은 메독 등급 체계와 그라브 등급 체계 양쪽에 선별되어 있다.

보르도 최고의 화이트 와인은 그라브 지역에 있다

낭떠러지와 절벽으로 둘러싸인 프랑스 남부의 작은 해안도시, 모나코를 배경으로 2012년 5월에 개봉된 프랑스 영화가 있었다. 코믹 로맨스 영화, 〈하트브레이커〉에서 와인 전문가로 나온 여주인공 바네사 파라디는 모나코의 한 레스토랑에서 근사한 화이트 와인을 주문했는데 보르도 지방 최고의 화이트 와인으로 '샤또 라빌르 오 브리옹'을 고른 것이다. 역시 와인 맛 좀 안다는 이들의 화이트 와인 부문 마시고 싶은 와인 1순위답다. 배, 사과, 허브 향과 더불어 순도 높은 풍미와 쾌적한 산미가 절묘한 조화를 이루는 술로 드라이한 화이트 와인의 백미라 할 수 있다. 이 술은 2009년 빈티지부터 'Ch. la Mission Haut - Brion Blanc'으로 이름이 변경되어 출시되고 있다.

●라빌르 오브리옹

메독 지구가 레드 와인의 황제라면, 그라브 지구는 화이트 와인의 여왕이라 할 수 있으며 마치 도도하고 세련된 바네사 파라디와 흡사하다. 이 지역 화이트 와인이 그녀처럼 매력적이고 근사한 이유는 그라브 지역만의 독특한 토양에 근거한다. '그라브'는 '자갈'을 뜻한다. 원어에서 알 수 있듯이 이 지역의 포도원들은 자갈로 이뤄져 있다. 배수가 좋고 그 자갈이 포도에 반사하는 햇빛과 열기 덕분에 청포도 농사가 잘되어 우수한 화이트 와인을 만들어 내는 것이다.

●스미스 오 라피트

'라 미시옹 오-브리옹 블랑'처럼 최고는 아니지만 화이트 와인으로 유명한 포도원을 하나 더 꼽자면, '스미스 오 라피트'다. 자몽, 복숭아, 살구, 꽃향이 매력적이며 적절한 산미와 유연한 질감은 레드 와인 못지않은 풍미를 지녔다. 이 와인만의 독특한 맛과 향의 비결은, '소비뇽 그리'라는 청포도에 있는데 주력 품종인 소비뇽 블랑, 세미용과 함께 1~2% 정도 혼합되어 이국적인 과일 향기와 신선한 맛을 자아낸다.

생떼밀리옹 그랑 크뤼 끌라세

메독과 그라브 지구와는 달리 생떼밀리옹 와인을 고를 때는 유념할 점이 있다. 이 지구의 와인 레이블을 보면 크게 세 가지로 나뉘는데 '생떼밀리옹', '생떼밀리옹 그랑 크뤼', 마지막으로 '생떼밀리옹 그랑크뤼 끌라세'로 표기된다. 결론부터 말하면 'Saint-Emilion Grand Cru Classé'라고 표시된 와인만 그랑 크뤼 포도원으로 선발된 것이다. '그랑크뤼Grand Cru'라는 문구와 함께 반드시 '끌라세Classé'라는 표기가 들어가야 정부가 인증한 생떼밀리옹 지구의 최상급 와인(메독, 그라브 지역은 레이블에 Grand Cru 문구만 있어도 됨)이라는 것을 유념하자. 'Classé'는 영어로 '분류되어진classificated'이란 뜻으로 그랑 크뤼 등급에 분류, 혹은 선발었다는 뜻을 담고 있다. 이런 'Classé' 표기가 없는 1번과 2번 레이블은 그냥 '일반 포도원'에서 생산된 술이다.

● 1번 생떼밀리옹

● 2번 생떼밀리옹 그랑 크뤼

● 3번 생떼밀리옹 그랑 크뤼 끌라세

다시 말해서 1, 2번은 그랑 크뤼 등급체계에 들지 못한 와인이고 3번 와인만 생떼밀리옹 지역의 그랑 크뤼급 와인이다. 2번 와인은 'Saint-Emilion Grand Cru'라고 표기되어 있어 그랑 크뤼 등급에 선발된 포도원처럼 보이지만 1번의 'Saint-Emilion' 표기와 다를 바 없는 술이다. 그럼 등급에 들지 못한 'Saint-Emilion'과 'Saint-Emilion Grand Cru'의 차이점은 무얼까? 사실 약간의 품질 차이다. 2번 와인은 1번보다 알코올 도수가 0.5도 높아야 하며 사용되는 포도의 품질도 1번보다 다소 높아야 한다는 규정뿐이다.

사실 생떼밀리옹 지구의 '그랑 크뤼 등급체계'는 메독과 그라브의 그것과 비교해 볼 때 말도 탈도 많았던 등급 체계다. 좀 더 자세히 알아보자. 가장 높은 등급인 '생떼밀리옹 프르미에 그랑 크뤼 끌라쎄, 12개'와 그 다음으로 우수한 '생떼밀리옹 그랑 크뤼 끌라쎄, 63개'

가 1955년에 최초 지정되었는데, 이 해를 기점으로 약 10년마다 리스트 조정이 이루어져 왔고 2022년 가장 최근 까지 7회에 걸쳐 기존 포도원들의 등급 변경과 탈락, 그리고 새로운 포도원들의 등급 진입으로 혼탁하기 그지없었다. 그중 가장 쟁점이 되었던 해가 2006년도다. 2006년에 수정 발표된 등급체계에 집단 소송이 걸린 것이다. 새로 편재된 2006년 등급 버전에서 탈락되거나 진입이 안 된 포도원들이 선발 기준에 대한 신뢰성 문제를 제기하였는데 선별과정에서 로비, 학연, 지연으로 편파적이거나 차별적인 기준이 적용되었다는 주장이었다. 소송을 낸 포도원들은 다음과 같다.

La Tour du Pin Figeac, Chateau Cadet Bon, Chateau Guadet, Chateau de la Marzelle.

결국 프랑스 대법원은 문제가 발생한 2006년도 생떼밀리옹 그랑 크뤼 끌라쎄 버전을 전면 취소하였고 6년 뒤인 2012년에 개정판을 내놓았다. 그리고 다시 10년 후 2022년도에 승급 및 새로이 개편되었으며 현재 7th EDITION으로 2022년 개정판이 가장 최근 버전이 되었다.

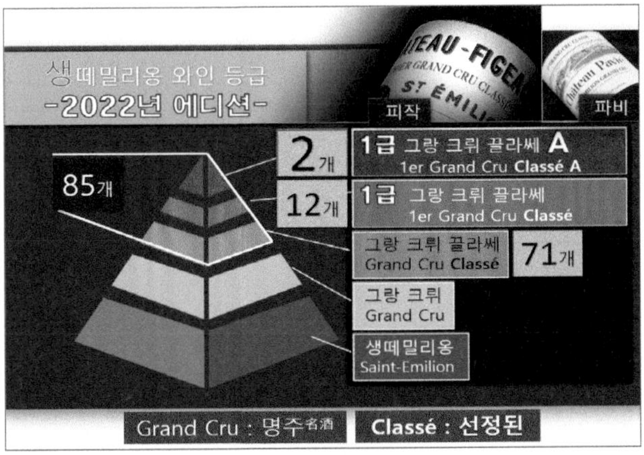

●7th EDITION 2022년 생떼밀리옹 그랑 크뤼 와인

A급 Premiers Grands Crus Classés 포도원 2개

- 파비 Ch. Pavie
- 피작(휘) Ch. Figeac

Premiers Grands Crus Classés 포도원 12개

- 보세주르 Ch. Beauséjour
- 보-세주르-배꼬 Ch. Beau-Séjour-Bécot
- 벨에르-모낭쥐 Ch. Bélair-Monange
- 까농 Ch. Canon
- 까농 라 가펠리에르 Ch. Canon la Gaffelière
- 라르시스 뒤까즈 Ch. Larcis Ducasse
- 끌로 푸르떼 Clos Fourtet
- 라 몽도뜨 La Mondotte
- 파비 마깽 Ch. Pavie Macquin
- 트로플롱 몽도뜨 Ch. Troplong Mondot
- 트로떼비에이유 Ch. Trottevieille
- 발랑드로 Ch. Valandraud

Grands Crus Classés 포도원 71개

- 바데뜨 Ch. Badette
- 발레스따르 라 또넬르 Ch. Balestard la Tonnelle
- 바흐드-오 Ch. Barde-Haut
- 벨퐁-벨시에 Ch. Bellefont-Belcier
- 벨뷰 Ch. Bellevue

- 베를뤼께 Ch. Berliquet
- 부띠스 Ch. Boutisse
- 까데-봉 Ch. Cadet-Bon
- 까프 드 물랭 Ch. Cap de Mourlin
- 쇼뱅 Ch. Chauvin
- 끌로 드 사르프 Ch. Clos de Sarpe
- 꼬르뱅 Ch. Corbin
- 꼬르뱅 미쇼뜨 Ch. Corbin Michotte
- 꼬뜨 드 발보 Ch. Côte de Baleau
- 라 끌로뜨 Ch. la Clotte
- 크와 드 라브히 Ch. Croix de Labrie
- 다쏠 Ch. Dassault
- 드 페랑 Ch. de Ferrand
- 드 프레싹 Ch. de Pressac
- 데스티유 Ch. Destieux
- 포제르 Ch. Faugères
- 플뢰르 까르디날 Ch. Fleur Cardinale
- 퐁브로주 Ch. Fombrauge
- 퐁플레가드 Ch. Fonplégade
- 포리 드 수샤르 Ch. Faurie de Souchard
- 퐁호끄 Ch. Fonroque
- 프헝 마옌 Ch. Franc Mayne
- 그헝 꼬르뱅 Ch. Grand Corbin
- 그헝 꼬르뱅-데스빠뉴 Ch. Grand Corbin-Despagne

- 그헝 마옌 Ch. Grand Mayne
- 귀아드 Ch. Guadet
- 오-사르프 Ch. Haut-Sarpe
- 장 포흐 Ch. Jean Faure
- 라 꼬망드히 Ch. La Commanderie
- 라 꾸스뽀드 Ch. La Couspaude
- 라 크화질 Ch. La Croixzille
- 라 도미니끄 Ch. la Dominique
- 라 플뢰흐 모항주 Ch. La Fleur Morange
- 라 마젤르 Ch. la Marzelle
- 라 쎄흐 Ch. La Serre
- 라 뚜흐 피(휘)작 Ch. La Tour Figeac
- 라니오뜨 Ch. Laniote
- 라흐멍드 Ch. Larmande
- 라호끄 Ch. Laroque
- 라호즈 Ch. Laroze
- 르 샤뗄레 Ch. Le Chatelet
- 르 프히외흐 Ch. Le Prieuré
- 망고 Ch. Mangot
- 몽부스께 Ch. Monbousquet
- 몽라베흐 Ch. Montlabert
- 몽뜰리스 Ch. Montlisse
- 물랭 뒤 까데 Ch. Moulin du Cadet
- 페비 포제흐 Ch. Peby Faugères

- 쁘띠 포히 드 수따호 Ch. Petit Faurie de Soutard
- 히뽀 Ch. Ripeau
- 로슈벨 Ch. Rochebelle
- 홀 발렁땡 Ch. Rol Valentin
- 쌩-조르쥬-꼬뜨-파비 Ch. Saint-Georges-Cote-Pavie
- 쌍소네 Ch. Sansonnet
- 수타르 Ch. Soutard
- 뚜흐 발라도즈 Ch. Tour Baladoz
- 뚜흐 쌩 크리스토프 Ch. Tour Saint Cristophe
- 빌모힌느 Ch. Villemaurine
- 욘 피(휘)작 Ch. Yon Figeac
- 끌로 바동 뛰느뱅 Ch. Clos Badon Thunevin
- 끌로 드 로하뜨와 Ch. Clos de L'Oratoire
- 끌로 데 자꼬뱅 Clos des Jacobins
- 끌로 뒤브휠 Clos Dubreuil
- 끌로 생 줄리앙 Clos Saint Julien
- 끌로 쌩마흐땡 Clos Saint-Martin
- 꾸벙 데 자꼬뱅 Couvent des Jacobins

상기 85개 포도원들은 오늘날 생떼밀리옹 지역을 대표하는 걸출한 레드 와인들로 지롱드 강 오른편에 자리하고 있어 보르도 '우안(右岸)' 지역 와인이라고도 한다. 반면에 메독과 그라브산 와인은 강 좌측에 있다 하여 '좌안(左岸)' 지역 와인이라고 통칭한다. 좌안 지역은 까베르네 소비뇽을 주력으로 하지만 우안 지역은 멜롯과 까베르네 프랑을 주 품종으로 와인이 생산되어 각기 그 맛과 향에 있어 고유한 영역을 구축하고 있다.

소테른&바르삭 그랑 크뤼

메독, 그라브, 그리고 생떼밀리옹 지역은 드라이한 와인을 생산하지만 소테른과 바르삭 지역은 달콤한 디저트 와인만을 만들어 낸다. 그것도 100% 화이트 와인만 생산한다. 그라브 지역 하단에 위치한 소테른 마을은 냉기가 서린 시롱강과 따듯한 가론강이 만나는 지점에 자리하고 있어, 포도가 익어 갈 무렵에는 안개가 자주 발생하는데 이 때문에 포도에 곰팡이가 착상한다. 보트리티스 시네레아Botrytis cinerea라 불리는 곰팡이 균이 포도 껍질에 구멍을 뚫어 놓으면 오후의 뜨거운 태양이 포도알 속의 수분을 모두 증발시켜 질펵한 과육만을 남겨 놓는다. 그런 농축된 포도 알만을 한 알씩 수차례에 손으로 수확하여 꿀처럼 달콤한 황금빛 디저트 와인을 만들어 낸다.

●소테른 그랑 크뤼 와인, 리외쎅

1855년 메독 그랑 크뤼 등급이 제정될 당시 소테른과 바르삭 지역의 포도원들도 함께 그랑 크뤼 등급에 선발되었다. 다른 점이 있다면 이 지역은 모두 스위트한 화이트 와인만을 대상으로 했다는 것이다. 27개 포도원이 선발되었고 이 중 가장 뛰어난 포도원은 샤또 디켐(디저트 와인 편 참고)이다. 카사노바의 와인으로도 유명한 이 와인은 일반적인 빈티지라도 병당 40만 원을 넘어선다. 그래서 경험 삼아 한번 맛보는 것도 좋겠지만 이 가격이라면 차라리 쉬뒤로와 라포리-페라게 여러 병을 구입하는 게 현명한 일이겠다. 하나 더 추천한다면 샤또 브리아뜨 포도원이다. 등급에 들지 못한 무계급 소테른 와인이지만 꿀에 절인 듯한 살구와 달콤함을 받쳐 주는 산미의 조화가 절묘하다. 게다가 쉬드로의 절반 가격이다. 보르도의 일반 화이트 와인처럼 세미용, 소비뇽 블랑, 그리고 뮈스까델 품종으로 만들어진다.

27개 소테른 그랑 크뤼 와인

특1등급 포도원 1개

- 샤또 디켐Ch. d'Yquem

1등급 포도원 11개

- 라 뚜르 블랑쉬Ch. La Tour-Blanche
- 라포리 페라게Ch. Lafaurie-Peyraguey
- 끌로 오 페라게Ch. Clos Haut-Peyraguey
- 드 레인 비뇨Ch. de Rayne-Vigneau
- 쉬뒤로Ch. Suduiraut
- 꾸떼Ch. Coutet
- 끌리망Ch. Climens
- 귀로Ch. Guiraud

• 리외쎅Ch. Rieussec
• 라보 프로미Ch. Rabaud-Promis
• 씨갈라 라보Ch. Sigalas-Rabaud

2등급 포도원 15개

• 드 미라Ch. de Myrat
• 드와지 다엔Ch. Doisy-Daene
• 드와지 뒤브로카Ch. Doisy-Dubroca
• 드와지 베드린Ch. Doisy-Vedrines
• 다르슈Ch. d'Arche
• 휠로Ch. Filhot
• 브루스떼Ch. Broustet
• 내락Ch. Nairac
• 까이유Ch. Caillou
• 쉬오Ch. Suau
• 드 말르Ch. de Malle
• 로메르Ch. Romer
• 로메르 뒤 아요Ch. Romer-du-Hayot
• 라모트 데스뿌졸Ch. Lamothe-Despujols
• 라모트 귀냐르Ch. Lamothe-Guignard

스미스 오 라피트 포도원 이야기

좋은 물건은 기술이 좋으면 가능하지만 명품을 탄생시키는 건 예술이다. 그리고 그것은 오랜 역사와 전통을 담보로 한다. 명품이 비싼 이유는 아마도 예술에 대한 가치의 보상일 것이다. 고가의 와인을 맛의 측면에서만 본다면 가격이 지나칠 수도 있지만 그 와인 속에 깃든 역사와 전통은 가격으로 매길 순 없다.

스미스 오 라피트 포도원을 방문했다. 투어를 마치고 지하에 마련된 밀실로 내려갔다. 14세기부터 현재까지 만들어 온 와인들이 세월을 베개 삼아 잠들어 있었고 레이블은 마치 고서의 낡은 책장처럼 보였다. 사실 오래된 그 와인들은 음용성의 가치는 없었지만 가격이 아니라 700년 역사에 담겨 있는 가치가 무엇인지를 일깨워주는 듯했다. 단순히 먹고 마시는 즐거움의 대상으로 바라본다면 와인은 어쩌면 사치품에 지나지 않을 것이다.

다니엘과 플로랑스의 인생 2막

다니엘 까떼아르, 그는 프랑스의 스키 국가 대표였던 유명 운동선수다. 와인과 무관한 인물이었으며 물류와 유통 사업을 해온 그의 아버지가 사망하자 가업을 승계하기 위해 국가대표 옷을 벗었다. 1970년대 프랑스의 대형 스포츠 매장인 Go Sport를 열고 승승장구를 이어가며 걸출한 대형 슈퍼마켓 체인사업에서도 성공을 이룬 사업가다.

1990년 그는 기존의 모든 사업을 정리하여 스미스 오 라피트 포도원을 매입한다. 그의 사업적 안목이 포도원의 가치를 알아본 것이다. 그리고 그의 아내 플로랑스는 광고 회사를 경영하였던 CEO 출신으로 남편의 뜻을 따라 스미스 오 라피트 포도원에서 제 2의 인생을 함께하고 있다.

고기도 먹어본 사람이 안다고 했던가! 다니엘의 사업적 재능과 플로랑스의 홍보 전략은 포도원을 세계적인 휴양지로 개발하는 데 견인차 역할을 했다. 먹고, 마시고, 자고 거기에 스파까지…, 그것도 최고 수준으로 말이다. 이 모든 것을 하려면 이 포도원에서 1주일 정도는 머물러야 한다.

이들 부부는 1995년 화장품 사업에도 뛰어든다. 이 포도원의 포도 씨에서 추출한 폴리페놀 성분을 이용하여 안티 에이징 제품을 출시한 것이다. 연이어 1999년에는 포도원 바로 맞은편에 5성급 호텔을 세운다. 그 부대시설 중 비노떼라피 스파Vinothérapie Spa는 세계적이다. 이름에서도 알 수 있듯이 포도나무에서 추출한 폴리페놀 성분과 포도를 이용한 스파 시설이다. 게다가 지하 540m의 광천수를 사용한다. 여기서 끝이 아니다. '레 수르 드 꼬달리Les Sources de Caudalie' 호텔은 스파 시설로도 유명하지만 라 그랑 비뉴La Grand Vigne라는 미슐랭 1스타 레스토랑도 함께 운영한다. 약 15,000종의 와인을 보유하고 있으며 프렌치정통 스타일의 오뜨 퀴진을 맛볼 수 있는 멋진 곳이다.

그럼 이 포도원에서 생산되는 와인의 품질은 어떨까? 2009년산 스미스 오 라피트 레드 와인은 로버트 파커로부터 100점을 받았다. 뿐만 아니라 1953년에 그랑 크뤼 포도원으로 선정된 그라브 지역의 최상급 포도원들 중 하나다. 레드 와인은 진한 과일 맛에 미네랄 풍미와 묵직한 타닌감이 좋고 화이트 와인은 유질감이 뛰어나고 열대 과일과 시트러스 계열의 과일 풍미가 인상적이다.

포도원의 유래

14세기 초대 소유주, 베리에 뒤 보스끄가 이 포도원 이름을 라피트 Lafitte라 지었으며 1720년에 스콧츠만 조지 스미스가 매입하여 자신의 이름인 스미스Smith를 덧붙여 오늘날 스미스 오 라피트Smith Haut Lafitte라는 이름을 갖게 되었다. 여기서 '오Haut'는 '지대가 높은' 의미다. 사실 이 포도원이 위치한 지대를 자세히 보면 봉긋하게 솟은 언덕에 있음을 알 수 있다. 그래서 언덕이라는 뜻의 라피트를 사용하게 된 것이다.

훌륭한 포도원과 더불어 바로 맞은편에 '여운의 샘'이라는 뜻의 '레 수르 드 꼬달리' 호텔을 운영하고 있는 다니엘 가족은 옛 역사를 이어가며 동시에 새로운 가치를 만들어 가는, 우리네 온고지신과 닮은 꼴이었다.

프랑스 〉 보르도

보르도 메독 지역의 크뤼 부르주와 와인

시중에 가 보면 보르도 메독 지역에서 생산된 와인들 중에 'Cru Bourgeois'라는 문구를 달고 있는 와인들이 종종 눈에 띈다. 이는 보르도 메독 지역 와인 중 그랑 크뤼 등급에 들지 못한 와인 중에서 선발된다. 하지만 2007년 빈티지 이전의 모든 크뤼 부르주와 와인들은 싹 잊어라! 2008년 빈티지부터 레이블에 '크뤼 부르주와'를 달고 나오는 와인이 진짜 크뤼 부르주와급 와인이다.

● 2006년 빈티지라서 법적 효력이 없는 크뤼 부르주와 와인

크뤼 부르주와는 2008년 빈티지부터

보르도 메독 지구에서 'Cru Bourgeois'라는 용어를 와인 레이블에 처음 사용한 시기는 1932년 이후다. 1차 세계대전으로 암울한 시장 경제에 활력을 불어 넣고자 도입된 등급 체계로 소규모 포도원들을 대상으로 선별이 이루어졌다. 1855년 메독 그랑 크뤼 등급에 선발되지는 못했지만 그다음으로 우수한 와인을 생산하는 포도원을 선발하자는 취지였다. 1932년 출범 당시 무려 444개의 포도원들이 이 등

급에 뽑혔다. 하지만 세월이 흐르면서 문제가 발생하기 시작한다. '크뤼 부르주와'라는 계급장을 달기 위해 포도원들의 로비활동이 심해졌다. 뿐만 아니라 품질에 대한 미 확신과 이로 인한 법적 분쟁이 발생했다. 마침내 2007년도에 프랑스 대법원이 크뤼 부르주와 체계에 철퇴를 가한다. 1932년부터 2007년까지 지정된 크뤼 부르주와급 포도원들을 모두 백지화시킨 것이다. 그 후 프랑스 농림부와 국무총리 법령에 의거하여 새로운 선발 기준이 마련되었는데 그 법령인 즉, 최소 18개월의 숙성을 마친 와인에 한해서 블라인드 테이스팅을 거쳐 품질이 인증된 와인에 한해서만 크뤼 부르주와 문구를 레이블에 달 수 있게 되었다. 이러한 법 개정 이후 2010년에 첫 공식 심사가 이루어졌고 2008년 빈티지를 대상으로 243개 와인들이 크뤼 부르주아 문구를 달게 되었다. 따라서 현재 시장에 유통되고 있는 '크뤼 부르주와' 와인들 중 2008년 빈티지부터 법적 효력이 인정된 와인이다. 하지만 이들의 등급 유효기간은 1년이다. 긴장의 끈을 놓으면 그 이듬해 심사 때 등급이 떨어지는 수모를 당할 수도 있다. 2011년에는 2009 빈티지를 대상으로 246개 포도원이 크뤼 부르주와 등급에 이름을 올렸고, 2012년도에는 2010 빈티지 260개 와인이 발탁되어 3번째 등급체계가 발표되었다. 그리고 2013년도 9월에는 2011 빈티지 와인들로 256개 크뤼 부르주와급 포도원들이 새로 개편되었다.

*참고 웹사이트 www.crus-bourgeois.com.

프랑스 〉 보르도

무등급, 무계급 와인

앞에서 설명했듯이 1855년에 있었던 메독 그랑 크뤼 선별에 들지 못했던 포도원들 중에서 품질이 우수한 와인을 다시 선발하여 '크뤼 부르주와'라는 명칭을 레이블에 표기토록 했다. 당시 이들 와인 중에서 9개가 특히 수려한 맛과 향으로 주목을 받았는데 이들 와인 레이블에는 '최고급'이라는 의미의 'Exceptionnel'를 덧붙여 '크뤼 부르주와 익셉셔널Cru Bourgeois Exceptionnel'이라는 명칭이 사용되었다. 빈티지가 좋은 해에는 탁월한 품질을 보여 실제 메독 그랑 크뤼 와인보다 구하기 어렵다. 때문에 진가를 알아보는 애호가는 자신의 와인 셀러에 몇 병씩 소장하고 있으며 겨울철 곶감 빼먹듯 하나씩 즐겨 마시는 와인이다.

●크뤼 부르주와 익셉셔널 포도원 9개

포도원	포도원 소재지
오-마르뷔제Ch. Haut-Marbuzet	생떼스테프
옴므 드 페즈Ch Les Ormes de Pez	생떼스테프
드 페즈Ch. de Pez	생떼스테프
펠랑-세귀르Ch. Phélan-Ségur	생떼스테프
뿌조Ch. Poujeaux	물리스
샤스 스플린Ch. Chasse Spleen	물리스
시랑Ch. Siran	마고
라베고르스-제데Ch. Labégorce-Zédé	마고
포텐삭Ch. Potensac	메독

●옴므 드 페즈

맛과 향이 좋아 애호가들의 총애를 받는 술! 그 비결은 오로지 품질에 있다. 하지만 2007년도에 크뤼 부르주와 등급체계가 전면 무효화되면서 이들 9개 와인도 법적 효력을 상실하게 되었다. 이 과정에서 더 이상 '크뤼 부르주와 익셉셔넬'이라는 문구를 레이블에서 찾아볼 수 없게 되었다. 혼탁한 등급 체계에 신물이 났던 이들은 크뤼 부르주와 등급 선발에 더 이상 참여하지 않겠다는 뜻을 밝혔고 2007 빈티지부터 생산되는 와인 레이블에서 크뤼 부르주와 문구를 자신 삭제해 버렸다. 무등급, 무계급 포도원을 표방하고 등급 체계의 신뢰성을 인정하지 않으며 품질에만 전념하는 포도원들이다.

이들 말고도 무등급, 무계급 와인이면서 품질이 뛰어난 와인을 생산하는 포도원 2개가 더 있다. 생줄리앙 지역의 글로리아Ch. Gloria와 오-메독 지역에 있는 소시앙도-말레Ch. Sociando-Mallet다. 이 두 와인은 1855년 메독 그랑 크뤼 등급에는 끼질 못했고 크뤼 부르주와 선발에는 아예 신청조차 하지 않았다. 와인 애호가들의 사랑을 받기에 충분한 이 11개 와인의 매력은 역시 '맛있는 술'이라는 점이다.

프랑스 〉 보르도

새로운 등급 체계의 등장, Liv-ex 2013 보르도

메독 그랑 크뤼 포도원들이 선별된 지 약 160년 세월이 흘렀다. 1855년 나폴레옹 3세의 명에 따라 파리 만국 박람회에 전시하게 될 우수 포도원들이 BBU[Bordeaux Brokers Union]에 의해 단 2주 만에 선별되었다는 사실은 웬만한 와인 애호가라면 익히 알고 있는 사실이다. 당시 거래되었던 와인 가격 순으로 보르도 좌안 지역, 그것도 메독 지역에 한정시켜 61개 포도원만을 뽑았고 이들을 다시 거래되었던 가격 순으로 1등급에서 5등급으로 분류한 등급 체계다.

하지만 1세기 하고도 반백 년이 넘는 세월이 흐르면서 '1855년 메독 그랑 크뤼' 체계에 수정이 가해져야 한다는 논란은 계속되어 왔다. 그 논란의 논지를 요약하면 다음과 같다.

첫째, 그 당시 거래되었던 와인 가격과 오늘날의 그것은 실제 많은 차이를 보인다.

둘째, '급조?'의 이미지와 '메독'이라는 한정된 지역에서 이루어진 선별이었다.

셋째, 오늘날 실제 거래되는 등급별 와인 가격이 등급 순과 일치하지 않는다.

새로운 등급 체계의 등장

위 같은 이유로 1855년 등급체계의 모순을 현실에 맞게 수정하려는 움직임이 있어 왔다. 그리고 2009년도에 '런던국제와인거래소 London International Vintners Exchange(이하 리벡스Liv-ex라 칭한다. 1999년 설립)'가 이러한 취지를 바탕으로 새로운 등급 체계를 처음으로 선보이게 된다. 그리고 2년 후인 2011년, 리벡스는 그동안의 축적된 거래가격 자료를 종합 평가하여 수정된 1855년 등급 체계를 발표했고, 2013년에는 가장 최근 버전인 'Liv-ex 2013 Bordeaux Classification'을 공개했다. 이는 곧바로 국제 와인 시장 가격에 영향을 미쳤고 자신의 영역을 침범당한 프랑스는 무척 당혹스러워했으며, 이는 영국과의 오랜 악연이 다시 시작된 것이나 다름없었다.

'리벡스 2013 보르도 등급 체계' 하이라이트

리벡스와 1855년 메독 등급을 비교해 보면 많은 변화가 감지된다. 이에 대한 요점은 조금 있다 간추려 보도록 하고 우선 리벡스 2013 버전에 대해 알아보자.

이 새로운 등급 체계는 1855년 메독 지역 그랑크뤼 등급에 선정된 와인들과 '뻬삭 레오냥' 지역의 우수한 포도원을 대상으로 5개년도(2007~2011년)의 평균 와인 거래 가격을 먼저 산출했고 여기에 다시 2012~2013년도의 평균 거래 가격을 반영시킨 결과, 시장에서 통용되는 실제 1 case 당 등급별 가격 기준과 이를 토대로 2013년 Liv-ex 보르도 등급을 다음과 같이 공개했다. 이는 2013년 2월 28일 부로 시장에 적용되고 있다.(1case = 12x75cl)

1등급(1st Growths): 최소 £2,600 ~ 그 이상

2등급(2nd Growths): £700 ~ £2,599

3등급(3rd Growths): £450 ~ £699

4등급(4th Growths): £320 ~ £449

5등급(5th Growths): £250 ~ £319

*상기 가격은 세금과 소비세가 포함되지 않았음.

그럼 하이라이트는 어떨까. 2011년 버전에서는 라피트 로쉴드가 1위를 차지했지만 2013년에는 '라뚜르'에게 1등을 내어주었고 무엇보다도 주목할 만한 점은 메독 지역이 아닌 뻬삭 레오냥 지역의 와인들이 등급에 새로이 진입했다는 것이다. 그 대표적인 포도원이 바로 '미시옹 오 브리옹Mission Haut Brion'이다. 2011년에 이어 2013년에도 순위 변화 없이 1등급에 랭크되었고 무똥 로쉴드, 라피트 로쉴드, 오 브리옹, 라뚜르, 샤또 마고와 더불어 보르도 최고의 와인 반열에 이름을 올렸다. 뿐만 아니라 '미시옹 오 브리옹'처럼 뻬삭 레오냥 지역에서 발탁된 와인들이 5개가 더 있는데 랭크된 순으로 보면 '빠쁘 클레망'과 '스미스 오 라피트'가 각각 17위, 18위로 2등급을 차지했고, '오바이'가 20위로 3등급, '도멘 슈발리에'는 34위로 4등급, 그리고 '말락틱 라그라비에르'가 44위로 5등급에 들었다.

또한 1855년 메독 지역 등급 선발 시, 제외되었던 '오 마르뷔제'와

포도원	평균 거래 가격	Liv-ex 2013 순위	Liv-ex등급	1855년 등급
Latour	7,060	1	1st	1st
Lafite-Rothschild	6,760	2	1st	1st
Margaux	4,777	3	1st	1st
*Mouton Rothschild	4,465	4	1st	2st
Haut-Brion	4,370	5	1st	1st
Mission Haut-Brion	3,325	6	1st	없음
Palmer	1,787	7	2nd	3rd
Cos d'Estournel	1,413	8	2nd	2nd
Leoville-Las Cases	1,346	9	2nd	2nd
Ducru-Beaucaillou	1,236	10	2nd	2nd
Montrose	1,125	11	2nd	2nd
Pontet-Canet	987	12	2nd	5th
Pichon-Longueville-Baron	971	13	2nd	2nd
Pichon-Longueville-Lalande	929	14	2nd	2nd
Lynch-Bages	874	15	2nd	5th
Leoville-Poyferre	806	16	2nd	2nd
Pape Clement	737	17	2nd	없음
Smith-Haut-Lafitte	708	18	2nd	없음
Duhart Milon	695	19	3rd	4th
Haut Bailly	677	20	3rd	없음
Rausan-Segla	601	21	3rd	2nd
Calon-Segur	567	22	3rd	3rd
Beychevelle	564	23	3rd	4th
Leoville-Barton	543	24	3rd	2nd
Lascombes	531	25	3rd	2nd
Saint-Pierre	463	26	3rd	4th
Malescot Saint-Exupery	454	27	4th	3rd
Brane-Cantenac	432	28	4th	2nd
Gruaud-Larose	431	29	4th	2nd
Grand-Puy-Lacoste	429	30	4th	5th

Kirwan	415	31	4th	3rd
Clerc-Milon	414	32	4th	5th
Boyd-Cantenac	413	33	4th	3rd
Domaine Chevalier	386	34	4th	없음
Issan	386	35	4th	3rd
Branaire-Ducru	375	36	4th	4th
Cantenac-Brown	369	37	4th	3rd
Lagune	368	38	4th	3rd
Talbot	358	39	4th	4th
Langoa-Barton	354	40	4th	3rd
Giscours	348	41	4th	3rd
Rauzan-Gassies	344	42	4th	2nd
Armailhac	321	43	4th	5th
Malartic Lagraviere	319	44	5th	없음
Durfort-Vivens	317	45	5th	2nd
Lagrange	315	46	5th	3rd
Prieure-Lichine	306	47	5th	4th
Grand-Puy-Ducasse	299	48	5th	5th
Ferriere	295	49	5th	3rd
Marquis-de-Terme	287	50	5th	4th
Croizet-Bages	283	51	5th	5th
Batailley	280	52	5th	5th
Haut Marbuzet	278	53	5th	없음
Marquis d'Alesme-Becker	276	54	5th	3rd
Lafon-Rochet	268	55	5th	4th
Dauzac	262	56	5th	5th
Haut-Bages-Liberal	260	57	5th	5th
Tour Carnet	259	58	5th	4th
Haut-Batailley	256	59	5th	5th
Gloria	253	60	5th	없음

*무똥 로쉴드는 1973년에 2^{nd}에서 1^{st}로 승급

'글로리아' 포도원이 각각 53위와 60위를 기록하면서 5등급 와인으로 선발되었는데 익히 오래전부터 좋은 품질로 많은 사랑을 받아 왔던 술이었다.

반면에 1855년 매독 지역 등급 선발에서는 발탁이 되었으나, 리벡스 2013 버전에서는 제외된 포도원들도 있다. 3등급이었던 데스미라일Desmirail, 4등급 뿌제 깡뜨냑Pouget Cantenac, 5등급 랭쉬 무싸스Lynch-Moussas, 떼르트르Tertre, 페데스끌로Pedesclaux, 벨그라브Belgrave, 까망삭Camensac, 꼬스 라보리Cos-Labory, 마지막으로 깡뜨메를Cantemerle 포도원이 그렇다. 이 9개 와인에 대한 추억이 있는 사람들과 해당 포도원 소유주들에게는 씁쓸한 일이겠으나 현재 거래되는 국제 와인 시세를 고려해 내려진 평가이므로 이는 냉혹한 '시장의 원리'다. 따라서 리벡스 버전의 발표로 등급에 새로이 진입한 와인들의 시장 수요는 증가했고 찬밥 신세가 된 포도원들은 가격 하락의 쓴맛을 봐야만 했다.

새로운 체계나 시스템의 도입은 분명 누군가에게 '독'이 될 수도 있지만 또 어떤 이에게는 '득'이 된다. 다음 소개되는 12개 포도원이 그러한데 2011년에 비해 2013년 버전에서는 순위가 더욱 상승했다. 그 대표적인 와인이 '보이드 깡드냑'과 '뒤포르 비방'으로 무려 10계단씩이나 올라 각각 33위와 45위를 차지했다. 나머지 10개는 다음과 같다. 스미스 오 라피트, 생 피에르, 키르완, 그뤼오 라로즈, 마르퀴스 떼름, 로장 가시, 그랑 퓌 뒤까스, 퐁떼 까네, 피숑 렁그빌 바롱, 마지막으로 브란 깡뜨냑이다.

그리고 등급이 크게 오른 와인도 있다. 1855년 메독 등급에서 둘 다 5등급을 받았지만 리벡스 2013에서는 수직 상승하여 2등급에 랭크되어진 와인인데 '퐁떼 까네'와 '랭쉬 바쥬'를 기억해 두자.

부르고뉴 와인에 눈을 뜨자

한 학생이 부르고뉴 지방의 와인 두 종류를 내민다. 루이 자도Louis Jadot가 만든 술이다.

● 1번

● 2번

학생 : 두 와인 중 어느 것이 더 품질이 좋은가요?

고샘 : 당연히 1번이지

학생 : 1번에 적힌 '끌로 생 작크Clos Saint Jacques'는 무슨 뜻이죠?

고샘 : 포도밭 이름이야. 밑에 보면 작은 글씨로 적힌 1er cru(프르미에 크뤼)가 보이지? '1급 포도밭'인 '끌로 생 작크'에서 재배된 포도를 사용했다는 뜻이야.

학생 : 1급이니깐 꽤 좋은 포도밭이군요!

고샘 : 그렇지, 그랑 크뤼Grand Cru(특급 포도밭) 다음으로 좋아!

학생 : 그럼, '쥬브레 샹베르땡Gevrey Chambertin'은 마을 이름인가요?

고샘 : 응, 1번 와인은 쥬브레 샹베르땡 마을에 있는 포도밭 중에서 '끌로 생 작크'라는 포도밭에서만 수확한 포도로 만든 와

인이란다. 싱글 빈야드 와인이지. 보편적으로 단일 포도밭에서 수확 포도로 만든 와인이 고품질이야.

학생 : 레이블만 보고 '포도밭 이름'과 '마을 이름'을 어떻게 구분할 수 있나요?

고샘 : 일단, '1[er] cru' 또는 'Grand cru' 문구의 유무를 확인해 봐야지. 이런 문구 없이 표기된 단어들은 모두 '지명'이야. 마을 이름, 혹은 지역 명칭이거든.

학생 : 이제 알겠다. 2번 와인은 특정 포도밭 이름이 없으니깐 쥬브레 샹베르땡 마을에 있는 여러 포도밭에서 수확한 포도를 혼합해서 만들었군요.

고샘 : 빨리 알아듣는군! 반면에 1번은 '단일 포도밭'에서 재배된 포도를 사용했지.

학생 : 그럼 품질과 가격은 1번이 더 높겠네요.그런데 레이블을 보면 Louis Jadot라고 적혀 있는데, 왜 다시 밑에 'Domaine Louis Jadot'를 한 번 더 표기했을까요?

고샘 : '도멘Domaine'이란 뜻은 자가 포도밭이라는 뜻이야! 즉, '끌로 생 작크'라는 포도밭이 '루이 자도'라는 회사의 소유라는 말이지! "저희 포도밭에서 직접 키운 포도로 만들었습니다. 그래서 품질과 순도가 뛰어납니다"라는 메시지를 담고 있는 거야!

학생 : 아…. 그래서 2번 레이블에는 도멘이라는 문구를 적지 않는구나! 자기 포도밭이 아닌 다른 사람이 지어 놓은 포도를 사다가 만들었다는 뜻이네요.

고샘 : 너, 소질이 있구나. 와인 한번 해 볼래? 나이도 어리고 코도

쌩쌩하겠네! 로버트 파커도 변호사 하다가 30세 넘어서 와인을 시작했다고 하던데….

학생: 저는 그냥 마실래요. 취미 정도로…. 마지막 질문입니다. 이 레이블은 뭔가요? 이 와인도 '끌로 생 작크'라고 되어 있는데… 루이 자도 회사와는 다르고….

고샘 : '끌로 생 작크'라는 1급 포도밭에는 여러 명의 소유주가 있다는 걸 암시하는 게야! '실비에 에스모냉'이라는 회사도 끌로 생 작크 포도밭의 일정부분을 소유하고 있다는 뜻이지!

학생 : 아, 어려워…. 그럼 두 회사 말고 다른 회사들도 그 포도밭의 일부를 소유하고 있나요?

고샘 : 소유주가 정확히 몇 명인지는 모르지만 더 있어.

학생 : 그래서 부르고뉴 와인은 같은 포도밭이라도 생산자에 따라 그 맛과 향이 다르구나! 끌로 생 작크 와인만 모조리 사 먹어봐야겠다!

고샘 : 부르고뉴 와인은 그렇게 하면 되지. 하지만 돈 무지 들어간다.

프랑스 〉 부르고뉴

등급보다 생산자를 우선시하는 부르고뉴 와인

●1번

●2번

두 와인을 설명하기에 앞서, BMW사의 엔트리급과 국내 모 자동차 회사의 그것을 비교하여 생각해 보면 이해가 쉽겠다. 경우에 따라서 BMW사의 엔트리급 가격은 국내 고급 승용차와 맞먹을 수도 있다는 얘기다. 두 와인을 살펴보자. 1, 2번 둘 다 부르고뉴 지방 단위급 와인으로 각 회사의 엔트리급이다. 2번 '르루아Leroy'는 10~15만 원 선이고, 1번 루이 자도사의 부르고뉴는 대략 3만 원 선이다. 맛도 3배 이상 차이 날지는 장담 못하지만 분명 질적 차이는 존재한다. 왜 그럴까? 르루아는 BMW처럼 특급 생산자이기 때문이다. 이들이 쓰는 포도의 품질도 타 회사보다 좋은 것을 쓰며 작은 것 하나에도 세심한 관리를 통해 품질의 차이를 만들어 낸다. 같은 이름의 부르고뉴 와인이지만 유명 생산자의 그것이 더 비싸고 품질이 좋다는 인식은 오랜 히스토리를 바탕으로 이루어진 신뢰의 결과물이자 브랜드 파워다.

부르고뉴의 특급 도멘

부르고뉴 와인은 사용된 '포도의 출처'에 따라 가격과 품질이 매겨지는 게 일반적이다. 지방(地方) < 지구(地區) < 리(里) < 전(田) < 1급 포도밭 < 그랑 크뤼 포도밭 순으로 등급 체계가 이뤄져 있으며 오른쪽으로 갈수록 사용된 포도의 지리적 경계가 좁아지며 그럴수록 상급와인에 속한다. 여기저기 섞어서 만든 와인보다 한 구획에서 재배된 포도로 만들면 개성이 뚜렷하고 순도가 높아지는 게 와인이다. 하지만 이런 규칙이 통하지 않는 와인들도 있다. '부르고뉴'라고 쓰인 와인도 특급 도멘이 만들면 일반 생산자보다 비싸다. 이들의 와인은 생산량도 적고 품질이 우수해서 맛과 향에 할증료 혹은 프리미엄이 붙는다고 보면 된다.

대개 초심자들은 부르고뉴 와인을 고를 때 '등급'에 포커스를 두지만 애호가들은 '도멘' 즉 생산자에 중점을 두고 와인을 선택한다. 다시 말해 부르고뉴 와인의 핵심은 '각 마을에서 누가 가장 와인을 잘 만드는가?'이다. 주요 마을(5개)별로 와인을 맛있게 만드는 생산자들의 이름을 정리해두었다.

좋은 부르고뉴 와인을 구입하려면 반드시 주요 마을 이름과 유명 생산자명을 레이블에서 확인해야 한다.

부르고뉴 피노 누아 와인 선택법

부르고뉴 지방에서 피노 누아 와인으로 가장 유명한 지역은 맨 위에 자리한 꼬뜨 드 뉘Cote de Nuits다. 이 지역에는 피노 누아 품종을 주력으로 고급 와인을 생산하는 마을들이 있는데 그중 5개 마을이 최고다.

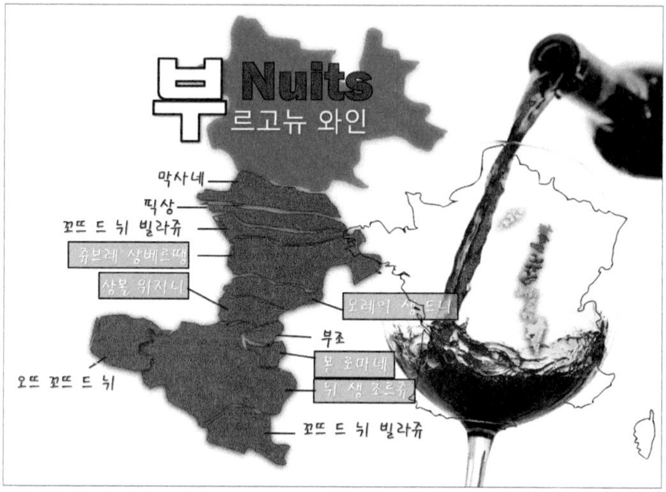

- 지브레 샹베르땡Gevrey-Chambertin
- 모레이 생 드니Morey-Saint-Denis
- 샹볼 뮈지니Chambolle-Musigny
- 본 로마네Vosne-Romanee
- 뉘 생 조르쥬Nuits-Saint-Georges

이 5개 마을 각각에 터를 두고 와인을 만들어오고 있는 유명 생산자들을 소개한다.

지브레 샹베르땡

아르망 후소 Armand Rousseau
드니 모르떼 Denis Mortet
끌로드 뒤가 Claude Dugat
베르나르 뒤가피 Bernard Dugat Py
도멘 페블레 Domaine Faiveley
페로 미노 Perrot-Minot
위베르 리니에 Hubert Lignier
올리비에 번스테인 Olivier Bernstein
트라페 Trapet
뒤작 Dujac
필립 파칼레 Philippe Pacalet
필립 샤를로팽 Phillippe Charlopin
미쉘 마니앙 Michel Magnian
도멘 아를로 Domaine Arlaud
장 페리 에피스 Jean Fery & Fils
장 뤽 에릭뷔궤 Jean-Luc & Eric Burguet
도멘 브루노 클레어 Domaine Bruno Clair
로시뇰 트라페 Rossignol Trapet
도멘 푸리에 Domaine Fourrier

모레이 생 드니

위베르 리니에 Hubert Lignier
뒤작 Dujac
페로 미노 Perrot-Minot
필립 샤를로팽 Phillippe Charlopin
미쉘 마니앙 Michel Magnian
도멘 아를로 Domaine Arlaud
다비드 뒤방 David duband
장 페리 에피스 Jean Fery & Fils
도멘 페블레 Domaine Faiveley
도멘 푸리에 Domaine Fourrier

샹볼 뮈지니

조르쥬 루미에 G. Roumier
조르쥬 드 보귀에 Georges de Vogue
로버트 그로피에 Robert GROFFIER
도멘 페블레 Domaine Faiveley
위베르 리니에 Hubert Lignier
뒤작 Dujac
페로 미노 Perrot-Minot
필립 파칼레 Philippe Pacalet
필립 샤를로팽 Phillippe Charlopin
장 그리보 Jean Grivot
미쉘 마니앙 Michel Magnian
루씨앙 르 므앙 Lucien Le Moine
다비드 뒤방 David duband
장 자크 꽁퓌홍 Jean Jacques Confuron
도멘 브루노 클레어 Domaine Bruno Clair
로시뇰 트라페 Rossignol Trapet
도멘 푸리에 Domaine Fourrier

본 로마네

에이 에프 그로 A.F. Gros
디.알.씨. DRC
르 로이 Le Roy
프리외르 호슈(호크) Prieure Roch
미쉘 그로 Michel Gros
리제 벨에르 Liger Belair
엠마누엘 후제 Emmanuel Rouget
메오 까뮈제 Meo Camuzet
장 그리보 Jean Grivot
도멘 유제니 Domaine d'Eugenie
도멘 페블레 Domaine Faiveley
필립 샤를로팽 Phillippe Charlopin
미쉘 마니앙 Michel Magnian
루씨앙 르 므앙 Lucien Le Moine
다비드 뒤방 David duband
장 페리 에피스 Jean Fery & Fils
장 자크 꽁퓌홍 Jean Jacques Confuron
뒤작 Dujac
페로 미노 Perrot-Minot
필립 파칼레 Philippe Pacalet
도멘 실뱅 까띠아르 Domaine Sylvain Cathiard

뉘 생 조르쥬

페로 미노 Perrot-Minot
필립 파칼레 Philippe Pacalet
필립 샤를로팽 Phillippe Charlopin
장 그리보 Jean Grivot
루씨앙 르 므앙 Lucien Le Moine
다비드 뒤방 David duband
장 페리 에피스 Jean Fery & Fils
도멘 페블레 Domaine Faiveley
장 자크 꽁퓌홍 Jean Jacques Confuron

이 외에도 유명 생산자가 더 있긴 하지만 이 정도면 멋진 부르고뉴 와인 한 병을 구입하는 데 손색이 없으리라 본다. 참고로 마을마다 유명 생산자들의 이름이 겹치는 것을 볼 수 있을 것이다. 이는 각 생산자들이 각각의 마을에 자신의 포도밭을 소유하고 있거나 혹은 각각의 마을에서 포도를 사들여 와인을 만들기 때문이다. 이런 현상은 5개 마을이 얼마나 중요한 명산지인가를 말해주는 것이다.

마지막으로 각 마을별 그랑 크뤼 포도밭과 프르미에 크뤼(1er Cru) 포도밭 이름을 정리해두었다. 같은 생산자의 와인일 경우 레이블에 포도밭 이름이 표기되어 있는 와인이 없는 것보다 품질이 우수하다.

마을별 그랑 크뤼와 프르미에 크뤼 포도밭 개수, 그리고 이름

지브레 샹베르땡

프르미에 크뤼 포도밭 26개

라 보시에르 La Bossière
라 로마네 La Romanée
쁘와스노 Poissenot
샹뽀 Champeaux
벨 에르 Bel Air
이사르 Issarts
크레피요 Craipillot
끌로 프리외 Clos Prieur
라 페리에르 La Perrière
오 끌로소 Au Closeau
레 꼬르보 Les Corbeaux
퐁뜨니 Fonteny
샹포네 Champonnet
끌로 생 작크 Clos Saint Jaques
쁘띠 까제띠에 Petits Cazetiers
꽁브 오무앙 Combe au Moine
레 굴로 Les Goulots
오 꽁보뜨 Aux Combottes
쉐르보드 Cherbaudes
쁘띠뜨 샤펠 Petite Chapelle
엉 에르고 En Ergot
레 까제띠에 Les Cazetiers
에스뚜렐 생작크 Estournelles-Saint-Jacques
끌로 데 바루이으 Clos des Varoilles
라보 생작크 Lavaut Saint-Jacques
끌로 뒤 샤피트르 Clos du Chapitre

그랑 크뤼 포도밭 9개

샹베르땡 Chambertin
샹베르땡 끌로드 베제 Chambertin-Clos-de-Beze
샤름 샹베르땡 Charmes-Chambertin
마조이예르 샹베르땡 Mazoyeres-Chambertin
샤펠 샹베르땡 Chapelle-Chambertin
그리오뜨 샹베르땡 Griotte-Chambertin
라트리시에르 샹베르땡 Latricieres-Chambertin
마지 샹베르뗑 Mazis-Chambertin
뤼쇼뜨 샹베르땡 Ruchottes-Chambertin

모레이 생 드니

프르미에 크뤼 포도밭 20개

레 즈나브리에르 Les Genavrières
몽 뤼상 Monts Luisants
레 샤포 Les Chaffots
끌로 볼레 Clos Baulet
레 블랑샤르 Les Blanchards
레 그뤼앙쉐 Les Gruenchers
라 리오뜨 La Riotte
레 밀랑드 Les Millandes
레 파코니에르 Les Faconnières
레 샤리에르 Les Charrières
끌로 데 오름 Clos des Ormes
오 샤름 Aux Charmes
오 슈소 Aux Cheseaux
레 슈네브리 Les Chenevery
르 빌라쥬 Le Village
레 소르베 Les Sorbès
끌로 소르베 Clos Sorbé
라 뷔시에르 La Bussière
레 뤼쇼 Les Ruchots
꼬뜨 로띠 Côte Rôtie

그랑 크뤼 포도밭 5개

끌로 드 따르 Clos de Tart
끌로 드 라호슈 Clos de la Roche
끌로 생 드니 Clos Saint Denis
끌로 데 랑브레 Clos des Lambrays
본 마르 Bonnes Mares

본 로마네

프르미에 크뤼 포도밭 14개

레 보몽 Les Beaux Monts
레 쉬쇼 Les Suchots
오 브휠레 Aux Brûlées
라 크와 하모 La Croix Rameau
끌로 데 헤아 Clos des Réas
레 고디쇼 Les Gaudichots
레 숌므 Les Chaumes
오 말꽁소르 Aux Malconsorts
오-드쉬 데말꽁소르
Au-dessus des Malconsorts
크로 파랑투 Cros Parantoux
오 헤뇨 Aux Reignots
레 쁘띠 몽 Les Petits Monts
레 후즈 Les Rouges
앙 오르보 En Orveaux

그랑 크뤼 포도밭 8개

로마네 꽁띠 Romanee-Conti
라 로마네 La Romanee
로마네 생 비방 Romanee Saint Vivant
라 따슈 La Tache
라 그랑 휘 La Grand Rue
리쉬부르그 Richebourg
그랑 에세죠 Grand Echezeaux
에세죠 Echezeaux

샹볼 뮈지니

프르미에 크뤼 포도밭 25개

레 베로이으 Les Véroilles
레 성띠에 Les Sentiers
레 보드 Les Baudes
레 누와로 Les Noirots
레 라브로뜨 Les Lavrottes
레 휘에 Les Fuées
레 그랑뮈르 Les Grands Murs
오 보 브랭 Aux Beaux Bruns
오 에샹쥬 Aux Echanges
레 샤름 Les Charmes
레 플랑뜨 Les Plantes
오 꽁보뜨 Aux Combottes
데리에르 라그랑쥬 Derrière la Grange
레 그뤼앙쉐 Les Gruenchers
레 그로세이으 Les Groseilles
레 꽁보뜨 Les Combottes
레 회슬로뜨 Les Feusselottes
레 샤뜰로 Les Chatelots
레 크라 Les Cras
레 까리에르 Les Carrières
레 샤비오 Les Chabiots
레 자뮤레즈 Les Amoureuses
레 보르니끄 Les Borniques
레 조드와 Les Hauts Doix
라 꽁브 도르보 La Combe d'Orveau

그랑 크뤼 포도밭 2개

뮈지니 Musigny
본 마르 Bonnes Mares

뉘 생 조르쥬

프르미에 크뤼 포도밭 41개

오 샹프 페드릭 Aux Champs Perdrix
엉 라페리에르 노블로 En la Perrière Noblot
레 다모드 Les Damodes
오 부도 Aux Boudots
오 크라 Aux Cras
라 리슈몬 La Richemone
오 뮈제르 Aux Murgers
오 비네홍드 Aux Vignerondes
오 쉐노 Aux Chaignots
오 또레 Aux Thorey
오 아르길라 Aux Argillas
오 부셀로 Aux Bousselots
레 페리에르 Les Perrières
레 오프뤼리에 Les Hauts Pruliers
샤또 그리 Château Gris
레 크로 Les Crots
휘 드 쇼 Rue de Chaux
레 프록세 Les Procès
레 프뤼리에 Les Pruliers
홍시에르 Roncière
레 생조르주 Les Saint-Georges
레 까이으 Les Cailles
레 포르 생조르주 Les Porrets Saint-Georges
끌로 데 포르 생 조르주
Clos des Porrets Saint-Georges
레 발레로 Les Vallerots
레 풀레뜨 Les Poulettes
레 샤뵈프 Les Chaboeufs
레 보크랭 Les Vaucrains
쉔느 까르또Chaine Carteaux
끌로 데 그랑 드 빈뉴
Clos des Grandes Vignes
끌로 드 라 마레샬 Clos de la Marechale
끌로 아를로 Clos Arlot
레 떼레 블랑슈 Les Terres Blanches
레 디디에 Les Didiers
끌로 데 포레 생 조르쥬
Clos des Forets Saint-Georges
오 페르디 Aux Perdrix
끌로 데 꼬르베 Clos des Corvees
끌로 데 꼬르베 파제 Clos des Corvees Pagets
끌로 생 마크 Clos Saint-Marc
레 아질리에르 Les Argillieres
끌로 데 아질리에르 Clos des Argillieres

※뉘 생 조르쥬 마을에는 그랑 크뤼 포도밭이 지정되어 있지 않다.

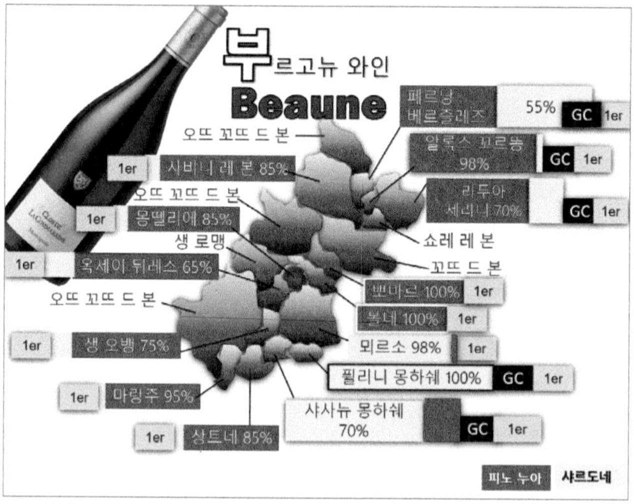

●본(Beaune)지역 유명 마을과 피노 누아, 샤르도네 생산 비율

프랑스 〉 부르고뉴

부르고뉴 와인의 레이블 정보

과연 와인이 인간에게 그 맛과 향기로만 감동을 줄 수 있을까? 만약 그럴 수 있다면 그 와인은 아마 부르고뉴 와인이 아닐까 한다! 피노 누와의 정수를 맛보기 위해 일단 디종Dijon이라는 도시에 숙소를 정하고 지도를 펼쳐 보면 마치 굴비 엮듯이 줄줄이 달려 있는 마을들이 한눈에 들어온다. 마을 초입에 들어서면 양조장들이 옹기종기 모여 있고 그 뒤편으로 나 있는 언덕 위로 포도밭들이 펼쳐진다. 피노 누와의 천국, 8개 마을! 막사네, 픽생, 쥬브레 샹베르땡, 모레이 생 드니, 샹볼 뮈지니, 부조, 본 로마네, 뉘 생 조르쥐…. 이 중 '쥬브레 샹베르땡' 와인은 체리와 딸기 향이 진하고 싱싱한 맛이 좋아 다른 마을의 와인을 가늠할 수 있는 표본이며 '잣대'이기도 하다. 와인이름은 수확된 포도의 원산지명을 레이블에 사용하는데 다음 루이자도사의 레이블은 흥미로운 점을 시사하며 부르고뉴 와인을 이해하는데 길잡이가 될 것이다.

● 1번 쥬브레 샹베르땡

마을 이름을 딴 쥬브레 샹베르땡 와인이다. 쥬브레 샹베르땡 마을에는 많은 포도밭들이 있는데 그 포도밭들 중에서 다른 사람이 농사지어 놓은 포도를 사다가 루이 자도의 양조기술로 만든 술이다. 즉, 자신 소유의 포도밭이 아닌 다른 포도밭의 피노 누와를 구입해 루이 자도가 생산한 술이다. 그럼 자신의 포도밭에서 재배한 포도로 만든 와인은 레이블에 어떤 표기를 할까? 천천히 읽어 내려가면 해답이 보일 것이다.

●2번 쥬브레 샹베르땡 프르미에 크뤼

2번 와인은 1번보다 품질이 우수하고 가격도 높다. 왜냐면, 쥬브레 샹베르땡 마을에 있는 포도밭들 중, 1등급 포도밭1er Cru에서 재배된 포도만 사용했기 때문이다. 하지만 중요한 점은, 1등급 포도밭 이름이 구체적으로 적혀 있지 않으므로 여러 개의 1등급 포도밭들 포도를 혼용해서 만들었을 수도 있다. 다음 레이블을 보자.

●3번 쥬브레 샹베르땡 쁘띠뜨 샤펠 프르미에 크뤼

같은 빈티지라고 가정할 때, 3번은 1, 2번 와인보다 가격과 품질 면에서 상급이다. 쥬브레 샹베르땡 마을에 있는 1등급 포도밭들 중에서 오직 '쁘띠뜨 샤펠Petite Chapelle'의 포도만을 사용했다는 뜻으로 '단일 포도밭' 와인이다. 따라서 앞의 두 와인보다는 순도가 높다. 하지만 이 와인도 무언가를 숨기고 있다.

●4번 쥬브레 샹베르땡 라보-생-작크 프르미에 크뤼

4번 레이블이 말해 준다. 3번 와인에 명기된 '쁘띠뜨 샤펠' 포도밭은 루이 자도사 자신의 포도밭이 아니다. 하지만 4번, 이 녀석은 다르다. 1~3번에서는 찾아볼 수 없는 문구 '도멘Domaine'이라는 단어가 붙어 있는데 이는 자신이 소유한 포도밭(라보-생-작크)에서 재배된 포도를 사용했다는 의미로 품질의 '신뢰'를 뜻한다. 남의 손에 맡기지 않고 포도 재배에서 양조까지 주인이 직접 애정을 쏟아 만든 와인이라는 것! 따라서 4번이 루이 자도의 진짜배기 와인이다. 다른 세 개 와인이 가짜라는 뜻은 아니다. 다만 'Domaine'이라는 표기가 없으면 '자신의 기술로 생산했다는 것 뿐'이지 '포도는 남의 것을 쓴다. 1~4번 모두 '쥬브레 샹베르땡'이라고 적혀 있지만 이런 이유로 가격과 품질에 있어 천차만별이다. 부르고뉴 지방의 다른 마을들도 이와 똑같다. 비단 루이 자도뿐만 아니라 다른 회사들도 이런 방식으로 와인을 만들고 있다.

'도멘' 표기의 유무를 확인하자

앞에 언급된 '도멘'이라는 용어에 대해 한 번 더 살펴보자. 자기 포도밭과 양조 설비를 가지고 와인을 만드는 회사를 '도멘'이라고 한다. 부르고뉴 와인에 있어서 '도멘'이 갖는 의미는 중요하다. '내가 내 땅에서 직접 재배한 포도를 사용했느냐 아니냐'는 와인 품질과 가격에 직결되기 때문이다. 부르고뉴의 유명 와인 생산자 '메오 까뮈제'

를 그 예로 들어본다.

'도멘'이라는 글귀가 쓰여 있으므로 진짜배기 메오 까뮈제 와인이다. 본 로마네Vosne-Romanee 마을에 있는 1등급 포도밭인 레 쇼메Les Chaumes라는 자신의 포도밭에서 직접 재배한 포도로 빚은 술이다.

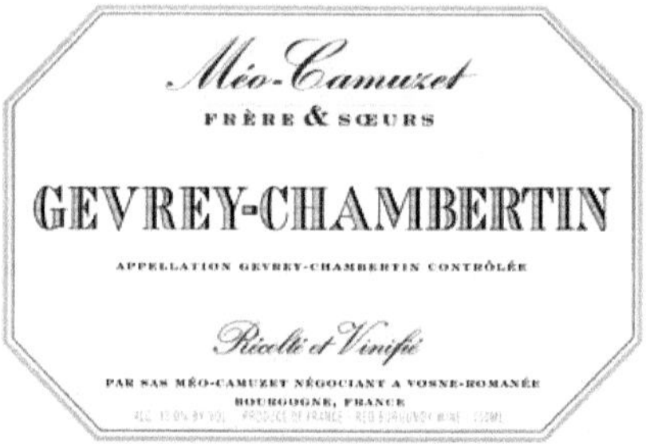

하지만 상기 레이블은 Domaine이라는 문구 없이 그냥, 'Meo camuzet'라고만 표기되어 있다. 메오 까뮈제가 직접 재배한 포도를 사용한게 아니라 다른 사람에게서 포도를 구입했거나 타인이 농사지어 놓은 포도를 수확만 하여 자신의 양조 기술로 만들었다는 의미를 담고 있다. 포도의 출처는 쥬브레 샹베르땡 동네에서 재배된 포도를 사용하였다.

마찬가지로 이 레이블도 도멘 표기가 없다. 상기 두 레이블처럼 마을 단위급 와인도 아니다. 부르고뉴 지방 내 여러 지역의 포도를 혼용하여 만들었다. 따라서 상기 와인들의 품질 순서는, '레 쇼메' 와인이 가장 좋고, '쥬브레 샹베르땡'은 두 번째 품질, 그리고 '부르고뉴'라고 적힌 이 와인이 제일 하위급이다.

샤또 vs 포도밭

보르도 지방은 1인 소유의 '샤또(포도밭, 양조장, 거주 공간이 한데 모여 있음)' 형태이나 부르고뉴는 모든 것이 따로 논다. 포도밭은 포도밭대로 몰려 있고 양조장과 거주 공간은 인근 외곽지역에 별도로 위치한다. 게다가 한 포도밭을 여러 사람들이 분할 소유하고 있는데 심지어 소유주가 수십 명에 달하는 포도밭도 있다. 또 하나의 가장 큰 차이점은 보르도는 '샤또'에 그랑 크뤼Grand cru 용어를 부여하지만 부르고뉴는 '포도밭'에 그 단어를 사용한다.

모노폴

이씨

박씨

김씨

최씨

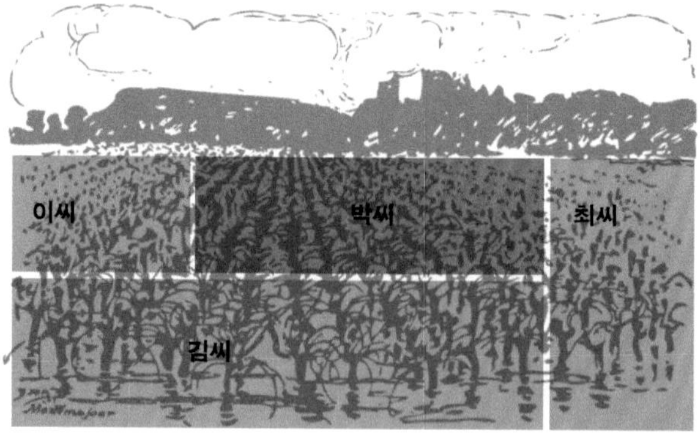

●샹베르땡 포도밭과 그 생산와인들

쉬운 예를 들어본다. '샹베르땡chambertin'은 쥬브레 샹베르땡 마을에 있는 포도밭 명칭이자 와인 이름인데 레이블에 적혀 있듯이 '그랑 크뤼'로 지정된 포도밭이다. 그리고 이 포도밭은 김, 이, 박, 최 씨가 공동 소유로 되어 있어 네 종류의 샹베르땡 와인이 생산되는데, 같은 포도밭의 동일한 품종이라도 생산자가 달라지면 그 맛과 향뿐만 아니라 가격도 천양지차다. 따라서 "나 어제 샹베르땡 와인 마셨어"라고 누군가가 말한다면, "누가 만들었어? 이씨 샹베르땡? 김씨 샹베르땡?" 이렇게 되물어보자.

재미있는 가정을 하나 더 해 보자! 만약 김씨가 나머지 세 사람으로부터 샹베르땡 포도밭의 지분을 모두 사들였다고 한다면, 오로지 '김씨 샹베르땡' 와인만 생산될 것이다. 이런 경우 레이블에 '모노폴'이라는 문구를 표기한다. 영어의 monopoly(독점)에 해당하는 프랑스어로, 포도밭 소유주가 한 명뿐이라는 것을 알리기 위함이다.

프랑스 〉 부르고뉴

꼬뜨 도르 지역의 빌라쥐 와인

부르고뉴 와인의 핵심 지역은 꼬뜨 드 뉘Côte de Nuits와 꼬뜨 드 본Côte de Beaune이다. 이 두 지역을 합쳐 꼬뜨 도르Côte d'Or라고 한다. 일명 황금의 언덕이라고 부를 정도니 이 지역에서 생산되는 와인의 품질과 가치를 단적으로 대변하는 말이라 하겠다. 그만큼 고품질의 피노 누와 와인들이 몰려 있는 곳이지만 가격이 워낙 높아서 금전적으로 희생이 크다. 그래서 꼬뜨 드 뉘 빌라쥐Côte de Nuits villages 와인과 꼬뜨 드 본 빌라쥐Côte de Beaune-Villages 와인을 대안으로 추천한다.

꼬뜨 드 뉘 빌라쥐

꼬뜨 도르와 같은 지리적 위치에서 동일한 품종으로 생산되는데 우선 Côte de Nuits villages라는 명칭을 레이블에 달려면 다음과 같은 조건을 만족시켜야 한다. 꼬뜨 드 뉘 지역에 있는 유명 마을 9개를 제외한 그 나머지 지역에서 재배된 포도를 사용하면 된다. 그 아홉 개 지역은 마르사네Marsannay, 픽생Fixin, 쥬브레 샹베르땡Gevrey-Chambertin, 모레이 생 드니Morey-St-Denis, 샹볼 뮈지니Chambolle-Musigny, 부조Vougeot, 플라게 에세조Flagey-Echézeaux, 본 로마네Vosne-Romanée, 그리고 뉘 생

조르쥐Nuits-St-Georges다. 이 지역은 각자의 이름으로 와인이 생산되는데 (단, 플라게 에세조는 '본 로마네'이름으로 생산) 그 지역만의 떼루아적 요소를 와인에 최대한 살리기 위함이다. 좀 더 정확히 말해서 꼬뜨 드 뉘 빌라쥐라고 표기되는 와인의 구체적인 포도의 원산지는 픽생과 브로숑brochon의 북쪽지역, 프레모-프리시Premeaux-Prissey, 꽁블랑시엥Comblanchien, 꼬르골랭Corgoloin이다.

꼬뜨 드 본 빌라쥐

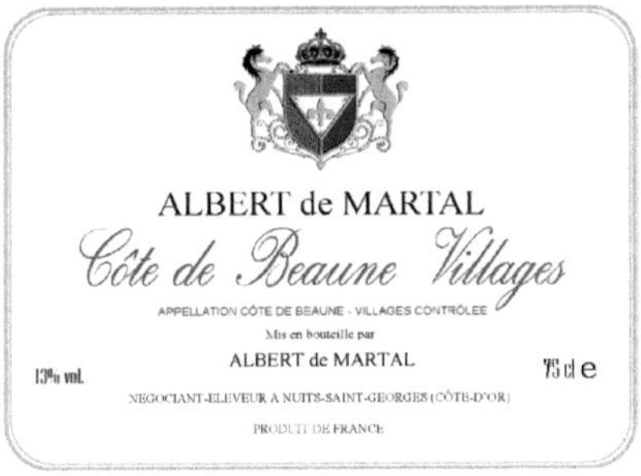

이 와인에 사용되는 포도의 원산지 규정은 다음과 같다. 꼬뜨 드 본 지역은 총 17개 마을에서 포도를 재배하는데 페르낭 베르즐레스Pernand-Vergelesses, 라드와Ladoix, 알록스 꼬르똥Aloxe-Corton, 쇼레이 레 본Chorey-lès-Beaune, 본Beaune, 뽀마르Pommard, 볼레이Volnay, 생 로맹St-Romain, 몽뗄리유Monthélie, 뫼르쏘Meursault, 오세이 뒤레스Auxey-Duresses, 생 오뱅St-Aubin, 블라니Blagny, 퓔리니 몽하쉐Puligny-Montrachet, 샤사뉴 몽하쉐Chassagne-Montrachet, 상뜨네이Santenay, 마랑주Maranges가 이에 해당한다. 여기서 알록스 꼬르똥, 본, 뽀마르, 볼레이는 단일 AOC로 와인이 생산되며 이 4개 마을을 제외한 13개 마을에서 2개 마을 이상의 포도를 섞어서 만들면 꼬뜨 드 본 빌라쥐Côte de Beaune-Villages라고 표기한다. 즉, 여러 마을에서 재배된 포도가 사용되므로 특정 마을 이름을 와인 이름으로 사용할 수 없어 빌라쥐villages라는 문구를 사용하게 된 것이다.

프랑스 〉 부르고뉴

비싸지만 실패하지 않는 베르나르 뒤가피

부르고뉴 와인은 비싸다. 특히나 유명 도멘들의 병당 가격은 엔트리급도 10만 원은 줘야 국내에서 맛볼 수 있다. 그래도 피노 누와에 빠져 있는 사람이라면 좋은 생산자의 와인 한 병쯤은 이미 수중에 있거나 갖고 싶어 한다. 그런 자라면 뒤가피Dugat-Py 가문의 와인은 그의 희망 리스트에 올라와 있을 것이다. 비싸기는 하지만 마시면 그에 응당한 맛과 향을 지불하는 와인, 그래서 '실패하지 않는' 피노 누와 와인으로 통한다.

"남의 포도는 쓰지 않습니다."

13대에 걸쳐 와인 외길 인생을 걸어온 뒤가피 가문의 슬로건이다. 쥬브레 샹베르땡 마을에 둥지를 틀고 자신이 직접 키운 포도를 사용하여 응축된 맛을 만들어낸다. 평균 65년생 이상의 포도나무에서 수확한 포도로 빚어지는데 잘 익은 상급 포도송이만 선별하여 순도 높은 풍미를 담아낸다. 풋풋한 느낌의 싱그러움을 즐기려면 최근 빈티지가 좋겠지만 제대로 맛을 볼라치면 6~10년 정도의 버틀 에이징은 필수다. 그래야 뒤가피만의 맛과 향이 난다. 피노 누와 품종치고는 유난히 짙은 색, 풍부한 맛, 그리고 참빗처럼 촘촘한 타닌은 400여 년 전통에 서린 뒤가피만의 우직한 맛을 보여 준다.

뒤가피의 전형적인 와인, 쥬르베 샹베르땡

● 꿰흐 드 로이

이 가문의 와인 맛을 가늠해 보려면 '쥬브레 샹베르땡Gevrey-Chambertin'이 적합하다. 중간 라인업에 속하면서 튼튼한 맛과 향의 퍼포먼스를 보여 준다. 오랜 세월 이 마을에서 터전을 꾸리며 와인을 만들어 왔기 때문에 그들의 손맛을 느끼기에는 쥬브레 샹베르땡이 제격이다. 자신 소유의 포도밭에서 재배한 포도를 사용하여 꿰흐 드 로이Coeur de Roy, 에보셀Evocelles, 그리고 비에이유 빈뉴Vieilles Vignes 세 가지 스타일의 쥬브레 샹베르땡 와인을 생산하고 있는데 와인에 사용된 포도의 포도밭 이름이다. 같은 피노 누와 품종으로 만들어지지만 구획마다 포도나무 수령이 달라 와인의 맛과 향도 차이를 보인다. 꿰흐 드 로이는 50~99년생, 에보셀은 평균 65년생, 그리고 비에이뉴 빈뉴는 30~50년생 피노 누와로 만들어진다.

양파처럼 여러 겹으로 꽁꽁 쌓여 있는 이 와인들은 우선 산소와 접촉시키면서 몸 풀기를 해야 한다. 어린아이의 두 손에 쥐어진 막대사탕처럼 혀로 녹여 먹듯 하면 도톰한 실타래처럼 한 꺼풀씩 풀어내어 준다. 단번에 마시기에는 안타까운 술이다. 제대로 마시려면 한 시간은 족히 즐겨야 한다.

부르고뉴 퀴베 알리나흐

가격적인 메리트가 있는 엔트리급 와인 두 가지가 있다. '부르고뉴Bourgogne'와 '부르고뉴 퀴베 알리나흐Bourgogne Cuvée Halinard'가 가격 대비 품질이 좋아 웬만한 생산자들이 만든 마을 단위급 와인보다 선호도가 높다. 특히 '부르고뉴 퀴베 알리나흐'는 더욱 그렇다. 이 술은 앞서 말한 세 가지 스타일의 쥬브레 샹베르땡 와인을 만들다가 최종 품질 테이스팅에서 마을 단위급 수준에 못 미칠 경우, 한 등급 낮춰서 출시되는 와인이기 때문이다. 명칭은 '부르고뉴'로 쓰여 있지만 실제 사용된 포도의 원산지가 쥬브레 샹베르땡이므로 마을단위급 와인이나 진배없어 주머니가 가벼운 피노 누와 탐미가들에게는 희소식이 아닐 수 없다.

●부르고뉴 퀴베 알리나흐

프랑스 〉 부르고뉴

전설의 와인메이커, 앙리 자이에

드가는 물감을, 로댕은 구리를, 드뷔시는 피아노를, 그리고 보들레르는 언어를 썼듯이 앙리 자이에Henri Jayer는 포도를 사용하여 예술의 경지를 표현하려 했다. 그는 부르고뉴 와인의 신화적인 인물로 기록되었고 그의 와인은 술의 개념을 넘어 예술의 경지에 올랐다. 그 속에 녹아 있는 고결한 향기와 응축된 맛은 최고의 피노 누와 와인으로 추앙받는다.

대신에 도멘 메오 까뮈제를 마셔보라!

유명 예술가들이 죽고 난 후 그들의 작품 가치가 치솟듯이 앙리의 와인도 그러했다. 생전에 남긴 병 수가 극히 적어서 맛은 고사하고 구경조차 어렵다. 그래서 애호가나 맛의 즐거움에 중독된 자는 기꺼이 비싼 가격을 지불하더라도 그의 솜씨를 맛보려 한다. 여기에 호기심이 발동한 식도락가들까지 합세하고 나면 남는 게 없다. 있더라도 쉽게 구입할 수 있는 가격이 아니다.

도대체 그의 와인은 무엇이 다를까? 750ml 한 병에서 쏟아내는 맛과 향은 과연 술의 경지를 넘어선 예술이란 말인가? 어느 누가 술을 피카소의 그림쯤으로 여기겠는가? 더군다나 그림에 안목이 없으면 그저 포스터에 지나지 않는 것을. 그래도 앙리의 손맛이 궁금한 자라면, 그래서 30~40만 원 정도 기꺼이 쓸 요량이라면 그의 와인보다

'메오 까뮈제'를 먼저 마셔 보라! 그의 불세출 와인, 크로 파랑투Cros Parantoux에 미치지는 못하더라도 그를 느끼기에는 충분한 와인이다.

●도멘 메오 까뮈제 뉘 생 조르쥬, 1er cru 오 부도

카카오, 아몬드, 체리 향에 연이어 베이비파우더, 구운 식빵이 후강을 비집고 들며 이내 진한 과일 향에 침이 고인다. 갓 구운 비스킷 냄새도 코끝에 대롱거린다. 입안은 말할 것도 없다. 섬세하고 촉촉한 타닌이 완벽한 산도와 어우러져 깃털처럼 혀에 내려앉는다. 그 고운 액체를 몇 번 굴리다가 삼키면 이내 기분 좋은 꽃들이 입안에 번진다. 술맛 한번 제대로다.

왜냐면 그의 손맛이 녹아 있기 때문이다

앙리의 와인을 논할 때, 메오 까뮈제 가문은 빼놓을 수 없다. 그는 1945년부터 1987년까지 까뮈제 가문에서 42년간 와인을 만들었다. 정확히 2차 세계대전이 끝날 무렵인 1945년, 앙리는 소작농으로 이 가문과 인연을 맺는다. 까뮈제 가문의 느와로 까뮈제Noirot-Camuzet 여사로부터 한 구획의 포도밭을 10년간 임차한다. 대가는 포도 수확의 50%를 그녀에게 주는 조건(이런 계약관계를 메따야쥐metayage라 부른다)이었다. 이 시점부터 매년 앙리는 자신만의 와인을 생산하기 시작했다.

1959년 까뮈제 여사가 세상을 떠나자 포도밭은 그녀의 사촌, 장 메오Jean Meo에 물려주었다. 그는 대지주였던 까뮈제 가문을 와인 회사로 탈바꿈시켰으며 두 사람의 이름이 합쳐져 오늘날의 '메오 까뮈제'가 된 것이다.

앙리는 여사가 죽은 이후로도 1987년까지 소작농 계약을 이어 가면서 동시에 메오 까뮈제 소유의 와인과 포도밭(Richebourg, Vosne-Romanee, Les Brulees, Nuit-Meurgers) 전반에 걸쳐 운영과 관리, 수확, 양조를 담당하였다. 자연스럽게 메오 까뮈제 와인에는 앙리의 솜씨가 녹아들게 된 것이다.

그리고 1987년 이후 앙리는 메오 까뮈제와 42년간의 소작농 계약을 끝낸다. 이와 때를 같이하여 장 메오는 그의 아들, 장 니콜라스 메오Jean-Nicolas Meo에게 회사 경영권을 넘겨준다. 그리고 니콜라스 메오는 앙리를 고문으로 추대했지만 사실상 1987년 이후로 앙리는 메오 까뮈제 와인 생산에서 손을 거둔 것이나 다름없었다.

불세출 와인, 크로 파랑투

앙리 자이에(1922~2006)는 프랑스 부르고뉴 지방에 있는 본 로마네 마을에서 태어나, 그곳에서 평생 와인을 만들었다. 생전에 만들어낸 와인들은 현재 부르고뉴 와인 중 가장 아름답고 위대한 와인으로 칭송받는다. 경매나 시중에서 병당 수백만 원을 호가하는 앙리의 최고봉은 단연코 크로 파랑투Cros Parantoux다. 크로 파랑투는 본 로마네 마을에 있는 1급 포도밭 이름으로, 여기서 재배된 포도를 사용하였기 때문에 그 포도밭 이름을 딴 것이다. 특급 포도밭인 리쉬부르그 포도밭 위쪽에 놓여 있는데 총 면적 1.01헥타르로 그리 넓지 않은 이 포도밭은 바위 암석층 위에 점토와 석회질이 얇게 층을 이루는 토질로 되어 있다. 이는 순도 높은 천연 산미를 와인에 부여할 수 있는 최적의 토질 조건이다. 이를 알아 본 앙리는 원래 까뮈제 가문의 소유였던 크로 파랑투 포도밭을 수년간(1951~1970)에 걸쳐 조금씩 사들였고 현재 크로 파랑투 포도밭의 72%(0.72헥타르)가 앙리 자이에 소유가 되었다. 나머지(0.29헥타르)는 까뮈제 가문이 소유하고 있다.

●앙리 자이에, 크로 파랑투

오리지널 그리고 마지막 크로 파랑투는?

중요한 점은, 1970~1976년까지 생산된 크로 파랑투 와인은 100% 크로 파랑투 포도밭의 포도를 사용하지 않았다는 것이다. 25%는 본 로마네 지역에 있는 다른 포도밭의 포도를 사용했고 75%만 크로 파랑투 포도밭의 포도를 사용했다. 이후 1978년 빈티지부터는 100% 크로 파랑투 포도를 사용하였고, 매년 약 3,500병만 한정 생산하여 1995년 빈티지를 마지막으로 공식적인 와인생산을 접게 된다. 하지만 앙리에 의한 와인 생산은 2001년까지 비공식적으로 계속되었고 따라서 실질적인 그의 마지막 크로 파랑투는 2001빈티지이며 또한 오리지널 크로 파랑투는 1978년 빈티지를 최초로 한다. 그레이트 빈티지는 1999, 1995, 1991, 1990, 1989, 1988, 1987, 1986, 1985, 1983 총 10개다.

조르쥬 자이에와 루시엥 자이에

앙리 자이에는 루시엥Lucien Jayer과 조르쥬Georges Jayer라는 두 명의 형이 있었다. 이들 삼형제의 포도밭 관리와 와인양조는 앙리가 전반적으로 담당했다. 루시엥은 본 로마네 지역에 있는 포도밭 중 일부를 소유하고 있었고 조르쥬는 그랑 크뤼 포도밭인 에세죠의 일부를 소유하고 있었다. 따라서 앙리 자이에가 만든 에세죠 와인들의 레이블을 보면 Georges Jayer라는 문구가 쓰여 있다. 이는 형인 조르쥬 자이에 소유의 에세죠 포도밭에서 재배된 포도를 사용하여 앙리가 만들었다는 의미다. 조르쥬 자이에 이름보다는 앙리 자이에 이름으로 와인을 만들고 파는 게 훨씬 이득이 컸으리라!

앙리 자이에 후계자, 엠마누엘 후제

1996년 앙리는 자신 소유의 포도밭 경영을 처조카인 엠마누엘 후제Emmanuel Rouget에게 물려준다. 앙리는 살아생전 슬하에 딸만 두 명 있었는데 모두 아버지의 와인사업을 이어갈 마음이 없었다. 할 수 없이 앙리는 처의 조카를 데려왔고 포도 재배부터 와인 양조에 걸친 기술을 전수해 주었다. 2006년 암으로 세상을 떠날 때까지 앙리는 엠마누엘 후제와 함께 와인 양조에 비공식적으로 모습을 드러내곤 하였다. 앙리의 죽음 이후 엠마누엘 후제는 자신의 이름을 따서 도멘 엠마누엘 후제Domaine Emmanuel Rouget라는 이름으로 와인을 생산하고 있다. 그의 주요 와인을 정리해 보면, 앙리가 물려준 '크로 파랑투'는 현재 '엠마누엘 후제 크로 파랑투'로 생산되며 조르쥬 자이에 소유의 '에세죠'는 '엠마누엘 후제 에세죠' 와인으로 만들어진다. 그리고 루시엥 소유의 본 로마네와 보몽Beaumonts 와인들도 있다.

●엠마누엘 후제, 에세죠

●엠마누엘 후제, 크로 파랑투

앙리 사촌, 로버트 자이에와 그의 아들 자이에 질

앙리 자이에는 로버트 자이에Robert Jayer라는 사촌이 있었다. 그는 앙리의 양조 기술을 흠모해 그의 양조 능력과 포도 재배 관련 지식을 익혔고, 자신의 아들인 자이에 질Jayer Gilles에 전수시켰다. 앙리와는 6촌인 질은 1998년부터 아버지 로버트로부터 포도밭을 물려받아 질 좋은 와인을 생산하고 있다.

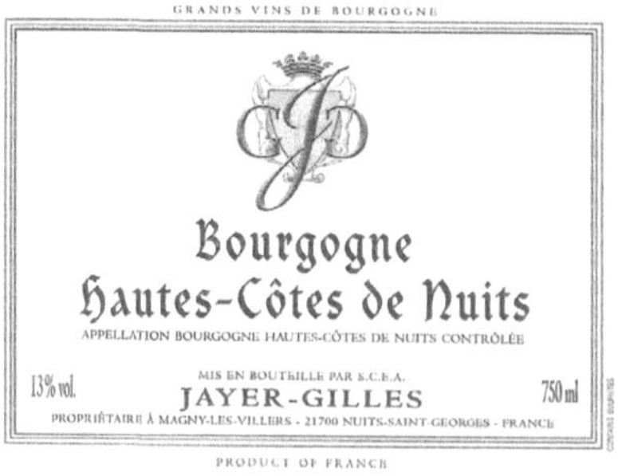

●자이에 질 와인

프랑스 〉 부르고뉴

풋풋한 맛을 가진 샤블리

영화 〈파랑주의보〉의 촬영지였던 청사포는 꽤나 운치가 좋은 도시 어촌이다. 해운대 달맞이 고개와 송정 사이에 있는 작은 포구로 오래전부터 횟집과 조개구이 식당들이 성황을 이루는 곳이다. 연인과 가족들의 나들이 장소로도 이름이 높다. 게다가 이 작은 어촌마을에 있는 약 350년 된 망부송과 망부암 관광은 덤이다. 전설에 의하면 고기잡이 나가 돌아오지 않는 남편을 기다리는 아낙이 소나무 한 그루를 갯바위 근처에 심었는데 그 주변에 푸른 모래가 생겨났다 하여 이곳을 청사포라 지었다 한다. 지아비에 대한 안타까운 사랑도 있고 영화 주인공의 풋사과 같은 로맨스도 있는 곳! 샤블리 와인 두어 병 챙겨 넣고 청사포로 떠나보자.

●샤블리 1er cru

부르고뉴 최북단에 위치한 샤블리Chablis! 이곳 지명을 따서 와인 이름도 샤블리다. 묘하게도 청사포 이미지와 맞아떨어진다. 청사과의 풋풋한 맛을 가진 샤블리 와인은 샤르도네Chardonnay라는 청포도로 만들어진다. 하지만 따듯한 캘리포니아나 호주산 샤르도네 와인과는 사뭇 다르다. 이들은 농익은 과일 향에 단맛이 배어 있어 조개구이와는 궁합이 덜하다. 쫄깃한 식감이 있는 담백한 음식은 단맛이 없는 샤블리 와인이 제격이다. 그리고 샤블리는 오래전 바다였던 탓에 굴과 조개껍질들이 포도밭 토양의 근간을 이루고 있어 조개류 음식과는 원초적으로 조합이 맞아 떨어지는 술이다.

샤블리 와인의 네 가지 등급

갓 출시된 최근 빈티지의 샤블리 와인은 연한 노란색에 푸른빛이 감돈다. 거기에 바다의 미네랄 향이 녹아 있다. 샤블리 와인은 수확된 포도의 '포도밭 등급'에 따라 맛과 가격을 달리하는데 포도밭이 위치한 지형, 배수, 토질, 그리고 기후의 좋고 나쁨을 기준으로 쁘띠 샤블리Petit Chablis, 샤블리Chablis, 프르미에 크뤼 샤블리1er Cru Chablis, 그리고 샤블리 그랑 크뤼Chablis Grand Cru 포도밭으로 나뉜다. 쉽게 얘기하면 쁘띠 샤블리와 일반 샤블리로 지정된 포도밭은 포도가 자라기에 썩 좋은 환경이 아니고 반면에 1급 포도밭1er Cru과 특급 포도밭Grand Cru으로 지정된 포도밭은 경사도, 토질, 일조량, 배수가 좋아 포도 품질이 일반 포도밭보다 뛰어나다. 따라서 고품질 포도는 와인에 오렌지껍질, 아카시아, 버터, 그리고 바닐라 풍미를 부여하고 여기에 우아한 산미까지 합세하여 수준급 와인이 생산된다. 만약 샤블리 와인의 진수를 원한다면 10년 정도는 묵혀야 제맛을 볼 수 있는데 물론 저장성이 있는 1급 포도밭이나 특급 포도밭 와인에만 해당된다.

샤블리 지역 특급 포도밭

큰 마음 먹고 샤블리 그랑 크뤼 와인의 맛을 제대로 볼라치면 다음을 알아 두자! 샤블리 지역에는 약 103헥타르에 달하는 특급 포도밭이 있는데 이는 다시 7개의 밭뙈기로 나뉘어 있다. 따라서 최상급 샤블리 와인이라도 포도밭 구획에 따라 제각기 고유한 맛과 향을 지니고 있다는 점을 기억해 두자.

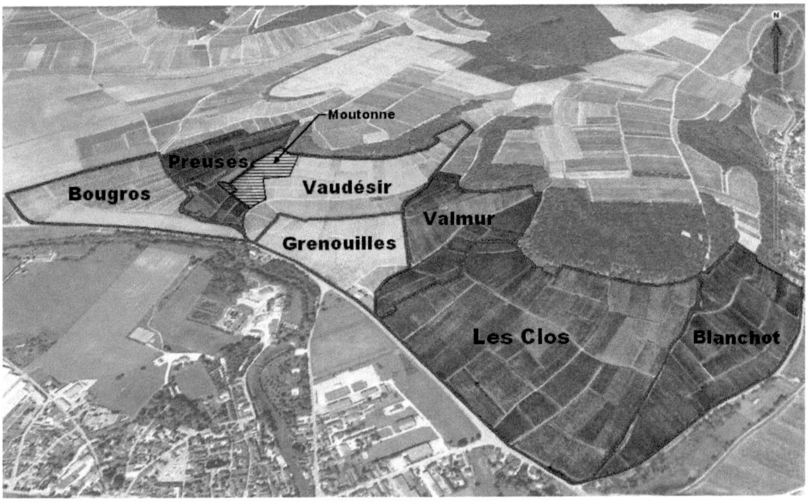

●샤블리 특급 포도밭 7개

상기 그랑 크뤼 포도밭의 포도를 사용한 와인들은 기본적으로 병속에서 10년을 버티며 특히 '보데지르Vaudesir'와 '레 끌로Les Clos' 포도밭에서 생산되는 그랑 크뤼 와인은 20년 후에도 근사한 맛을 보여 준다. 참고로 여덟 번째 그랑 크뤼 포도밭으로 알려진 '무똔느Moutonne'가 그랑 크뤼라고 표기되어 시중에 출시되고 있지만 아직 정부로부터 공식적인 승인을 받지는 못했다.

그리고 빌로드 시몽Billaud-Simon, 뒤플레시스Duplessis, 그리고 장-폴 엔

베누와 드로앵Jean-Paul & Benoit Droin은 상기와 같은 특급 포도밭을 소유한 생산자로 샤블리 와인의 최고 와인 메이커들이다.

●특급 포도밭 와인들의 특징

그랑 크뤼 포도밭	면적	와인 특징
보데지르 Vaudesir	16ha	7개 그랑 크뤼 포도밭 중에서 최고로 치며 무게감이 탁월하며 농밀한 맛과 향이 특히 뛰어나다.
레 프뢰즈 Les Preuses	11ha	'레 끌로' 포도밭보다 섬세하고 우아한 맛을 와인에 부여한다. 무게감은 좋으나 미네랄 느낌은 가장 적다.
레 끌로 Les Clos	26ha	샤블리 그랑 크뤼 포도밭 7개 중 가장 면적이 크다. 여러 소유자들이 나눠서 소유하고 있다. 맛이 깊고 섬세하며 질감이 뛰어나고 여운이 길다.
그르누이 Grenouilles	9.5ha	그랑 크뤼 중 가장 작은 포도밭이다. 세랭Serein 강 옆에 가까이 위치하고 있어 개구리 소리가 잘 들린다 하여 포도밭 이름을 '개구리'란 뜻의 '그르누이'로 지었다. 산도가 뛰어나고 향이 매우 좋다.
부그로 Bougros	16ha	7개 그랑 크뤼 중 무게감이 가장 떨어지며 대신에 산도가 경쾌하여 신선한 맛이 좋다. 그 외 와인의 특징은 '블랑쇼' 포도밭과 유사하다.
발뮈르 Valmur	13ha	'보데지르' 포도밭과 가장 유사한 와인을 생산하며 복합적인 향이 좋다. 하지만 저장성이 떨어져 10년을 넘어서면 급격히 풍미가 떨어진다.
블랑쇼 Blanchots	11.5ha	정교한 맛과 섬세함이 돋보이나 저장이 떨어져 10년을 그 정점으로 본다.

특급 포도밭에 필적하는 1급 포도밭들

그랑 크뤼 포도밭 다음으로 1급 포도밭1er Cru에 대해 살펴보자! 결론부터 얘기하면 2009년도에 89개의 포도밭이 지정되어 현제까지 이르고 있으며 이 중 17개 포도밭은 1급 중에서도 와인 품질이 뛰어나다. 그중 특히 그랑 크뤼 포도밭에 필적하는 1급 포도밭 세 개가 있는데 '몽떼 드 또네르', '몽 드 미유', 그리고 '푸르숌'이다.

주요 생산자로는 장-끌로드 베생Jean-Claude Bessin, 빌로드 시몽Billaud-Simon, 세귀노 보르데Séguinot-Bordet, 장-폴 엔 베누와 드로앵Jean-Paul & Benoit Droin, 뒤플레시스Duplessis, 그리고 베르나르 드페Bernard Defaix가 있으며, 주요 프르미에 크뤼 17개는 다음과 같다.

볼리뇨Bauligneau, 보르와Beauroy, 베르디오Berdiot, 숌므 드 딸바Chaume de Talvat, 꼬뜨 드 주앙Côte de Jouan, 꼬뜨 드 레쉐Côte de Léchet, 꼬뜨 드 보바루스Côte de Vaubarousse, 푸르숌Fourchaume, 레 보레가르드Les Beauregards, 레 푸르노Les Fourneaux, 몽 드 미유Mont de Milieu, 몽떼 드 또네르Montée de Tonnerre, 몽맹Montmains, 바이옹Vaillons, 보꾸팽Vaucoupin, 보드베이Vaudevey, 보스그로Vosgros.

●맛있게 마실 수 있는 샤블리 추천 생산자(와인)

프랑스 〉 부르고뉴

신선한 햇술, 보졸레 와인과 고급 보졸레 와인

보졸레 누보

프랑스 부르고뉴 보졸레 지역에서 생산되는 보졸레 와인! 매년 11월쯤 보졸레 누보라는 이름으로 출시되어 익숙할 것이다. 이때 누보Nouveau라는 뜻은 우리말의 '햇'과일이나 '햅'쌀처럼 접두어에 해당한다. 그래서 '보졸레산 햇와인'으로 풀이된다. 이 술에 사용되는 '가메Gamay' 품종은 껍질이 얇아 다른 포도보다 빨리 익는 조생종으로 가을철 포도 수확시기를 알리는 전령사다.

신선하고 과일향이 좋은 보졸레 누보! 이 술의 핵심은 '짧은 발효와 숙성'에 있다. 번갯불에 콩 구어 먹듯 '1주 발효, 1달 숙성'이면 맛좋은 상큼한 음료가 탄생한다. 잔에 담긴 보졸레 누보의 빛깔을 보고 있노라면 가을 단풍이 떠오를 것이며 이 술의 맑고 깨끗한 붉은 색조를 능가할 수 있는 건 아마도 에르메스Hermès의 스카프 정도일 것이다. 그 에르메스의 공장이 있어 예로부터 염색 산업으로도 유명한 리용은 오늘날 보졸레 누보의 탄생과 인기의 근원지다. 파리보다 식도락의 원조였고 그래서 식도락가와 문장가들이 흘러들어 이곳 레스토랑을 아지트로 삼아 풋풋한 보졸레 누보로 목을 축이곤 했다. 때마침 가을녘 추수에 대한 감사와 노고에 대한 자축의 뜻이 더해져 보졸레 누보는 몇몇 신문 기자들의 손끝과 글쟁이들의 입소문을 타고 파리 레스토랑으로 진출하게 되며 이에 정부의 보졸레 와인 판매 촉진 일환으로 1985년부터 매년 11월 셋째 주 목요일 자정을 기해 보졸레 누보 판매를 세계적으로 실시해 오고 있다. 삼겹살이나 치킨 종류와 잘 어울리지만 타닌감이 적어서 저장성이 떨어져, 이듬해 2월 달까지는 소비되어야 제맛을 느낄 수 있으며 그해 가장 먼저 맛볼 수 있는 햇술이기도 하다.

보졸레 지역은 3개 구역으로 나뉜다

'보졸레 누보'는 보졸레 지역에서 생산되는 햇술의 일종이다. 이 술 말고도 보졸레 지역은 다양한 와인을 생산한다. 포도밭들이 위치하고 있는 토질과 경사도, 배수조건에 근거하여 좋은 포도밭 지역과 그렇지 못한 지역으로 나뉘고 있는데 가장 좋은 포도밭들이 몰려 있는 곳을 '보졸레 크뤼' 지역이라고 하며 그다음으로 좋은 지역은 '보졸레 빌라쥐', 마지막으로 가장 일반적인 포도밭이 모여 있는 구역을 '보졸레' 지역이라고 한다. 따라서 각 지역별로 그 지역 이름을 딴 와인이 생산된다.

지역 간 포도를 섞어 쓰면 불법이다

중요한 점은 지역 간 포도를 섞어서 와인을 만들면 불법이다. 예를 들어보자! 어느 한 생산자가 '보졸레 빌라쥐' 와인을 만들고자 한다면 반드시 그 지역의 포도만을 사용해야 한다. 하지만 꼼수를 부려 양을 늘리고 수익성을 높이기 위해 그보다 낮은 등급인 '보졸레' 존의 포도를 사다가 섞어서 와인을 만들고 '보졸레 빌라쥐'라고 레이블에 표기 · 판매한다면 이는 사기이며 원산지 위배인 것이다.

보졸레 vs 보졸레 누보

평범한 포도밭들이 모여 있는 '보졸레' 구역에서만 재배된 포도를 사용하여 '짧은 발효와 숙성'으로 대략 5주 만에 뚝딱 만들어 11월 셋째 주 목요일에 판매되는 와인을 '보졸레 누보'라 하고, 같은 보졸레 존에서 재배된 포도라도 2~3배 정도의 양조기간을 늘려 와인을 만들어 그 이듬해 겨울이나 봄에 출시하면 '누보'라는 이름을 빼고 '보졸레'라는 이름을 달고 판매된다. 따라서 '보졸레' 와인의 음용시기와 보존성은 '보졸레 누보'보다 상대적으로 길다. 하지만 길어봤자 출시 후 1~2년 미만이다.

●보졸레

●보졸레 누보

보졸레 빌라쥐 vs 보졸레 빌라쥐 누보

평지에 위치한 '보졸레' 지역에 비해 언덕이나 구릉에 자리한 '보졸레 빌라쥐' 지역은 상대적으로 통풍이 잘되어 병충해가 덜하다. 더욱이 빛을 반사시키는 편암이 깔려 있어 일조량이 높아 '보졸레' 와인보다는 '보졸레 빌라쥐' 와인이 높은 가격에 팔리며 출시 후 2~3년 이내에 소비되어야 제맛을 낸다.

●보졸레 빌라쥐

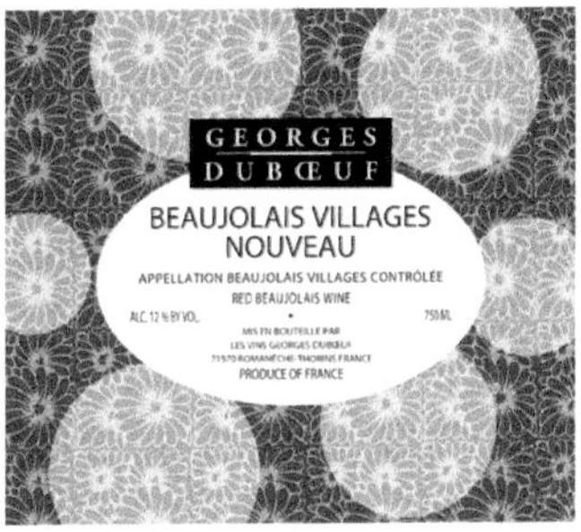

●보졸레 빌라쥐 누보

그럼 '보졸레 빌라쥐 누보'는 어떤 와인일까? 이 술은 '보졸레 누보'와 동일한 양조 방식으로 생산되지만 사용되는 포도가 '보졸레' 지역이 아닌 '보졸레 빌라쥐' 지역에서 재배된 것을 사용하는 점이 다를 뿐이다. 따라서 '보졸레 누보'보다는 대체적으로 품질이 한 단계 높지만 빨리 음용할수록 좋다.

어쨌든 '누보'라는 단어가 붙어 있는 '보졸레 누보'와 '보졸레 빌라쥐 누보'는 산지 직송의 신선한 와인임에는 틀림없다. 11월 셋째 주 목요일 출시를 앞두고 비행기에 실려 각국에 배달되기 때문에 갓 짜낸 주스처럼 달콤한 과일 향과 신선한 맛은 그 어떤 와인도 당해 낼 수 없다. 13~15도에서 최적의 맛을 내는 누보는 1~2만 원대로 겨울

내내 쟁여 두고 마셔볼 만한 제철 와인인 것이다.

보졸레 크뤼

통통 튀는 '누보'와 더불어 보졸레 와인이 가진 또 하나의 참맛은 '보졸레 크뤼'에 숨어 있다. 이 지역에서 생산되는 술은 원숙한 맛에 저장성과 풍미를 두루 갖춘 고품질 보졸레 와인이다. 보졸레 전체 지역 중에서 가장 좋은 포도밭들이 모여 있는 '보졸레 크뤼' 지역은 높은 산기슭에 위치하고 있어 다른 두 지역(보졸레, 보졸레 빌라쥐)보다 포도품질이 상대적으로 뛰어나다. 그래서 같은 갸메 품종이지만 타닌 함유량이 높고 색깔이 진하다. 무게감도 좋고 유연한 산미가 적절하게 배어 있어 출시 후 평균 3~5년 정도 두었다 마시면 더욱 빛을 발하는 술이다. 보졸레 크뤼에는 총 10개 와인이 있는데 국내에서 3~5만 원 정도에 구입할 수 있고 같은 가격대의 다른 와인과 비교해도 만족도가 높은 레드 와인이다.

골라 먹는 재미, 보졸레 크뤼 10개

●쥘리에나

'보졸레 크뤼' 지역은 10개의 구획으로 다시 나뉜다. 각 구역마다 지명이 할당되어 있으며 그 구역별로 생산된 와인들은 각자의 토양과 자연조건에 따라 그 맛과 향을 달리하여 골라 먹는 재미가 쏠쏠하다.

●생 따무르

●물랭 아 방

보졸레 크뤼 와인	맛과 향
브루이Brouilly	블랙커런트, 블루베리, 라즈베리 과일 풍미가 장점이다.
레니에Régnié	레드 커런트와 라즈베리 맛이 좋고 무게감이 좋다. 10개 와인 중에서 가장 마지막으로 '보졸레 크뤼'에 선발(1988년)되었다.
쉬루블Chiroubles	10개 크뤼 중에서 제비꽃 향기와 아울러 향미가 가장 뛰어나다.
꼬뜨 드 브루이 Côte de Brouilly	유연한 산미와 맛의 농축미가 좋다.
플뢰리Fleurie	과일과 꽃 향의 조화가 뛰어나며 부드러운 타닌에 의한 매끄러운 질감.
생 따무르 Saint-Amour	'성인의 사랑'이란 뜻을 가지고 있어 밸런타인데이 와인으로 통한다. 복숭아와 매콤한 풍미가 인상적이다.
쉐나Chénas	10개 구역 중에서 가장 작은 구획으로 야생 장미향이 수려하다.
쥘리에나Juliénas	풍만하고 매끄러운 질감. 특히 매콤한 풍미와 함께 모란꽃 향기는 이 와인만의 특징이다.
모르공Morgon	복숭아, 살구 향이 달콤하며 부드럽고 섬세한 맛은 부르고뉴 지방의 피노 누와 와인과 같은 뉘앙스를 지닌다.
물랭 아 방 Moulin-à-Vent	타닌과 구조감이 뛰어나 10개 와인 중에서 장기 숙성력이 가장 뛰어나다. 출시 후 평균 10년을 두고 마실 수 있으며 최장 20년까지도 버틀 에이징이 가능한 술이다.

wine

한 번 더 발효를 진행하는
샹파뉴 지방의 와인, 샴페인!

연말, 크리스마스, 축제, 그리고 파티에 어울리는 특별한 와인이 꼭 정해져 있는 건 아니지만 그래도 샴페인을 빼놓고 즐거움과 흥을 논하면 좀 서운한 느낌이다. 다른 술과 달리 샴페인은 와인의 꽃이라 할 만큼 화사하고 기분 좋은 매력적인 술이다.

샹파뉴(영어식 발음은 샴페인) 지역은 파리와 근접한 곳이다. 지리적으로 북쪽에 위치하고 있어 날씨가 춥다. 따라서 포도의 당도가 다른 지방보다 현저히 낮고 신맛이 강하다. 그렇다 보니 과거에는 와인을 만들어도 별 재미가 없었다. 알코올 도수 8도 이하의 자극적인 신맛 와인만 생산되었다. 다른 지방 와인에 비해 알코올 도수가 낮다 보니 보존성이나 저장성은 떨어지고 신맛이 강해서 그냥 마시기에는 적합하지가 않았다. 그래서 방법을 찾던 중에 기발한 생각을 해낸 것이다. 먹던 찌개가 제맛이 없어 양념을 첨가하고 다시 끓이는 경우랄까? 냄비가 아닌 '병' 속에 그 덜떨어진 와인을 다시 넣고 발효를 한 번 더 진행시키는 것이었다. 이 방법으로 일거삼득(一擧三得)의 효과를 보면서 맛있는 샴페인이 생겨난 것이다.

방법은 이렇다. 병 속에 그 맛없는 와인을 한 병씩 한 병씩 주입하고 동시에 효모와 당분을 첨가하여 크라운 마개(콜라뚜껑)로 봉인한다. 그럼 병 속에서 발효가 다시 일어난다. 효모가 당분을 먹고 알코올을 생성하여 빈약한 도수를 보강하니 일득(一得)이요. 동시에 이산화탄소가 발생하여 병 속에 자연적으로 기포가 생성되니 이득(二得)이고, 삼득(三得)은 투입된 효모와 2~5년 동안 병 속에서 동고동락을 하다 보니, 맛이 없던 와인에 기막힌 풍미가 생긴 것이다.

프랑스 정부는 이런 기발한 방식을 보존하고 보호하기 위해 샴페인 방식(메또드 샹쁘누와즈Methode Champenoise)이라 칭하고 법제화시킨 후 이 지역에서 생산된 기포성 와인 레이블에는 'Champagne'(샹파뉴)라는 문구를 반드시 표기토록 하였다.

샴페인 제조 과정

블랑 드 블랑 샴페인

샤르도네 품종만 수확한 후 압착기에 넣고 즙을 낸다. 그 즙을 발효조에 넣고 효모을 넣으면 발효가 시작되어 알코올 약 8도의 샤르도네 화이트 와인으로 만들어진다. 이 밑술에 다시 효모와 당분을 넣고 크라운 마개로 봉인한 다음 지하 저장고에 눕혀 둔다. 넌 빈티지 샴페인은 1.5년을, 빈티지 샴페인은 최소 5년이다. 이 기간 동안 6기압에 가까운 이산화탄소가 축적되며 알코올 농도는 대략 12~12.5도로 상승하며 투입되어졌던 효모는 와인에 비스킷, 아몬드, 꽃 등의 풍미를 녹아들게 하고 자신은 찌꺼기 상태로 쌓이게 된다.

● A자형 리들링 랙

그렇게 병 속에 쌓인 효모 찌꺼기를 제거하기 위해 우선 A자형으로 생긴 리들링 랙Riddling Rack에 병을 거꾸로 꼽은 후 10주에 걸쳐 그 병을 돌려 주면(영어로 리들Riddle, 불어로 르뮈아쥐Remuage) 뿌연 효모 찌꺼기가 병 주둥이로 몰려드는데 이때 병목을 얼려 효모 찌꺼기를 동결시킨 후 크라운 마개를 오픈하면 압력에 의해 찌꺼기가 밖으로 모두 빠져나온다. 이렇게 효모의 침전물을 제거하는 작업을 영어로 디스고오지먼트disgorgement, 불어로 데고르쥐망degorgement이라고 한다. 그리고 유실된 양만큼 와인을 채우고 샴페인용 코르크로 막아 철사로 봉인하면 마침내 투명하고 맑은 빛의 샴페인이 탄생하는 것이다.

블랑 드 누와 샴페인

청포도를 사용하지 않고 적포도인 피노 누와, 피노 뫼니에 품종으로 만든다. 따로 따로 압착하여 즙을 낸 다음 각자의 통에서 발효시킨다. 그리고 발효가 끝난 두 화이트 와인을 섞는다. 그다음 과정은 상기 블랑 드 블랑 제조과정과 동일하다. 혹시 노파심에서 한마디! 적포도의 즙을 낸다고 하면 붉은 즙을 연상하는가? 아니다! 하얀 즙이 나온다. 발효나 침용을 거치지 않으면 껍질 속에 있는 '안토시아닌'이라는 붉은 색소가 추출되지 않으므로 살짝 붉은빛이 감도는 정도의 하얀 포도즙이다.

로제 샴페인

우선 샤르도네 품종으로 화이트 와인을 만든다. 그 다음 피노 누와, 피노 뫼니에 품종으로 레드 와인을 각각 만들어 놓는다. 그리고 만들어 놓은 화이트 와인과 레드와인을 섞는다. 이때 장밋빛 색깔이 만들어진다. 이를 밑술로 하여 효모와 당분을 넣고 병입하여 제2차 발효를 병 속에서 진행시킨다. 나머지 공정은 앞에 설명한 블랑 드 블랑 제조와 같다. 레드 와인이 섞여 있기 때문에 타닌의 무게감으로 훨씬 중후한 맛을 낼 뿐만 아니라 청포도인 샤르도네 품종이 혼합되어 있어 우아한 맛까지 겸비한 샴페인이다. 따라서 모에 샹동보다는 '로제 모에 샹동'이, 동 페리뇽보다는 '로제 동페리뇽' 샴페인이 더욱 비싸게 팔린다. 레이블에는 Rosé라는 표기가 되어 있다.

프랑스 〉 샴파뉴

샴페인 레이블을 읽는 법

개봉하지 않고도 샴페인의 맛과 향, 그리고 품질의 상태를 가늠할 수 있는 방법은 없을까? 레이블을 살피면 된다. 당도의 정도, 사용된 품종, 그리고 빈티지Vintage와 넌 빈티지Non-Vintage에 대한 정보가 반드시 표기되어 있으므로 원하는 스타일을 고르는 데 도움이 된다.

당도의 정도

샴페인은 단맛에 대한 개인의 기호를 반영하여 출시되며 당분이 함유된 정도에 따라 6단계로 레이블에 다음과 같이 표기된다.

①브뤼 나뛰르 Brut Nature

단맛이 거의 없거나 있어도 아주 소량이라서 절대미각의 소유자를 제외하고는 단맛을 전혀 느낄 수 없는 샴페인이다. 생산 법규상 0-3grams/1L의 당분이 함유되었음을 뜻한다.

②엑스트라 브뤼 Extra-brut

단맛이 거의 나지 않지만 이론상으로는 당분이 '브뤼 나뛰르'의 2배가 함유되어 있어 최대 6grams/1L이지만 혀로 느낄 수 있는 당미의 정도는 미미한 편이다.

③브뤼Brut

어느 한편으로 치우침 없이 단맛과 드라이한 맛의 경계를 가장 적절하게 담고 있다. 12-15grams/1L

④엑스트라 드라이 Extra Dry **혹은 엑스트라 섹**Extra Sec

'브뤼'보다는 당미가 살짝 더 느껴진다. 12-17grams/1L

⑤드미 섹 Demi-Sec

단맛이 확연히 드러난다. 모스까또 다스티 정도의 당미가 있어 아귀찜과 해물찜 같은 매콤한 음식과 만나면 감칠맛이 더해져 훌륭한 조합을 이룬다.

⑥두Doux

강한 단맛의 스타일로 리터당 50grams의 당분을 함유하고 있는 디저트 와인이다. 사실 국내는 물론이고 '두' 스타일의 샴페인은 프랑스 현지에서도 거의 찾아보기 힘들 정도다.

레이블을 보면 사용된 포도 품종을 알 수 있다

샴페인을 만드는 주력 품종은 세 가지다. 청포도인 샤르도네와 적포도인 피노 누와 그리고 피노 뫼니에! 어떤 품종으로 만들어졌는지에 따라 샴페인의 맛과 향은 미묘한 차이를 보이지만 사용된 포도품종의 이름을 레이블에 표시하지는 않는다. 대신에 다음과 같은 문구로 사용된 포도 품종을 알 수 있다.

●블랑 드 블랑

●블랑 드 누와

①블랑 드 블랑 Blanc de blancs

샤르도네 단일 품종으로 만든 샴페인을 뜻한다. 거친 맛이 적고 우아하며 깔끔한 스타일의 섬세한 맛이 특징이다.

②블랑 드 누와 Blanc de Noirs

샤르도네를 쓰지 않고 적포도인 '피노 누와'나 '피노 뫼니에'를 사용한다. 혹은 두 품종을 섞어서 만들기도 한다. 보편적으로 과일 풍미가 좋고 블랑 드 블랑보다 무게감이 더 있다.

만일 '샴페인' 문구만 있고 '블랑 드 블랑'이나 '블랑 드 누와' 표기가 없다면 그 샴페인은 무슨 품종으로 만들었다는 뜻일까? 정답은 '샤르도네, 피노 누와, 그리고 피노 뫼니에' 세 가지 품종 중에서 적어도 두 가지는 블렌딩되었다는 것을 의미한다.

샴페인을 만드는 품종은 법규로 정해져 있다. 청포도는 샤르도네, 피노 블랑, 쁘띠 메슬리에, 아르반느, 피노 그리 이렇게 다섯 가지 품종과 적포도는 피노 누와, 피노 뫼니에 두 가지 품종이다. 하지만 사실상 샴페인에 사용되는 품종은 '샤르도네, 피노 누와, 그리고 피노 뫼니에'로 만들어지며 나머지는 거의 사용되지 않는다. 블랑 드 블랑과 블랑 드 누와를 제외하고 이렇게 세 가지 품종을 혼합하여 샴페인을 만드는 이유는 각 품종이 가지고 있는 장점을 최대한 와인에 투영시키기 위함인데 피노 누와는 풍부한 맛을, 피노 뫼니에는 꽃과 과일 향기를 와인에 부여하며, 샤르도네는 유기산이 풍부해 신선한 맛과 와인의 보존성을 높여 주기 때문이다.

그리고 'champagne'이라는 용어는 법적 보호를 받고 있어 샴페인처럼 같은 품종, 동일한 방법으로 만들어진 술이 있다 해도 레이블에 그 단어를 사용할 수가 없다. 하지만 Blanc de Blancs과 Blanc de Noirs라는 문구는 법적 제약이 없어 요즘은 세계 여러 나라에서도 레이블에 사용되고 있다.

빈티지 vs 넌 빈티지 샴페인

샴페인은 그해 수확한 포도만으로 만들 경우 레이블에 당해 연도를 표기하지만 저장해 둔 여러 해의 와인을 섞어서 만든 샴페인 레이블에는 빈티지를 표기하지 않는다. 전자를 'vintage champagne', 후자를 'Non vintage champagne'이라 부른다. 또한 후자는 여러 해의 와인이 섞여 있다고 해서 'multi vintage champagne'이라고도 한다.

따라서 넌 빈티지 샴페인의 경우, 국내 구입 시 최대한 빨리 마시는 게 상책이며 구입 후 1~2년 이내에 음용하기를 권장한다. 왜냐면 앞서 설명했듯이 넌 빈티지의 경우 이미 저장해 두었던 여러 해의 와인을 밑술로 샴페인 제조에 사용하므로 그 밑술이 언제 만들어졌는지, 또한 그 밑술로 샴페인을 완성한 후에도 어느 연도에 만들어졌고 출시되어졌는지, 그리고 얼마나 체화된 상품인지를 일반 소비자들은 알 수가 없기 때문이다.

반면에 빈티지 샴페인의 경우는 사용된 포도의 수확 연도가 기재되어 있을 뿐만 아니라 그해의 우수한 포도만을 선별하여 만들기 때문에 저장성이 좋고 음용시기를 판단할 수가 있다. 보통 출시 후 최대 7~9년 이내에 마시도록 권장한다.

프르미에 크뤼, 그랑 크뤼, 프레스티지 퀴베

레이블에 보면 'Premier Cru' 혹은 'Grand Cru'라는 문구를 달고 있는 샴페인을 종종 접하게 된다. 그런 샴페인은 우수한 포도밭에서 재배된 포도만을 사용하여 만들었다는 뜻으로 품질의 우수성을 알리고자 함이다. 한 가지 더 알아 둘 점은 크뤼그 사에서 생산되는 샴페인 중에 'Krug Grand cuvee'가 있는데, 이 문구도 우수한 포도밭에서 재배한 포도를 사용했다는 의미다. 그리고 'Prestige Cuvee'라고 표기된 샴페인은 각 생산회사가 만들어 내는 샴페인 중에서 자사의 최고급 브랜드를 뜻한다. 동시에 'Premier Cru' 혹은 'Grand Cru' 포도밭에서 재배된 포도만을 사용했다는 의미도 함께 담고 있다. 대표적인 프레스티지 퀴베 샴페인으로는 다음과 같다.

- Louis Roederer's Cristal(루이 뢰더레사, 크리스탈)
- Moet's Dom Perignon(모에 샹동사, 동 페리뇽)
- Taittinger's Comtes de Champagne(떼땡게사, 꽁떼 드 샹파뉴)
- Laurent-Perrier's Grand Siècle 'La Cuvée'(로랑 페리에사, 그랑 시에클 '라 퀴베')
- Perrier Jouët's La Belle Époque(페리에 주에사, 라 벨르 에포크)

프랑스 〉 샹파뉴

와인 저장용 통 '퀴베'

양조장에 들어가면 와인을 저장한 탱크들이 수십 개가 있다. 이런 통들을 가리키며 대화가 이루어진다. "셀러 마스터님! 저기에 있는 퀴베랑 이쪽의 퀴베를 블렌딩할까요?, 혹은 샤르도네 퀴베랑 피노 누와 퀴베는 어떤 비율로 블렌딩할 생각이세요?"

퀴베란, 저장용 통이자 그 속에 담긴 밑술을 뜻한다

레이블을 보면 Cuvée라는 말이 자주 등장한다. 어떤 의미를 담고 있을까? 프랑스어로 '와인 저장용 대형 통' 또는 '탱크'를 뜻한다. 생산자들은 샴페인을 만들기에 앞서 수확한 포도의 즙을 내어 대략 8도 이하의 스틸 와인still wine(탄산이 없는 와인의 총칭)을 먼저 만들어 놓는다. 이를 밑술이라 한다. 이 밑술은 등급별, 포도 품종별로 큰 통에 일단 저장된다.

일반 마을에서 재배된 포도로 만든 와인을 저장하는 '일반 퀴베', 1급 마을에서 재배된 포도를 사용한 '1급 퀴베', 그리고 가장 품질이 좋은 '그랑 크뤼 퀴베'로 나뉘진다. 따라서 퀴베란 샴페인을 만들기 위해 먼저 만들어 놓은 밑술을 뜻하며 동시에 그것이 저장된 탱크를 의미한다.

이 술을 큰 통에 저장해 놓고 필요할 때마다 꺼내서 적당한 비율로 섞어 사용한다. 블렌딩된 밑술과 효모, 당분을 병 속에 일일이 집어

넣는다. 그리고 퀴베의 품질에 따라 최소 1.5년에서 5년을 기다리면 탄산이 가득한 샴페인이 탄생하는 것이다. 좋은 퀴베를 사용할수록 샴페인의 품질은 우수해진다.

최상급 샴페인의 탄생은 최고의 퀴베가 병 속에서 오랜 세월 동안 효모와 함께하면서 만들어진다. 반면에 품질이 낮은 퀴베는 아무리 오랫동안 효모와 함께 지낸다 해도 그 맛과 향이 좋아지지 않는다.

그래서 샴페인 생산자들은 세 가지 퀴베를 다양한 비율로 블렌딩하여 중저가에서 고가에 이르는 샴페인을 출시하는 것이다.

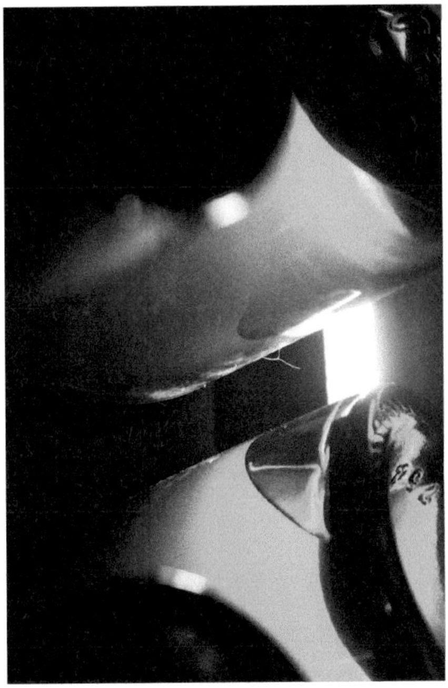

●병 속에서 숙성 중인 샴페인

네고시앙 마니퓔랑과 레꼴땅 마뉘퓔랑

빕스, 블랙 스미스, TGIF…. 이들은 대형 외식 프랜차이즈 레스토랑으로 표준화된 식재료와 레시피가 강점이다. 하지만 언제부턴가 정해진 맛에 식상함을 느끼면서 사람들의 입맛이 변하기 시작했다. 미각이 살아나고 맛에 대한 평가들이 봇물처럼 쏟아지게 된 것이다. 이는 '맛집' 문화를 가능케 했고 레스토랑의 규모나 외관에 상관없이 맛에 대한 솔직하고 진솔한 평가에 눈을 뜨게 했다.

샴페인도 그랬으면 한다. 대형 브랜드 위주의 구매에서 벗어나 소규모 생산자들의 참맛도 느껴 보자! 이를 위한 개념 있는 선택의 첫 걸음은 NM과 RM에 대한 이해가 선행되어야 한다.

NM vs RM

레이블에 깨알 같은 글씨로 NM이라고 표기된 샴페인! 이는 와인 생산자가 직접 농사를 지은 포도가 아닌 다른 사람의 포도나 와인을 대량 구매하여 샴페인을 생산하는 업자를 지칭하는 문구로 '네고시앙 마니퓔랑Negociant-Manipulant'의 약어다.

샴페인 지역은 324개의 마을에서 약 15,000명의 사람들이 포도 농사를 짓는다. NM업자는 이 중 수십, 수백 개의 마을에서 엄청난 양의 포도를 사들여 샴페인을 만들기 때문에 표준화된 양조 레시피가 적용될 수밖에 없고 포도의 품질관리도 어려운 상태였다. 따라서 '거대 샴페인 생산자가 샴페인 지방의 떼루아를 사라지게 한다.'라는 말이 있을 정도다. 그래서 혹자는 이들이 만들어 내는 샴페인들을 '넌 떼루아Non-Terroir적 샴페인'이라고 낮춰 부르기도 한다. 전라도 김치는 전라도 맛이 나야 하고 경상도는 경상도만의 특색이 묻어나야 하는데, 김치 맛에 그런 경계가 사라진다는 뜻이다.

●NM 샴페인

하지만 NM업자는 대부분 대형 샴페인 회사들로 마케팅과 홍보력이 대단하다. 영화, 잡지, 그리고 스토리텔링으로 자사 브랜드를 끊임없이 노출시킨다. '뵈브 끌리꼬, 폴 로저, 로랑 페리에, 모에 샹동, 루이 뢰더레, 페리에 쥬에, 포메리, 떼땡져, 고세, G.H.멈, 크뤼그, 볼랭저과 같은 대형 샴페인 하우스들이 바로 NM들이며, 이들 레이블을 잘 살펴보면 아주 작은 글씨로 된 'NM' 표기를 발견할 수가 있다. 이런 샴페인은 대량으로 찍어 내는 제품이라고 보면 되겠다.

반면에 RM(레꼴땅-마니퓔랑Recoltant-Manipulant)은 자신들이 소유하는 포도밭에서 포도를 직접 재배, 수확, 양조하는 업자를 일컫는다. 기업 형태로 운영되는 NM에 반해 RM은 소규모 가족 경영 형태다. 따라서 레이블에 RM을 표기하는 이유는 "NM 업자처럼 여러 지역의 포도를 광범위하게 사용하지 않습니다. 저희가 농사지은 포도만을 사용합니다. 고유한 맛의 경계를 살려 떼루아가 반영된 참맛의 샴페인을 추구합니다."라는 메시지를 소비자에게 알리고자 함이다. 아무리 샴페인은 블렌딩 기술이 중요하다고는 하지만 재료가 되는 포도의 품질이 샴페인의 질을 좌우하는 법이다. RM은 요즘 흔히 말하는 샴페인계의 '맛집'으로 이해하면 좋겠다.

그럼 이런 '맛집'들은 좋은 재료가 되는 포도를 어떤 마을에서 구할까? 우선 샴페인 지역은 총 324개 마을들이 포도농사를 짓는데 이 중 포도품질이 가장 뛰어난 그랑 크뤼 마을은 17개, 1급 마을은 43개, 그리고 일반 마을은 264개가 있다. RM업자가 만드는 샴페인은 포도품질이 가장 좋은 그랑 크뤼 마을과 1급 마을에서 재배된 포도만 사용한다.

물론 RM은 NM의 샴페인 브랜드만큼 잘 알려져 있지 않다. 하지만 표준화와 대량 생산으로 포장된 NM만 고집하지 말고 RM에 신뢰를 두고 지갑을 열어 보는 것도 좋은 경험이 될 것이다. 그런 샴페인을 보게 된다면 RM 표기와 함께 레이블에 '그랑 크뤼 마을' 이름이 표기되어 있을 것이다.

그랑 크뤼 마을 17개

- 앙보네 Ambonnay
- 아비즈 Avize
- 아이 Ay
- 보몽 쉬르 벨르 Beaumont-sur-Vesle

- 부지Bouzy
- 슈이이Chouilly
- 크라망Cramant
- 루브와Louvois
- 마이 샹파뉴Mailly Champagne
- 르 메스니 쉬르 오제Le Mesnil-sur-Oger
- 오제Oger
- 우아리Oiry
- 퓌시외Puisieulx
- 실러리Sillery
- 뚜르 쉬르 마른느Tours-sur-Marne
- 베르제네Verzenay
- 베르지Verzy

NM의 최고급 샴페인

물론 NM 샴페인이라고 해서 모두 품질이 나쁘다는 뜻은 아니다. 다만 대형 브랜드 위주에서 주변을 좀 넓게 보자는 취지로 RM를 권유하는 것이다. 그리고 NM이 만들어 내는 술 중에서 RM 스타일의 샴페인들도 있다. 크뤼그 사가 만들어 내는 시리즈 중에서 '끌로 당 보네Clos d'Ambonnay'와 '끌로 뒤 메스닐Clos du Mesnil'은 떼루아의 성격을 잘 살린 최상급 샴페인이다. 또한 볼랭저 사의 '비에이으 비뉴 프랑세즈Vieilles Vignes vignes Françaises' 샴페인도 그러하다.

프랑스 〉 샹파뉴

샴페인에서 브랜드를 강조하는 이유

고샘 : 샴페인 하면 어떤 브랜드가 떠오르지?

학생 : 음, 뵈브 끌리꼬, 폴 로저, 로랑 페리에, 모에 샹동, 루이 뢰더레, 페리에 쥬에, 포메리 정도요.

고샘 : 브랜드에 밝군! 거대 샴페인 생산자들이지!

학생 : 샴페인 하우스Champagne House라고도 한다면서요? 그런데 '하우스'라는 말을 쓰니깐 샴페인 마시는 식당이나 가게 같아요!

고샘 : 그럴 수 있겠네. 하지만 아니야! 쉽게 말하면 샴페인계의 대기업들이야! 혹자는 '대형 하우스'라고도 부른다네!

학생 : 아! 브랜드 명칭이 샴페인 회사 이름이었군요!

고샘 : 그렇지! 보통 창립자 이름을 따서 회사 이름으로 한다네. 문제는 이런 대형 하우스들이 치사한 마케팅 전략을 구사한다는 거지! 그 꼼수로 인해 비교적 작은 규모의 RM은 상대적으로 피해를 보는 경우도 있어!

학생 : 대기업의 횡포?! 인가요?

국내를 비롯한 세계 샴페인 시장에서 NM의 시장 점유율은 단연 독보적이다. 뵈브 끌리꼬, 폴 로저, 로랑 페리에, 모에 샹동, 루이 뢰더레, 페리에 쥬에, 포메리, 떼땡져, 고세, G.H.멈…. 이런 기업형태의 샴페인 하우스들은 매년 엄청난 양의 샴페인을 쏟아 낸다. 뵈브 끌리꼬는 백만 케이스, 모에 샹동은 2백만 케이스를 생산한다. 1case 당 12병이므로 가히 엄청난 양이다. 따라서 NM은 자신들 소유의 포도밭에서 재배한 포도만으로는 그 물량을 소화해 내기가 불가능하다. 그래서 이들이 한 해에 사용하는 전체 포도양의 85%를 매입하고 나머지 15%만 자신 소유의 포도밭에서 충당하고 있다.

대형 하우스들은 이러한 구매력을 이용해 포도 재배자로부터 질 좋은 포도를 유리한 가격에 사들인다. 이에 대한 예를 들어 본다. 프랑스 정부는 2008년 샹파뉴 지역을 포도 품질에 따라 세 개의 지역으로 분류해 놓았다. 일반 마을들, 1급 마을들, 그리고 품질이 가장 좋은 그랑 크뤼 마을로 3등분하였다. 일반 마을로 정해진 곳은 1kg 당 4.8유로, 1급 마을들에서 생산되는 포도는 1kg에 5.4~5.94유로, 그리고 포도 품질이 가장 좋은 그랑 크뤼 마을은 1kg당 6유로에 거래하도록 정해 놓았다. 이 거래 제도를 '에쉘 데 크뤼Échelle des Crus'라고 한다. 이 제도하에, 1급 마을에서 구매한 포도로 샴페인을 만들면 레이블에 1er Cru(프르미에 크뤼)라고 명시해야 하며, 그랑 크뤼 마을에서 사들인 포도로 샴페인을 만들면 Grand Cru라는 문구를 레이블에 표기하도록 했다. 농민들 입장에서는 합리적인 거래제도가 생긴 셈이며 소규모 샴페인 하우스들도 이런 룰을 성실히 이행하였다. 하지만 대형 하우스들은 꼼수를 부리기 시작했다. 품질이 좋은 1급 마을과 그랑 크뤼 마을에서 구입한 포도로 최상급 샴페인을 만든 후에도 레이블에는 '1er cru 또는 Grand cru'라는 표기를 하지 않는다. 왜 그럴까? 이유는 간단하다. 그랑 크뤼와 프르미에 크뤼 마을에서 포도 구입 시, 가격 협상에서 유리한 입지를 점하겠다는 의도가 깔려 있다.

샴페인 시장은 전통적으로 '포도밭 등급'보다는 대형 하우스들의

'브랜드 파워'가 주도해 왔다. '회사 이름'을 브랜드명으로 강조하는 전략을 구사해 왔고 각사의 최상급 샴페인에는 자사와 관련된 고유 브랜드명이나 창립자의 이름을 레이블에 표기하는 식인데 뵈브 끌리꼬의 '그랑 담', 모에 샹동의 '동 페리뇽', 그리고 폴 로저의 '써 윈스턴 처질'은 그 좋은 예라 하겠다.

반면에 상대적으로 회사의 인지도가 약한 소규모 하우스들은 그들의 최상급 샴페인 레이블에 Grand cru나 1er cru 문구를 표기하여 대기업의 브랜드 이미지와 경쟁을 벌이고 있다. RM 업자들이 그러하며 비록 그들이 홍보와 마케팅 면에서 열세에 있지만 품질만큼은 무엇 하나 떨어지지 않는다. 이것이 RM 샴페인에 더욱 관심이 쏠리는 이유다.

●RM 생산자 샴페인

프랑스 〉 샹파뉴

샹파뉴 지역이 아닌 프랑스의 스파클링 와인, 크레망

포도를 수확하여 즙을 내고 발효시켜서 만든 와인을 시중에 내다 팔지 않고, 이를 병 속에 각각 다시 넣고 효모와 당분을 재투입하여 병속 자체에서 2차 발효를 진행시켜 자연 기포를 만들어 내는 '샴페인'! 그 명칭은 프랑스 샴페인 지역에서만 허용되는 이름이다. 하지만 프랑스 내의 다른 지방에서는 샴페인과 똑같은 생산방식, 즉 '병속 2차 발효'로 스파클링 와인을 만들어도 그 술에 '샴페인'이라는 명칭을 사용하지 못한다. 이때는 샴페인이 아닌 크레망Crémant이란 다른 명칭을 사용해야 한다. 영어로 세미 스파클링 와인으로 풀이되는 이 술은 샴페인과 비교해 볼 때 병 속 2차 발효, 병 모양, 탄산이 들어 있는 기포성 와인이라는 면에서는 동일하지만 크레망은 각 지방별로 사용되는 포도 품종이 다르고 이들이 자란 기후와 토양이 '샴페인'의 그것과는 많은 차이를 보인다. 프랑스는 총 8개 지역에서 크레망이 생산된다.

지역별 크레망의 종류

크레망 달자스Crémant d'Alsace

알자스 지방은 맛좋은 화이트 와인과 함께 스파클링 와인으로도 꽤 유명하다. 알자스산 크레망은 1900년 이후부터 생산 및 음용되어 왔지만 1976년에 INAO(이나오, 프랑스 원산지 관할청)에 의해 그 생산이 법적으로 승인되었다. 리슬링, 피노 블랑, 피노 누와, 피노 그리, 오세루아 블랑, 그리고 샤르도네가 사용되며 단일품종 혹은 여러 품종을 혼합하여 만들기도 한다. 다만 로제는 피노 누와 단일품종으로 생산되어야 한다.

크레망 드 보르도Crémant de Bordeaux

메독과 생떼밀리옹의 그랑 크뤼 와인과 그라브 지역의 우수한 화이트 와인에 밀려 보르도 지방에서는 그 생산량이나 인지도가 비교적 낮은 술이다. '알자스 크레망'보다 100여 년 앞서 음용되었던 술이지만 1990년에야 비로서 '이나오'에 의해 공식 승인받는다. 청포도는 소비뇽 블랑, 세미용, 뮈스까델를 주력으로 하고 꼴롱바, 모작, 위니 블랑이 블렌딩되며 적포도는 까베르네 프랑, 까베르네 소비뇽, 까르미네르, 말벡, 멜롯, 그리고 쁘띠 베르도를 혼용해서 생산한다.

크레망 드 부르고뉴Crémant de Bourgogne

부르고뉴 최북단에 위치한 샤블리 지역에서부터, 꼬뜨 도르와 꼬드 샬로네즈, 그리고 마꼬네와 보졸레 지역의 포도를 광범위하게 사용한다. 1975년에 공식 승인된 부르고뉴 지방의 스파클링 와인으로 피노 누와, 가메, 샤르도네, 피노 그리, 알리고떼, 믈롱, 사시가 혼용된다. 이때 적포도인 피노 누와는 강건함과 풍부한 맛을, 가메는 포도 자체의 달콤한 풍미를 담당하며 동시에 생기와 활력을 불어 넣고, 청포도인 알리고떼는 신선한 산미를 더하고 샤르도네는 꽃과 토우스트 향을 와인에 부여한다.

크레망 드 디Crémant de Die

제2의 도시 리용에서 지중해 쪽으로 기다란 형상을 하고 있는 론 지방! 이곳 허리춤에 위치한 '디Die'라는 마을에서 생산되는 스파클링 와인으로 '끌레레뜨'를 주력으로 하며 뮈스까와 알리고떼를 혼합하기도 한다. 1942년 '이나오'에 의해 론 지방의 공식 스파클링 와인이 되었다. 샴페인 방식으로 생산되며 드라이한 맛이 깔끔하다.

이 술과 비슷한 녀석이 있다. '끌레레뜨 드 디Clairette de Die'인데 마찬가지로 '디Die' 마을에서 생산되는 스파클링이다. 복숭아와 살구 향이 매력적이며 기분 좋은 산도와 당미가 조화롭다. 청포도인 뮈스까와 끌레레뜨를 사용한다. 하지만 이 와인은 샴페인처럼 병속 2차 발효를 거치지 않는다. 좀 특이한 방법으로 생산이 되는데, 일단 포도즙을 발효 조에 넣고 발효를 진행시킨다. 알코올이 4~5도 정도에 이르면 0℃로 냉각시키고 효모 활동을 멈추게 하여 1차적으로 밑술(아직 발효가 덜된 당분과 효모가 잔류하고 있으며 과일 풍미가 진하게 남아 있음)을 만들어 놓는다. 그 다음 이 밑술을 각각의 병 속에 주입하는데 샴페인 방식처럼 효모와 설탕은 넣지 않는다. 이렇게 술이 든 병을 6~12개월 정도 저장고에 보관하면 잔당과 효모에 의해 대략 7~8도의 알코올을 지닌 스파클링 와인이 된다. 여기에 한 공정이 더 남아 있다. 이 술을 다시 큰 탱크에 부어서 효모 찌꺼기를 제거한 후에 병입하여 와인을 완성시킨다. 조금 복잡하고 까다로운 이런 방식을 '디

●끌레레뜨 드 디

와즈 앙세스트랄Dioise Ancestrale'이라고 하며 '디Die' 마을만의 전통 양조 기법으로 인정받아 1971년 이나오에 의해 공식적인 술이 되었다.

크레망 뒤 쥐라Crémant du Jura

1955년 쥐라 지방에서 공식 승인된 스파클링 와인이다. 적포도는 뿔사르, 트루소, 피노 누와를 사용하며 청포도는 샤르도네, 피노 그리, 그리고 사바냉이 사용된다. 쥐라 지역은 부르고뉴, 알자스와 비슷한 위도 선상에 위치하여 기후적으로 이들과 동질감이 느껴지는 와인으로 생산된다. 산미가 좋고 과일 맛과 꽃 향이 좋다.

리무Limoux

리무에서 생산되는 스파클링 와인의 종류는 세 가지다. 블랑께뜨 드 리무, 블랑께뜨 메또드 앙세스트랄, 그리고 크레망 드 리무.

• 블랑께뜨 드 리무Blanquette de Limoux

문헌상 가장 오래된 스파클링 와인의 발원지는 '리무Limoux'다. 이 지역은 샴페인 생산보다 훨씬 앞서며 1531년 이 지역 베네딕트 수도승들에 의해 맨 처음 스파클링 제조 기법이 고안되었다. 정확히 말하면 동 페리뇽이 샴페인 제조 방법을 최초로 발명한 것이 아니라 이를 계승, 발전시켜 샴페인 품질과 생산에 큰 업적을 남긴 인물로 봐야 한다. 이처럼 가장 역사가 오래된 스파클링 와인이자 샴페인 방식의 원조는 바로 '리무' 지역에서 탄생하였다. 그런 의미에서 이 술은 샴페인만큼 가치 있는 와인이라 할 수 있겠다.

프랑스 남서쪽에 자리한 랑그독 루시용 지방에 위치한 이 조그마

한 마을, '리무'에서 오늘날 샴페인을 비롯한 스파클링 와인의 역사가 시작되었지만 정부 차원의 공식인증은 1938년에 이루어졌다. 이 마을에서 생산되는 '블랑께뜨 드 리무'는 모작(Blanquette와 동종이명)을 주력 품종으로 샤르도네와 슈냉 블랑을 보조품종으로 사용하며 샴페인처럼 병속 2차 발효 방식으로 생산한다.

• 블랑께뜨 메또드 앙세스트랄 Blanquette méthode ancestrale

상기 '블랑께뜨 드 리무'와 같은 지역에서 생산되는 이색적인 스파클링 와인이다. 품종은 모작만을 사용하며 병속 2차 발효를 진행하지만 효모 찌꺼기를 배출시키지 않고 그대로 병 속에 잔류시킨다. 다소 흐릿한 색깔에 단맛이 있다.

• 크레망 드 리무 Crémant de Limoux

상기 두 스파클링 와인의 업그레이드 버전으로 1990년에 '이나오'에 의해 새로이 추가된 술이다. 병 속 2차 발효를 통해 생산되며 품종 비율에 있어 엄격하다. 샤르도네 40~70%, 슈냉 블랑 20~40%, 모작 10~20%, 그리고 피노 누와는 0~10%로 명시하고 있다.

크레망 드 루아르Crémant de Loire

루아르는 프랑스에서 샴페인 지방 다음으로 가장 큰 스파클링 와인 생산지역이다. 1975년에 공식 술로 지정되었고 주력 품종은 슈냉 블랑이며 샤르도네, 피노 누와, 까베르네 프랑, 까베르네 소비뇽, 그리고 그롤로가 사용된다.

크레망 드 사부아 Crémant de Savoie

사부아는 크레망 생산 지역 8개 중 가장 늦게 스파클링 생산 지역으로 지정되었다(2014년). 위치는 리옹Lyon이라는 도시의 오른쪽에 있으며 스위스와 바로 인접해 있다. 자퀴에르Jacquere와 알테스Altesse 품종을 최소 60% 이상 사용해야 하며 알리고떼, 샤르도네, 그리고 샤슬라를 40% 이내에서 브랜딩하여 생산되며 적포도는 20% 이상 사용할 수가 없다.

크레망의 병 속 2차 발효 기간

밑술에 티라주tirage(효모와 당분을 첨가)를 하고 나서 그 밑술을 병 속에 주입 후 9개월간 병 속 2차 발효를 진행시킨다. 샴페인의 경우 넌빈티지는 1.5년, 빈티지는 3년 의무에 최장 5~8년까지다. 따라서 병 속 발효기간이 샴페인에 비해 짧아 생성되는 이산화탄소의 양도 적고 병 속 압력도 낮다. 이는 티라주할 때 투입되는 설탕의 양과 밀접한 관련이 있는데 발효 기간이 상대적으로 짧은 크레망에는 샴페인보다 적게 투입된다. 따라서 샴페인은 잔에 따르면 풍부한 거품과 바닥에서 올라오는 강렬한 기포가 인상적이고 오래 지속되지만 크레망은 상대적으로 약한 편이다. 또한 버블의 섬세함도 샴페인의 그것에 미치지 못한다.

프랑스 〉 샹파뉴

나라별 스파클링 와인

샴페인과 크레망이 프랑스를 대표하는 스파클링 와인이라면 이탈리아, 미국, 스페인 그리고 독일에서 생산되는 와인에는 어떤 것이 있을까?

이탈리아 스파클링

1~2만 원대의 값싸고 맛있는 이태리 스파클링 와인 중에서 가장 인기 있는 술은 모스까또 다스티Moscato d'Asti와 브라케또 다퀴Brachetto d'Acqui다. 전자는 화이트 와인으로 청포도 맛과 달콤한 향미가 좋아 인기가 높다. 알코올도 5~6도 정도라서 마시기 편하다. 브런치용으로 샌드위치와 조합이 좋고 매콤한 아귀찜, 낙지볶음과 함께하면 감칠맛이 더욱 살아난다. 그런 맛을 즐기려면 반드시 5~7℃로 차게 해서 마셔야 청량감과 달콤함, 그리고 신선한 과일 맛을 놓치지 않는다. 이태리 피에몬테 지방에 있는 아스티Asti 지역이 원산지며 이 지역에서 재배되는 청포도인 모스까또Moscato 품종으로 만들어진다.

이 와인과 더불어 꼭 맛보아야 할 것은 브라께또 다뀌Brachetto d'Acqui다. 아스티 인근의 아퀴Acqui 지역에서 생산되는 레드 스파클링 와인이다. 적포도인 브라께또Brachetto를 사용해서 붉은 색조에 진한 과일 맛과 청량감이 아주 매력적이다.

만약 단맛을 피하고 싶다면 프로세코Prosecco가 제격이다. 이태리 베네토와 프리울리 지역에서 생산되는 스파클링 와인으로, 사용되는 품종은 와인 이름과 똑같이 프로세코다. 마지막으로 프렌치아코르타Franciacorta가 있다. 이 술은 샴페인 방식으로 만들어지며 깊고 풍부한 맛이 강점인데 품질 면에서 앞서 말한 세 가지 와인보다 훨씬 고품질 와인이다. 이태리 롬바르디아 지방이 원산지다.

모스까또 다스티, 브라께또 다퀴, 프로세코는 샤르마Charmat 방식(탱크Tank 방식이라고도 함)으로 만드는데 샴페인과는 달리 큰 탱크에 와인을 채우고 효모와 당분을 투입한다. 발효가 진행되고 당이 알코올로 바뀌면서 밑술의 알코올 농도가 올라가고 동시에 이산화탄소가 자연 발생한다. 이산화탄소가 충분히 생성되면 탱크에 압력을 가하여 와인에 용존시킨다. 그런 다음 병에 담아 시장에 출시한다.

미국의 슈렘스버그 스파클링 와인

미국 스파클링 와인도 품질이 좋다. 그중 캘리포니아에서 생산되는 '슈렘스버그 블랑 드 블랑Schramsberg Blanc de Blancs'은 웬만한 프랑스 샴페인보다 품질이 우수하다. 솟구치는 버블의 파워가 대단하며 살짝 감도는 당미는 애교스럽다. 샤르도네 단일 품종으로 만들어지며 샴페인처럼 병속 2차 발효를 포함해 2년 이상의 숙성과정을 거친다. 과일 풍미와 효모의 구수한 맛이 잘 어우러지는 맛난 와인이다. 적포도로 만든 '블랑 드 누와'도 평이 좋다. 둘 다 클래식한 샴페인보다 한 수 위다.

스페인의 까바

스페인에서 생산되는 스파클링 와인을 '까바'라고 한다. 레이블에

'CAVA'라고 적혀 있으며 사용되는 포도는 비우라, 마카베오, 파렐라다, 그리고 자렐로 품종을 블렌딩하여 생산된다. 샴페인 방식으로 생산되며 최고급 까바인 경우 샴페인 못지않은 폭발력과 깊은 맛이 좋고 가격도 상대적으로 저렴하여 인기가 높다. 최근 로저 구라트Roger goulart가 만든 까바가 그런 경우다. 평균 18개월 정도 지하셀러에서 숙성이 이뤄지며 최고의 포도만을 직접 수확하고 선별하여 만든 와인의 경우 최대 4년 정도를 지하셀러에서 숙성시킨 후 출시한다.

독일의 젝트

젝트Sekt라는 문구가 레이블에 쓰여 있으면 독일 스파클링 와인을 뜻한다. 생산방법은 샤르마 방식을 사용하며 Sekt 문구가 없는 스파클링 와인은 이산화탄소를 강제 주입하여 만든 와인이다. 레이블에 'Deutscher Sekt' 또는 'Sekt b. A.'라고 표기된 와인은 자국의 포도를 사용하여 만든 와인을 뜻하고 그냥 Sekt만 표기된 와인의 90% 이상은 이탈리아, 스페인, 프랑스에서 생산된 와인을 수입하여 그것을 베이스로 스파클링 와인을 만든 경우다. 마지막으로 고품질 프리미엄 젝트Premium Sekt는 자국의 포도를 이용하여 샴페인 방식으로 생산된다.

● 나라별 스파클링 와인 요약

나라	지역	명칭	제조방법	사용되는 품종
이탈리아	프리울리 베네치아 쥴리아Friuli Venezia Giulia	프로세코Prosecco	샤르마 방식	프로세코Prosecco(글레라 Glera, 프로세코의 동종이명)
	베네토Veneto			
	피에몬테Piemonte	모스까또 다스티 Moscato d'Asti		모스까또 비앙코Moscato Bianco
		브라께또 다퀴 Brachetto d'Acqui		브라께또Brachetto
		아스티Asti 또는 아스티 스푸만테 Asti Spumante		모스까또 비앙코Moscato Bianco
	롬바르디Lombardy	프렌치아코르타 Franciacorta	샴페인 방식	샤르도네Chardonnay 피노 네로Pinot nero 피노 비앙코Pinot bianco
스페인	카탈로니아Catalonia	까바CAVA	샴페인 방식	마카베오Macabeo(Macabeu, 또는 Viura와 동종이명) 빠렐라다Parellada 자렐로xarello 모나스트렐Monastrell 가르나차Garnacha 피노누와Pinot Noir
독일		젝트Sekt	샤르마 방식	이탈리아, 스페인, 프랑스에서 수입한 와인을 베이스로 한다.
		젝트Sekt 표기가 없는 스파클링	CO^2강제주입	
		Deutscher Sekt 또는 Sekt b.A.	샤르마 방식	리슬링Riesling 피노 블랑Pinot blanc 피노 그리Pinot gris 피노 누와Pinot noir
		프리미엄 젝트 Premium Sekt	샴페인 방식	

이처럼 독특한 와인은 처음이야

프랑스 술이지만 결코 프랑스 같지 않은 '알자스' 와인, 그리고 포도로 만든 와인이라 하기에는 너무나 강렬한 호두 맛이 인상적인 '쥐라'의 술! 이 지역의 와인 속에는 어떤 이야기가 숨어 있을까?

우선 알자스 와인하면 알퐁스 도데의 소설 『마지막 수업』이 떠오른다. 프랑스의 북동쪽 맨 끝자락에 자리한 알자스 지역은 독일과 접경지역으로 와인의 이름과 병 모양, 게다가 사용되는 포도 품종도 독일의 그것과 닮았다. 왜 그럴까? 사실 알자스는 원래 독일 영토였다. 1618년 최초의 세계대전이라 일컫는 '30년 전쟁' 이후 1648년에 프랑스령이 되었으나 1871년 보불전쟁 이후부터 1차 세계대전이 끝날 때까지 독일의 영토로 다시 귀속된다. 이 시기가 마지막 수업의 역사적 배경이 되었고 1차 세계대전 패망 후 알자스는 다시 프랑스로 넘어오며 2차 세계대전 초에 잠시 독일 수중에 있다가 완전히 프랑스 영토가 되었다. 이렇게 알자스 와인은 독일과 얽히고설켜 있어 와인이름, 품종, 그리고 포도밭 이름까지 독일 문화가 지금도 강하게 배어 있다.

와인은 포도로 만들기 때문에 대부분 과일 풍미가 배어나는 게 마땅하지만 '뱅 존느'는 이런 지레짐작이 통하지 않는 독특한 술이다. 포도보다는 아몬드와 호두의 향미가 입안을 가득 채운다. 이 술의 특유한 매력은 이미 오래전에 영국 왕 헨리 4세의 미각을 사로잡았고 그런 반전의 매력으로 오늘날 미식가의 필수 와인으로 꼽힌다.

프랑스 〉 쥐라

요정이 탐을 낸 와인, 뱅 존느

포도로 만든 와인은 대부분 발효 과정에서 과실의 맛과 향이 나게 마련이다. 하지만 '뱅 존느Vin Jaune'는 다르다. 그 맛과 향이 강렬하여 한 번 맛보면 잊을 수 없는 개성적인 술이다.

프랑스 쥐라Jura 지역에서 청포도인 사바냉Savagnin 품종으로 빚어지며, 색깔이 황금빛이어서 이름도 '뱅 존느'라 불린다. 프랑스어로 '뱅Vin'은 와인이며, '존느Jaune'는 노란색을 뜻한다. 영어로 Yellow wine이라 불리는 이 와인의 맛과 향의 비결은 독특한 양조 과정에 숨어 있다.

보편적으로 발효가 끝난 와인은 그 술을 오크통에 꽉 채워서 숙성시킨다. 이는 산화 방지를 위해 공기가 들어갈 수 있는 여지를 없애기 위함이다. 하지만 뱅 존느 와인은 오크통의 70%만 채워서 숙성시킨다. 30%의 공간을 차지하고 있는 공기로 인해 통 속 와인은 산화가 촉진된다. 그러면 신기하게도 마치 살아 있는 생물처럼 와인은 자신의 산화를 막기 위해 '효모 막'을 표면 상층부에 생성시킨다. 이런 상태로 오크통 속에서 최소 6년 3개월, 길게는 10년간 효모 막과 공생하며 독특한 맛과 향을 길러낸다. 그런 장고의 세월을 견디는 동안 오크통 속 와인의 양은 자연스레 줄어드는데 혹자는 증발한 그 양을 천사의 몫Angel's share이라고 부른다. 하늘에서 요정이 저장고로 몰래 숨어들어 와인을 축이고 그 대가로 특유의 맛과 향을 불어 넣고 간다는 것이다.

생김새 또한 유별나다. 병의 용량은 기존 와인처럼 750ml가 아니라 620ml다. 마치 양손으로 병을 눌러 놓은 듯 통통하고 생뚱맞다. 이런 병 모양을 클라블랭Clavelin이라고 하며 뱅 존느 와인에만 사용할 수 있다. 병 모양에 대한 기원은 정확하지 않다. 다만 샤또 살롱 지역에서 유래한 것으로 전한다.

●뱅 존느 와인

뱅 존느 와인을 생산하는 곳은 쥐라지역에 네 군데다. 꼬드 뒤 쥐라Cotes du Jura, 아르브와Arbois, 샤또 살롱Chateau chalon, 그리고 레뜨왈L'Etoile로 이 중 가장 으뜸은 '샤또 살롱'이다. '샤또'라는 문구를 사용하니 포도원처럼 들리겠지만 오해다. 쥐라에서 'Chateau Chalon'은 원산지명이다. 혹 레이블에 'Vin Jaune'라는 문구가 없어도 상기 네 개 지명 중 어느 하나가 쓰이면 뱅 존느 와인이다. 인도 음식인 탄두리 치킨이나 카레가 들어간 요리와 잘 어울리며 초콜릿 무스 케이크와도 어울린다. 꽁떼comté 치즈와 호두가 사용된 빵이나 타르트와도 조합이 훌륭하다.

프랑스 〉 쥐라

쥐라 지역 추천 와인

쥐라를 대표하는 와인은 뱅 존느다. 하지만 쥐라의 다른 와인들도 충분히 마셔 볼 만하다. 샴페인과 제조 방법이 동일한 '크레망 뒤 쥐라Crémant du Jura', 와인에 브랜디를 섞어서 만든 '마크뱅 뒤 쥐라Macvin du Jura', 그리고 '뱅 드 빠이유Vin de paille'는 아이스 와인과 귀부 와인 못지않은 훌륭한 디저트 와인이다. 우선 '마끄뱅 뒤 쥐라' 와인을 살펴보자. 'Macvin'이란 뜻은 브랜디를 첨가한 와인wine with brandy을 의미한다. 따라서 이 와인을 만들기 위해서는 먼저 코냑 혹은 이와 동일한 증류주인 브랜디를 만들어 놓아야 한다. 이런 용도로 만든 브랜디를 쥐라 지방에서는 마르끄Marc라고 부른다. 그리고 와인에 마르끄를 섞고 오크통에 6년간 숙성시키면 '마끄뱅 뒤 쥐라'가 만들어진다. 사실 와인보다는 리큐Liqueur(혼성주)에 더 가깝다. 쥐라지방의 오랜 전통주인데 국가로부터 정식 승인을 받지 못하다가 1991년에야 쥐라의 공식술로 인정이 되었다. 보통 알코올은 16~18도 선이며 달콤하고 코냑향이 좋아 후식용으로 쓰인다. 만약 와인에 묻어나는 브랜디 향이 싫거나 알코올이 강하게 느껴진다면 '뱅 드 빠이유'가 좋다. 뱅Vin은 프랑스어로 와인wine을 뜻하고 빠이유paille는 지푸라기straw다. 수확한 포도를 짚 위에서 3개월간 건조 후 발효에 들어간다 하여 '지푸라기 와인'이라 불린다. 알코올은 11~15도 정도며 잔류된 천연 당으로 인해 와인이 달콤한 풍미를 갖게 된다.

●쥐라 지역의 와인 요약

스타일	와인이름	색깔	사용되는 품종
뱅 존느 Vin Jaune	샤또 샬롱 Chateau Chalon	화이트	사바냉 Savagnin
	아르브와 뱅 존느 Arbois Vin Jaune		
	꼬뜨 뒤 쥐라 뱅 존느 Côtes du Jura Vin Jaune		
	뱅 존느 드 레뜨왈 Vin Jaune de l'Etoile		
크레망 Crémant	크레망 뒤 쥐라 Crémant du Jura	화이트	샤르도네, 피노그리, 사바냉
		로제	적포도(풀사르, 트루소, 피노 누와)와 상기 청포도 블렌딩
리쿼 Liqueur	마끄뱅 뒤 쥐라 Macvin du Jura	레드	풀사르, 트루소, 피노 누와
		로제	청포도인 샤르도네, 사바냉을 상기 적포도와 블렌딩
Dessert 와인	뱅 드 빠이유* Vin de paille	화이트	샤르도네, 사바냉에 풀사르를 약 7% 블렌딩

* 디저트 와인 편 참고.

프랑스 〉 알자스

엄격한 법규로 생산되는, '알자스 그랑 크뤼 와인'

알자스 와인은 크게 세 가지 범주로 생산되는데 일반 '스틸 와인Still wine'(스파클링의 반대말로 탄산이 없는 화이트, 레드, 로제 와인), 탄산이 있는 '크레망 달자스', 그리고 '알자스 그랑 크뤼 와인'으로 나뉜다. 일반 스틸 와인이 78%를 차지하며 크레망은 18%, 그리고 알자스 그랑 크뤼 와인은 4%를 차지하고 전체 생산량 중에서 약 90%가 화이트 와인이다.

일곱 가지 품종과 와인의 특징

알자스 지역은 와인생산에 있어 사용되는 품종을 일곱 가지로 법적 제한하고 있다. 피노 누와를 제외하면 모두 청포도다. 리슬링은 와인에 과일, 미네랄, 그리고 꽃 향을 부여하며 피노 블랑은 신선함과 부드러운 맛이 좋다. 그리고 '게뷔르츠트라미너'는 청포도지만 핑크빛 껍질로 되어 있는데 이름처럼 맛도 독특하다. '리치' 향이 진하고 단맛이 감돌면서 쌉싸름한 맛의 와인으로 생산되며 욕심을 부려 가격이 좀 나가는 와인을 고른다면 장미와 사향musk 풍미를 진하게 즐길 수 있는 매력적인 품종이다.

피노 그리 품종으로 와인을 만들면 스모크 향, 즉 훈제 향이 배어 있고 풀 냄새와 숲 속의 싱그러운 향기가 묻어난다. 실바너와 뮈스까는 가볍고 신선한 과일 풍미를 와인에 부여하며 마지막으로 피노 누와는 알자스 지방에서 레드와 로제 와인으로 생산되는 유일한 적포도 품종으로 체리향이 좋고 신맛이 좀 강하게 빚어진다.

알자스 그랑 크뤼 와인

●알자스 그랑 크뤼, 슈피겔

알자스 그랑 크뤼 와인에 대한 프랑스 정부의 법적 기준은 좀 복잡하다. 이에 대한 부가적인 설명은 잠시 뒤에 하기로 하고 우선 알자스 지역에도 그랑 크뤼 와인이 있다는 사실을 알아두면 좋겠다. 정부에서 인증한 최고의 포도밭에서 재배된 포도를 사용하면 알자스 최고 등급인 '그랑 크뤼' 와인이 되고, 그 외의 일반 포도밭에서 생산된 포도로 빚으면 일반 알자스 와인이 된다.

하지만 알자스 그랑 크뤼 와인이 되려면 상기 7품종 중에서도 5종류(게뷔르츠트라미너, 리슬링, 뮈스까, 피노 그리, 실바너)만 가지고 와인을 만들어야 한다. 알자스 그랑 크뤼 등급은 최초 1975년 슐로스베르그 Schlossberg 포도밭을 시작으로 1983년에 24개 포도밭이 지정되었고 다시 1992년에 25개가 추가되었으며, 마지막으로 2007년에 캐퍼코프 Kaefferkopf 포도밭이 더해져 현재 51개 포도밭이 그랑 크뤼로 지정되어 있다.

알자스 그랑 크뤼 포도밭 51개 명칭

알텐베르그 데 베르그비텐Altenberg de Bergbieten, 알텐베르그 데 베르그하임Altenberg de Bergheim, 알텐베르그 데 폴스하임Altenberg de Wolxheim, 브란트Brand, 부루델탈Bruderthal, 아이쉬베르그Eichberg, 엔겔베르그Engelberg, 프로리몬트Florimont, 프랑트슈타인Frankstein, 프뢴Froehn, 풀스텐툼Furstentum, 가이스베르그Geisberg, 그뢱켈베르그Gloeckelberg, 골덜트Goldert, 핫쉬볼르그Hatschbourg, 헹스트Hengst, 캐퍼코프Kaefferkopf, 칸츨러베르그Kanzlerberg, 카스텔베르그Kastelberg, 케슬러Kessler, 킬쉬베르그 데 발Kirchberg de Barr, 킬쉬베르그 데 리보이빌레Kirchberg de Ribeauville, 킷털레Kitterle, 맘보르그Mambourg, 만델베르그Mandelberg, 막크라인Marckrain, 뫼쉬베르그Moenchberg, 뮌쉬베르그Muenchberg, 올빌러Ollwiller, 오스터베르그Osterberg, 펄시베르그Pfersigberg, 핑스트베르그Pfingstberg, 프레탈텐베르그Praelatenberg, 라겐Rangen, 로싸커Rosacker, 세링Saering, 슐로스베르그Schlossberg, 쇠넨부그르Schoenenbourg, 솜머베르그Sommerberg, 손낸그란츠Sonnenglanz, 슈피겔Spiegel, 슈포렌Sporen, 슈타인네르트Steinert, 슈타인그룹러Steingrubler, 슈타인크로츠Steinklotz, 폴보르그Vorbourg, 비델스베르그Wiebelsberg, 비넥-슐로스베르그Wineck-Schlossberg, 빈첸베르그Winzenberg, 친켑플레Zinnkoepfle, 촛첸베르그Zotzenberg.

* 상기 이름 중에서 'de'가 있는 포도밭을 살펴보면, 예를 들어 'Altenberg de Bergbieten'에서 앞의 Altenberg는 포도밭 이름, 뒤의 'Bergbieten'는 그 포도밭이 있는 마을 이름을 뜻한다. 따라서 '알텐베르그Altenberg' 포도밭은 베르그비텐, 베르그하임, 그리고 폴스하임 마을에도 있다.

알자스 그랑 크뤼 와인에 대한 부가 설명

알자스 그랑 크뤼에 대한 법규는 좀 복잡하다. 따라서 다음 내용은 전문가 수준이므로 머리 아프게 읽지 않아도 된다. 다만 이해하고 알아 둔다면 '전문가 뺨치는' 지식이 될 수도 있다.

조항 1. 2006년부터 촛첸베르그Zotzenberg 포도밭에서는 단일 품종으로 만들 경우 '실바너'를 그랑 크뤼급 알자스 와인으로 인정하며 또한 실바너와 블렌딩할 경우 리슬링, 피노 그리, 게뷔르츠트라미너의 블렌딩을 허용한다고 프랑스 국립 원산지 관할청INAO이 밝혔다.

조항 2. 알자스 그랑 크뤼 와인은 반드시 단일 품종으로 만들어져야 한다. 다만 아래의 두 포도밭은 예외로 한다.

• **알텐베르그 데 베르그하임**Altenberg de Bergheim

이 포도밭에서 재배되는 품종 중에서 리슬링, 피노 그리, 게뷔르츠트라미너, 이렇게 세 가지 중 어느 품종이든지 단일 품종으로 만들면 그랑 크뤼 와인이 될 수 있다. 또한 이 포도밭의 포도들을 품종 블렌딩을 할 경우 다음과 같이 허용한다. 리슬링 50~70%, 피노 그리 10~25%, 게뷔르츠트라미너 10~25%를 섞을 수 있으며 만일 2005년 3월 26일 이전에 심은 포도(피노 블랑, 피노 누와, 뮈스까 오또넬, 뮈스까 블랑, 뮈스까 로제, 샤슬라)는 최대 10%까지 블렌딩을 허용한다.

• **캐퍼코프**Kaefferkopf

알텐베르그 데 베르그하임과 마찬가지로 리슬링, 피노 그리, 게뷔르츠트라미너, 이렇게 세 가지 중 어느 품종이든지 단일 품종으로 만들면 그랑 크뤼 와인이 된다. 또한 품종 블렌딩은 다음과 같이 허용된다. 게뷔르츠트라미너는 60~80%, 리슬링 10~40%, 피노 그리 0~30%, 그리고 뮈스까 품종 계열만 최대 10%까지 블렌딩할 수 있다.

조항 3. 알텐베르그 데 베르그하임, 캐퍼코프 포도밭은 품종 블렌딩이 허용되지만 다른 그랑 크뤼 포도밭은 단일 품종으로 만들어야 한다. 이를 제외하고 다른 그랑 크뤼 포도밭에서 재배된 여러 품종을 섞어서 와인을 만들거나, 또는 각 그랑 크뤼 포도밭의 포도들이 섞인다면 각 품종과 포도밭들이 가진 '떼루아'를 무시하는 처사이므로 위법이다. 대표적인 예로 위겔Hugel사의 쥐빌레 퀴베Jubilée cuvée 와인은 그랑 크뤼 포도밭인 쇠넨부르Schoenenbourg의 리슬링과 스포렌Sporen의 게뷔르츠트라미너와 피노 그리를 혼용하여 생산하기 때문에 '그랑 크뤼' 표기를 레이블에 하지 않는다.

알자스산 디저트 와인 2종

방당쥬 따흐디브Vendanges Tardives

'늦은 수확'이라는 뜻으로 1984년 3월 1일 법령에 따라 그랑 크뤼용 포도로만 생산된다. 보통 공식 포도 수확일보다 몇 주씩 늦게 수확하며, 귀부 포도로 양조하는 경우가 많아 향의 농도와 감미가 빼어나다. 모두 수작업으로 수확하고 천연 고당도의 포도즙을 짜내어, 이를 발효시키는 중간에 발효를 중지시켜 와인 속에 천연당분을 잔류케 함으로써 달콤한 술로 빚어진다. 인위적인 당분 첨가는 금지하고 있으며 레이블에 포도품종과 빈티지는 의무기재 사항이다.

●스위트 와인, 방당쥬 따흐디브

셀렉시옹 드 그랭 노블 Selections de Grains Nobles

'귀부화된 포도송이 모음'이라는 뜻으로 보트리티스 씨네레아 곰팡이가 핀 포도 알만을 선별하여 만든다. 프랑스 소테른 와인처럼 짙은 당미의 농도와 복합적인 향기가 일품이다. 방당쥬 따흐디브보다는 당분의 농도가 더 짙으며 알자스 디저트 와인의 정수라 할 만하다.

●스위트 와인, 셀렉시옹 드 그랭 노블

프랑스 〉론

론 와인과 음식궁합

론 지방은 매콤한 향과 농밀한 과일 맛의 레드 와인으로 오래전부터 명성을 얻은 곳이다. 보르도나 부르고뉴 지방처럼 그랑 크뤼 등급 체계나 계급은 존재하지 않지만 와인의 종류와 맛의 스펙트럼은 두 지역 보다 더 넓고 화려하다.

시라 품종으로 만든 와인 중 최고로 추앙받는 '라라라 시리즈', CDP 와인의 정통성을 이어가는 '샤또 드 보까스텔'과 이단아 '하야스', 그리고 화이트 와인계의 로마네 꽁띠라 불리는 샤또 그리에, 로제 와인의 대명사 따벨, 뮈스까로 만든 스파클링과 디저트 와인까지….

이처럼 진하고 매콤한 레드와인에서 달콤한 디저트 와인까지 론 와인은 다양한 스펙트럼을 가지고 있다. 그래서 오직 론 지방의 와인만을 가지고 음식과의 조합을 꾸려 본다는 건 다분히 음식을 즐길 줄 아는 자세이며, 소믈리에와 와인 애호가들에게도 흥미 있는 과제가 아닐까 한다.

식전주 혹은 애피타이저랑 어울리는 와인은?

샴페인이 제격이지만 론 와인에는 해당되지 않는다. 그렇다면 론 지방산 스파클링 와인은 없을까? 론 지방에도 스파클링 와인인 끌레레뜨 드 디Clairette de Die가 있다. 복숭아와 살구 향이 매력적이다. 더불어 장미향, 꿀 냄새, 그리고 기분 좋은 산미는 식욕을 돋우어 준다. 우리네 잡채와 전과도 조합이 좋다. 품종은 청포도인 뮈스까와 끌레레뜨가 사용된다. 생산회사는 젤랑스Jaillance를 추천한다. 비교적 짧은 역사로 1950년에 세워진 회사지만 프리미엄급 스파클링 와인만을 전문으로 생산한다.

시저, 과일, 치즈, 닭 가슴살 샐러드와 어울리는 와인

보통 샐러드 하면 뉴질랜드산 소비뇽 블랑으로 만든 화이트 와인이 좋다. 신선한 과일과 채소 풍미가 좋아 샐러드와 조합이 맞다. 하지만 론 지역은 그런 품종으로 와인을 만들지 않는다. 이를 대신할 수 있는 품종은 청포도인 비오니에Viognier다. 과일 향과 꽃 향이 좋고 유질감이 근사한 화이트 와인으로 만들어지며 생산되는 지역은 꽁드리외Condrieu다. 욕심을 내어 입안의 호사를 누릴 요량이라면 '라 도리안 꽁드리외'를 맛보자! 샐러드에 과일이 곁들여진 음식과도 좋지만 생선 요리에 더욱 빛을 발한다. 살구와 무화과 향기가 매혹적이며 여기에 구운 아몬드 향까지 합세한다. 삼키고 나면 긴 여운 속에 꽃 향이 감돌며 신선한 오크 풍미가 무게감을 더한다. 매년 15,000병 한정 생산되는 와인으로 꼭 맛볼 만한 론 지역의 화이트 와인이다.

●라 도리안 꽁드리외

생선, 조개관자 요리와 어울리는 와인

라 도리안 꽁드리외도 생선요리와 훌륭한 조합을 이루지만 샤또 그리예가 최고다. 화이트 와인계의 '로마네 꽁띠'라 불릴 만큼 귀한 와인으로 연간 10,000병만 생산된다. 1830년에 네레-가쉐Neyret-Gachet 가문에 의해 설립된 싱글 빈야드 포도원으로 최소 10년은 묵혀야 제맛을 내며 복숭아, 살구, 구운 아몬드 향이 매혹적인 술이다. 그릴에 구운 조개 관자와도 더없이 훌륭한 조합을 보인다.

● 파미이유 페랭

그런데 가격 면에서 두 와인은 너무 부담스럽다. 이럴 땐 로제 와인이다. 론 지방 남부에 위치한 따벨Tavel이라는 지역은 적포도인 그르나슈를 주품종으로 질 좋은 로제 와인을 생산한다. 과일 잼, 레드베리, 그리고 꽃 향이 나며 산도가 좋아 생선 요리에도 적합하다. 괜찮은 생산자 두 개를 꼽는다면 샤또 다뀌에리아Chateau d'Aqueria와 파미이유 페랭Famille Perrin이 적합하다.

소고기 스테이크, 양고기와 어울리는 와인

이런 무거운 요리에는 까베르네 소비뇽이나 멜롯을 사용하여 섬세하면서도 강건한 타닌이 깃든 와인이 정석이다. 그러면 보르도 지방의 메독, 그라브, 그리고 생떼밀리옹 지역의 그랑 크뤼 와인이 제격이지만 론 지방은 이런 품종들로 와인을 생산하지 않는다. 그렇다면 이들과 겨룰 수 있는 론 지방의 유명 레드와인 생산지는 어디일까? 두말할 필요 없이 꼬뜨 로띠Cote Rotie와 샤또뇌프 뒤 빠쁘Chateauneuf du Pape(약어로 CDP)다. 전자는 평양, 후자는 서울처럼 북부 론과 남부 론을 대표한다.

레드 와인으로는 이 두 지역이 단연코 으뜸인데 꼬뜨 로띠는 시라를 주 품종으로 만들어져 진한 과실 맛에 블랙 올리브 향이 더해지며, 샤또뇌프 뒤 빠쁘는 매콤한 풍미를 와인에 부여하는 그르나슈 품종을 주력으로 한다.

먼저 꼬뜨 로띠 지역에서 육류와 조합이 좋은 최고의 술을 꼽으라면 라라라 시리즈다. 라 튀르끄La Turque, 라 랑돈느La Landonne, 라 물린느La Moulline…. 이들은 포도밭 이름이자 와인 이름이다. 비록 비싸기는 하지만 값어치 있는 술이다. 라 물린느 와인은 연간 28,000병이 생산되며 시라 품종에 청포도인 비오니에를 블렌딩하여 우아한 여성미와 이국적인 과일 맛이 좋다. 세 와인 중에서 타닌이 가장 강하지만 10~15년 세월을 두고 마신다면 섬세한 맛과 부드러운 질감을 보여준다.

나머지 두 와인은 시라 100%를 사용하며 연간 10,000병이 생산된다. 비교적 음용시기가 빨라 출시

●라 튀르끄

●라 랑돈느

●라 물린느

후 10년 이내에 마셔야 하지만 대신에 타닌, 알코올, 산도, 당미의 밸런스가 탁월하다. 라즈베리, 블랙베리, 블랙커런트, 제비꽃, 발사믹 소스, 흑연, 에스프레소와 같은 복합적인 풍미를 보여 주는 훌륭한 술이다. 물론 꼬뜨 로띠 지역의 와인도 조합이 좋지만 만약 양고기와 함께 마신다면 CDP 와인이 한수 위인데 양고기 특유의 풍미를 보완할 수 있는 매콤한 후추나 미네랄 터치가 좋은 술이기 때문이다. 그르나슈 품종을 주력으로 8~13종의 포도가 블렌딩되어 독특한 맛과 향을 발산하는데 그르나슈는 와인에 후추와 매콤한 향을 부여하고, 시라는 과일 풍미를 더하며, 까리냥은 타닌을 극대화시키고, 무르베드르 품종은 무게감을 더해 주면서 육류의 풍미를 돋우어 준다. 이 술은 아비뇽 유수의 역사적인 사건을 계기로 만들어진 유서 깊은 와인이기도 하다. 그래서 유난히 가톨릭 신자들은 이 와인에 남다른 애정을 보인다. 다음 일곱 가지 '샤또뇌프 뒤 빠쁘' 와인은 여러 생산자들 가운데 특히 품질이 우수하다.

이들 중 보까스텔Beaucastel은 최대 13가지 품종을 제대로 혼합하여 복합미가 빼어나며, 하야스Rayas는 100% 그르나슈 단일 품종으로 만들거나 최소 98%까지 사용하는 독특한 CDP 와인으로 그 뛰어난 맛과 향이 정평 나 있다. 그리고 페고Pegau에서 생산되는 '퀴베 다 카포Cuvee da Capo'를 최고의 CDP 와인으로 쳐 주는 이들도 많은데 특별히 관리하는 '카포'라는 포도밭에서 재배된 100년 고목의 포도로 빚어 순도가 높고 진한 과일 맛과 농축미가 압권이며 1분 이상의 여운을 선사한다. 이 와인의 1998, 2000, 2003, 2007 빈티지는 RP 100점을 받았다. 그리고 자나스Janasse의 '비에이유 빈뉴Vieilles vignes'급도 오래된 포도나무의 포도를 사용하며 매콤한 후추 향과 과일 맛의 조화가

- 보까스텔Chateau Beaucastel
  (퀴베: Chateau Beaucastel Hommage à Jacques Perrin)
- 비유 동종Vieux Donjon
- 비유 텔레그라프Vieux Telegraphe
- 하야스Chateau Rayas Reserve
- 페고Domaine du Pegau Reserve
  (퀴베: Cuvée Laurence, Cuvée da Capo)
- 끌로 데 빠쁘Clos des Papes
- 자나스Domaine de la Janasse
  (퀴베: Janasse Vv, Cuvée Chaupin)

뛰어나 수작으로 평가받는다. 반면에 '끌로 데 빠쁘Clos des Papes'는 페고와 자나스 처럼 Vv급 와인이나 특별한 퀴베(포도원에서 생산되는 와인 중 가장 고품질 와인이거나 한정 생산되는 와인을 일컬음)를 생산하지 않는다. 이는 한 종류의 CDP 와인만을 생산하여 모든 와인의 '고품질화'를 지향하기 때문이다. 그 결과 2007년 와인 스펙테이터 100대 와인에서 끌로 데 빠쁘 CDP와인 2005년 빈티지가 1위를 차지하는 성과를 거두게 된다. 마지막으로 비유 동종Vieux Donjon과 비유 텔레그라프Vieux Telegraphe 포도원에서 생산되는 CDP와인은 우수한 품질에 비해 합리적인 가격대에서 맛볼 수 있는 술이라 하겠다.

유명 CDP와인 RP점수	11	10	09	08	07	06	05	04
Beaucastel	94	95	94	90	96	95	94	96
Beaucastel Hommage à Jacques Perrin		100	99		100		98	98
Pegau Reserve	93	97~98	97	91	95	94	92	94
Pegau Cuvée Laurence			98			95	95~97	90
Pegau Cuvée da Capo		98~100			100			
Janasse	91	94	94	90	99	93		92
Janasse Vv	96	100	99	92	100	96	98	93
Janasse Cuvée Chaupin	98	98	98		98	95	94	93
Clos des Papes	96	96~98	95	91	99	98	95	95
Vieux Donjon	90~93	93~95	94	88~90	95	91	92	90
Vieux Telegraphe	92~93	97	92	91	96	93	95	92
Rayas Reserve		94~97	98	90	97	93	97	92

유명 CDP와인 RP점수	03	02	01	00	99	98	97	96
Beaucastel	92		96	94		92		
Beaucastel Hommage à Jacques Perrin	95		99	97	96	100		
Pegau Reserve	98		95	95	92	93	87	
Pegau Cuvée Laurence			95	92~94		96		

Pegau Cuvée da Capo	100			100		100		
Janasse	90		91	90	89	89		
Janasse Vv	98		98					90~92
Janasse Cuvée Chaupin	95		95	94	91	93	88	86
Clos des Papes	97	88	95	95	94	90		
Vieux Donjon	94		93	91	91	95	87	88
Vieux Telegraphe			93	91	88	95	87~89	88
Rayas Reserve	95		92	93		89		

마카롱, 젤리, 마들렌, 초콜릿, 케이크 등 디저트와 어울리는 와인

보르도의 소테른, 헝가리의 토카이, 이탈리아의 빈 산토, 그리고 독일과 캐나다의 아이스 와인…. 이들은 모두 후식으로 즐겨 마시는 대표적인 스위트 와인이다. 론 지방에도 이처럼 달콤한 화이트 와인이 있는데 '뮈스까 드 봄므 드 브니즈Muscat de Beaumes-de-Venise'다. 설탕을 첨가하지 않고도 달콤한 이유는 발효 도중에 95도짜리 중성 알코올이나 브랜디를 첨가하면 높은 알코올 농도에 효모가 견디지 못하고 사멸하게 되어 포도의 천연당분이 와인에 잔류함으로써 단맛이 나는 것이다. 청포도인 뮈스까Muscat를 사용하며 살구, 복숭아, 오렌지 껍질 향이 나고 꽃 향도 배어 있다. 도멘 드 뒤르방Doamine de Durban에서 생산되는 와인을 추천한다. 이 디저트 와인과 비슷한 이름으로 Muscat라는 문구가 없는 '봄므 드 브니즈Beaumes-de-Venise'는 그르나슈를 주품종으로 시라와 무르베드르를 혼합하여 만든 일반 레드 와인도 있다는 것을 함께 알아 두자.

● 뮈스까 드 봄므 드 브니즈

와인에도 소리가 있다

나는 재즈를 좋아한다. 그렇다고 이론적인 공부를 해 본 적은 없다. 그래서 배경지식은 얇고 마니악스럽지도 못하다. 하지만 즐길 수는 있다. 찬찬히 듣고 있노라면 각각의 악기에서 나오는 선율은 예측불허다. 피아노가 들려오다가 드럼이 나오고 그러다가 콘트라베이스가 둥둥거리면 피아노와 드럼은 사라지고 다시 타이밍을 기다린다. 재즈의 이런 매력은 와인과도 닮아 있다.

와인을 소리에 빗대면 콘트라베이스의 중저음은 바르바레스코 와인과 닮았고, 바롤로의 산미와 타닌은 드럼의 명료한 울림을 담고 있으며 모스까또 다스티는 마치 흥겨운 피아노 소리 같다. 이들이 모여 '피에몬테 지역'만의 맛과 향을 낸다면, 토스카나 지역의 '부르넬로 디 몬탈치노'는 무대 위의 보컬이며 '키안티' 와인은 그녀를 비추는 조명일 것이다. 여기에 샴페인의 대주(代酒) '프로세코'는 나팔처럼 경쾌한 소리를 터트리며 '아마로네'의 걸쭉한 맛은 끈적거리는 재즈 그 자체다.

나는 재즈를 좋아한다. 그래서 '재즈 닮은' 소리를 맛보러 늘 여기저기 기웃거린다. 피에몬테의 중저음, 토스카나의 보컬, 그리고 베네토 지역의 달콤한 레치오토와 직선적인 소아베까지… 와인에는 저마다의 소리가 있다.

이탈리아 〉 피에몬테

명료한 울림, 바롤로

바롤로Barolo를 와인의 왕이라고 표현한다면 너무 식상할까? "입안을 쥐어짜는 타닌 맛에 부르고뉴의 섬세한 맛이 내려앉은 듯하며 세련된 맛과 원숙한 풍미가 켜켜이 층을 이룬다. 묽은 듯하나 깊은 맛이 배어 있고, 가벼운 듯하나 그 속엔 명료한 울림이 있다."

하지만 'Barolo'라는 이름을 달고 팔리는 모든 와인들이 그런 맛을 내는 건 아니다. 만화책 『신의 물방울』식의 표현만 믿고 덜컥 구입했다가는 낭패를 볼 확률이 크다. 기대치를 밑도는 바롤로 와인도 있다는 것! 저렴한 것은 4~5만 원부터 있으며 수십만 원을 넘는 고가들도 있다. 고가라고 해서 꼭 맛있다는 보장은 없지만 왜 이렇게 가격차이가 나는 걸까? 이유는 간단한다. 모든 와인들이 그렇듯 사용되는 포도의 품질에 달려 있다. 섞어서 사용하는 것보다 한 마을의 포도만을 사용하는 게 차선이고 단일 포도밭의 포도만을 사용하여 만든 바롤로 와인이라면 최상이다. 물론 최상급 포도밭에서 재배된 포도로 만들어져야 한다. 그런 포도밭을 흔히 '크뤼Cru'라 부른다. 일반적으로 바롤로 와인의 품질 순위는 '여러 마을의 포도 < 한 마을의 포도 < 단일 포도밭의 포도 < 단일 포도밭 중에서 크뤼급 포도'로 만든 와인을 최고로 친다.

'바롤로'는 어디에 있을까?

바롤로는 이태리 '피에몬테' 지방에 있는 쿠네오 지역에 있다. 그 위치를 좀 더 세부적으로 살펴보면 쿠네오 지역에 알바Alba가 있고 이 알바 지역에 다시 랑게Langhe라는 곳이 있으며 여기에 바롤로Barolo가 위치한다. 바롤로는 약 3백60만 평의 포도밭으로 되어 있다. 여의도의 약 1.4배에 해당하며 총 11개 마을로 구성된다. 각 마을들은 모두 네비올로Nebbiolo 품종을 사용하기 때문에 강한 타닌과 비교적 산도가 높은 레드 와인이 생산된다.

●바롤로 지역 11개 마을

바롤로 11개 마을을 2등분하라

바롤로 와인을 쉽게 이해하는 첩경은 점선을 축으로 좌우 2등분하는 것이다. 그 이유는 좌우측의 토양이 달라서 같은 네비올로 품종으로 빚어도 그 울림은 다르기 때문이다. 좌측에 있는 마을은 이회토에 모래가 섞인 충적토로 마그네슘이 풍부한 토양이다. 이런 환경에서 자란 네비올로는 와인에 향기롭고 섬세한 맛을 부여하며, 밝은 루비 색을 띠고 오랜 숙성을 요하기보다는 출시 후 5~7년 정도면 알맞게 술이 익어 간다. 로디Roddi, 베르두노Verduno, 라 모라La Morra, 께라스코Cherasco, 바롤로Barolo, 노벨로Novello 6개 지역에서 생산되는 바롤로 와인이 그러하다.

반면, 우측의 마을들은 석회암과 사암을 기반으로 하며 철과 인이 풍부한 석회질 토양이다. 이런 토질은 와인의 색깔을 더 진하게 하고 맛의 농밀함을 높인다. 출시 직후 타닌이 거칠고 강한 풍미를 보이지만 8~10년 정도 두고 마시면 우아한 맛과 세련된 풍미를 더 뽑아낼 수 있다. 단점은 이회토가 적어서 와인의 산도가 좌측 지역보다 약하다. 그린자네 까부르Grinzane Cavour, 디아노 달바Diano d'Alba, 까스띨리오네 팔렛또Castiglione Falletto, 세랄룽가 달바Serralunga d'Alba, 몬포르떼 달바Monforte d'Alba 이렇게 5개 지역이 우측 바롤로 존에 속한다.

오해하지 말아야 할 점이 있다. '바롤로 지역' 혹은 '바롤로 와인'이라 함은 좌측에 속한 Barolo 마을 한 곳을 의미하는 게 아니다. 이를 포함한 나머지 10개 마을을 통칭하여 바롤로 지역, 혹은 바롤로 와인이라고 한다.

원조 바롤로 지역과 크뤼급 포도밭

11개 마을 중에서 꼭 기억해 둘 만한 생산지는 바롤로, 까스띨리오네 팔렛또, 라 모라, 몬포르뜨 달바, 세랄룽가 달바다. 바롤로 와인 생산의 87%를 차지하는 이 마을들은 1896년에 최초로 바롤로 와인 지역으로 지정되었다. 따라서 바롤로 와인의 원조는 이 5개 마을이다. 나머지 6개 지역은 1909년(그린자네 까부르, 노벨로, 베르두노)과 1980년(께라스코, 디아노 달바, 로디)에 와서 바롤로 지역으로 추가 지정되었기 때문이다.

1979년 와인메이커인 레나또 라띠Renato Ratti가 원조 바롤로 마을 다섯 군데에 있는 포도밭들 중 토양, 와인의 품질, 거래 가격을 기준으로 최상급 포도밭을 정해 놓았고 가장 신뢰성 있는 분류로 인정받고 있다. 하지만 '라띠'가 지정한 포도밭에 대해 아직 정부의 공식적인 인증은 없는 상태다. 다음 도표는 라띠가 지정한 Cru급 포도밭들과 일반 포도밭 이름들이다.

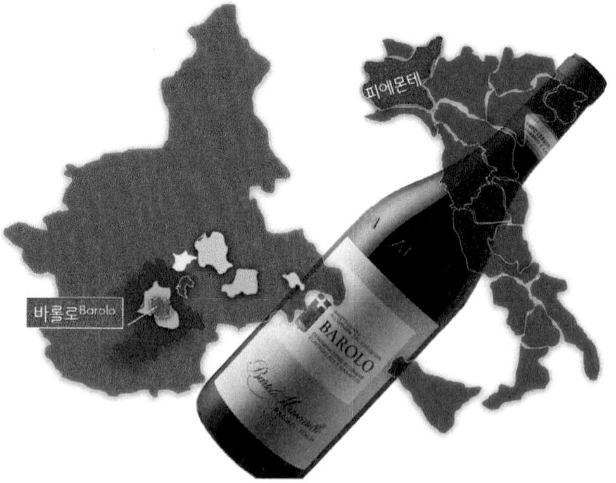

● 이탈리아 와인 명산지 중 하나, 바롤로

마을 이름	Ratti가 지정한 Cru급 포도밭	일반 포도밭
바롤로 Barolo	브리코 비올레Bricco Viole 브루나떼Brunate 까누비Cannubi 까누비 보스끼스Cannubi Boschis 체레퀴오Cerequio 루에Rue 산 로렌조San Lorenzo 사르마사Sarmassa 비아 누오바Via Nuova	알바렐라Albarella 베르제이사Bergeisa 보스께티Boschetti 브리코 산 지오바니Bricco San Giovanni 까누비 무스까뗄Cannubi Muscatel 까누비 산 로렌조Cannubi San Lorenzo 까누비 발레따Cannubi Valletta 가스텔레로Castellero 꼬스떼 디 로즈Coste di Rose 꼬스떼 디 베르그네Coste di Vergne 끄로시아 드루까Crosia Druca 포사띠Fossati 라 볼따La Volta 르 꼬스떼Le Coste 리스떼Liste 몬로비올로 디 부르시아Monrobiolo di Bussia 파이아갈로Paiagallo 프레다Preda 레베라Ravera 리바시Rivassi 산 피에트로San Pietro 산 폰지오San Ponzio 떼를로Terlo 비그나네Vignane 조꼴라이오Zoccolaio 존께따Zonchetta 준까이Zuncai
까스띨리오네 팔렛또 Castiglione Falletto	브리꼬 로께Bricco Rocche 피아삭Fiasc 마리온디노Mariondino 몬프리바또Monprivato 피라Pira 리베라Rivera 빌레로Villero	알떼나소Altenasso 가르블렛 수에Garblet Sue 가르벨레또 수페리오레Garbelletto Superiore 브리꼬 보스끼스Bricco Boschis 브리꼬 비그나 미라솔레Bricco Vigna Mirasole 브루넬라Brunella 꼬다나Codana 몬리온디노Monriondino 또는 로께 몬리온디노Rocche Moriondino 몬타넬로Montanello 파루시Parussi 페르나노Pernanno 피안따Pianta 푸그나네Pugnane 로께 디 까스띨리오네 Rocche di Castiglione 사카로네Scarrone 솔라노또Solanotto 발렌티노Valentino 비그놀로Vignolo

마을 이름	Ratti가 지정한 Cru급 포도밭	일반 포도밭
라 모라 La Morra	아르보리나Arborina 브루나떼Brunate 체레퀴오Cerequio 가떼라Gattera 지아끼니Giachini 마르께니스꼬Marcenasco 로께 델 라눈지아따 Rocche dell'Annunziata	아누지아따Annunziata 아스께리Ascheri 베리Berri 베똘로띠Bettolotti 보이올로Boiolo 브란디니Brandini 브리꼬 끼에사Bricco Chiesa 브리꼬Bricco 꼬그니Cogni 브리꼬 루치아니Bricco Luciani 브리꼬 마네스꼬또Bricco Manescotto 브리꼬만조니Bricco Manzoni 브리꼬 로까Bricco Rocca 브리꼬 산 비아지오Bricco San Biagio 까팔롯Capalot 까세 네레Case Nere 까스따그니Castagni 치오끼니Ciocchini 꼰까Conca 포사띠Fossati 갈리나Galina 리베Rive 로께떼비노Rocchettevino 로에레 디 산타 마리아Roere di Santa Maria 로제리Roggeri 론까글리에Roncaglie 산 지아코모San Giacomo 산타 마리아Santa Maria 산타나Sant'Anna 세라 데이 투르끼Serra dei Turchi 세라데나리Serradenari 실리오Silio 또리글리오네Torriglione
몬포르떼 달바 Monforte d'Alba	부시아Bussia 치깔라Cicala 꼴로넬로Colonnello 다르디Dardi 지네스트라Ginestra 모스꼬니Mosconi 무니에Munie 로미라스꼬Romirasco 산토 스테파노Santo Stefano	브리꼬 산 피에뜨로Bricco San Pietro 가스뗄레또Castelletto 그라몰레레Gramolere 르 꼬스떼 디 몬포르떼Le Coste di Monforte 페르노Perno 라베라 디 몬포르떼Ravera di Monforte 로께 디 까스띨리오네Rocche di Castiglione 산 지오바니San Giovanni

세랄룽가 달바 Serralunga d'Alba	팔렛또Falletto 프란시아Francia 마렌까Marenca 마르게리아Margheria 오르나또Ornato 파라파다Parafada 마렌까 리베떼Marenca-Rivette 라 세라La Serra 비그나 리온다Vigna Rionda	아리오네Arione 바다리나Badarina 바우다나Baudana 보스까레또Boscareto 브레아Brea 브리꼬 보게라Bricco Voghera 브리꼴리나Briccolina 브로글리오Broglio 까팔로또Cappallotto 까르페그나Carpegna 체라띠Cerrati 체레따Cerretta 꼴라레또Collaretto 꼴롬바로Colombaro 꼬스따벨라Costabella 폰타나프레다Fontanafredda 다미아노Damiano 가부띠Gabutti 지아네또Gianetto 라자리또Lazzarito 르 뚜르네Le Turne 리라노Lirano 마노끼노Manocino 메리아메Meriame 프라본Prabon 프라뽀Prapo 리베떼Rivette 산 베르나르도San Bernardo 산 로꼬San Rocco 떼오도로Teodoro

바롤로 와인 품질 우선순위에 대해 알아보자

두 와인은 '피오 체사레'라는 생산자가 만든 바롤로 와인이다. A는 바롤로 11개 마을 중에서 생산자가 원하는 지역의 포도를 혼합하여 만든 와인이지만 B는 싱글 빈야드 와인이다. '오르나토Ornato' 포도밭의 포도만을 사용했다. '라띠'의 도표를 참고해 보면 오르나토는 '세

●A

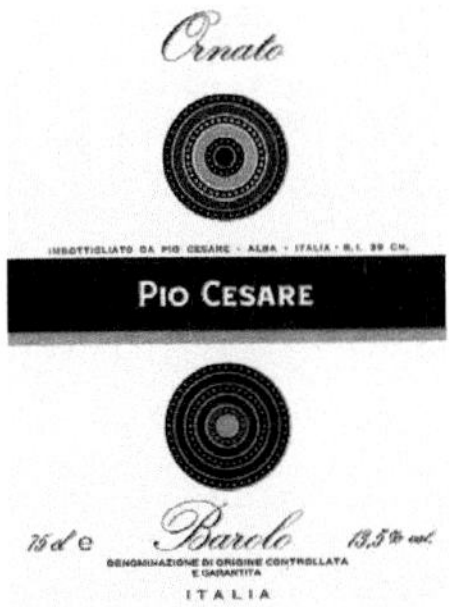

●B

랄룽가 달바' 마을에 있는 크뤼급 포도밭이다. 따라서 B는 크뤼급 와인으로 일반 바롤로 와인 A보다 품질이 우수하고 가격도 높다. 선별기준에 있어 또 하나의 척도는 생산자의 인지도다. 누가, 즉 어느 회사가 와인을 잘 만드는가에 달려 있다. 따라서 바롤로의 명료한 맛을 보려면 유명 생산자의 크뤼급 포도밭, 혹은 단일 포도밭에서 수확한 포도로 만든 와인을 마셔 봐야 한다.

바롤로 와인의 유명 생산자들

엘리오 알타레Elio Altare, 보비오Bovio, 꼬리노Corino, 체레토Ceretto, 비에띠Vietti, 보에르지오Voerzio, 레나또 라띠Renato Ratti, 스까비노Scavino, 비베르띠Viberti, 리날디Rinaldi, 에이나우디Einaudi, 지아코사Giacosa, 쥬세페 마스까렐로G. Mascarello, 파루쏘Parusso 로아그나Roagna, 오데로Oddero, 가야Gaja, 마쏠리노Massolino, 피오 체사레Pio Cesare 폰타나프레다Fontanafredda, 로께 데이 만조니Rocche dei Manzoni, 지아코모 콘테르노Giacomo Conterno, 루치아노 산드로네Luciano Sandrone.

●바르톨로 마스카렐로, TOP-TIER 바롤로 중 하나

이탈리아 〉 피에몬테

음지에 있던 바르바레스코 와인

꼭 와인이 아니더라도 이탈리아 피에몬테 지방에 가면 우선 알바Alba 지역에 들러야 한다. 이곳은 매년 10~11월에 송로버섯(트뤼플Truffle) 축제가 열려 미식가들이 북새통을 이룬다. 여기서 한 발짝 더 들어가면 랑게Langhe로 진입하는데 이곳에 '바롤로' 지역이 있고 인근 북동쪽으로 '바르바레스코' 지역이 함께 위치하고 있다. 이탈리아 와인을 얘기하면 빼놓을 수 없는 두 지역은 지리적으로도 이웃관계다.

예전에 바르바레스코 지역의 포도는 홀대를 당했다. 와인으로 만들기에는 바롤로 지역에 비해 임팩트가 부족하다는 평가 때문이었다. 그래서 바르바레스코는 바롤로의 부속 지역으로 여겨졌고 자체 생산보다는 바롤로 와인을 만드는 데 팔리곤 했다. 두 지역 와인이 같은 품종으로 만들어지다 보니 개성이 강한 바롤로에게 묻힐 수밖에 없는 상황이었다. 하지만 오늘날 바르바레스코는 더 이상 '음지(陰地)'의 와인이 아니다. 싸움에 이기고 돌아온 '음지(飮至)'의 술이다.

바르바레스코 와인의 선구자

그 승리의 중심에는 와인메이커 도미지오 까바자Domizio Cavazza가 있었다. 1894년 이 지역 왕립 양조학교의 교장이었던 그는 바르바레스코 지역만의 특징을 살릴 수 있는 양조기술을 개발하였고 깐띠네 쏘

시알리Cantine Sociali라는 협동조합을 만들어 생산자들의 결속을 다지고 바롤로 지역과 품질 경쟁에 들어간다. 이 지역 포도의 단점을 극복해야 했고 장점을 찾아내어 바롤로와는 차별된 와인을 만드는 게 급선무였다. 그래야만 바르바레스코만의 색깔과 맛을 담아낼 수 있다고 그는 믿었다. 열쇠는 기후에 있었다.

바르바레스코와 바롤로의 차이점

바르바레스코 지역은 해양성 기후의 영향을 받는다. 바롤로 지역보다는 좀 더 따듯하고 건조하며 온화한 날씨다. 때문에 바롤로 지역보다 포도가 빨리 과숙에 이른다. 빨리 익은 네비올로 포도는 타닌과 산도에 문제가 생길 수 있어 와인에 충분한 타닌을 부여하지 못하게 되며, 바롤로보다는 산도가 낮은 와인으로 만들어질 공산이 컸다. 하지만 어디까지나 바롤로 와인과 비교했을 경우다. 기후에 따른 약점을 과감히 인정하고 오히려 그 점을 차별화시켜 바르바레스코만의 맛과 향을 만들어 낸 것이다. 시간을 요하는 바롤로 와인보다는 음용성과 표현력이 좋아 출시 후 바로 마셔도 무리가 없다. 충분한 숙성을 거치지지 않은 바롤로는 거칠고 강한 맛을 내지만 바르바레스코는 매끄럽고 유순해서 마시기가 수월했다. 그런 점이 와인 시장에서 어필이 된 것이다. 달콤하고 매콤한 향기도 매력적이다. 물론 장기 숙성 능력은 바롤로가 한 수 위라서 복합적인 향기와 풍부한 맛을 따지자면 바롤로 와인이 비교우위에 있다.

바르바레스코 와인의 세 가지 품질

오늘날 바르바레스코는 뚜렷한 자신만의 맛과 향을 지니며 바롤로 와인과 유명세를 같이한다. 이 지역만의 기후 조건을 와인에 반영시켜 맛의 차별성을 두었고, 무엇보다도 '엄격한 포도 품질관리'가 적중한 것이다. 수확된 포도의 출처를 확실히 밝히며 이를 레이블에 표기하면서 와인의 신뢰도가 상승했다. 즉, 품질이 다소 떨어지는 포도를 사용하는 와인, 여러 포도밭 간의 혼합와인, 그리고 최상급 포도밭인 '크뤼Cru급' 포도만을 사용한 와인으로 각각 구분하여 생산되기 때문에 소비자 입장에서는 선택하기가 수월하다.

●A

●B

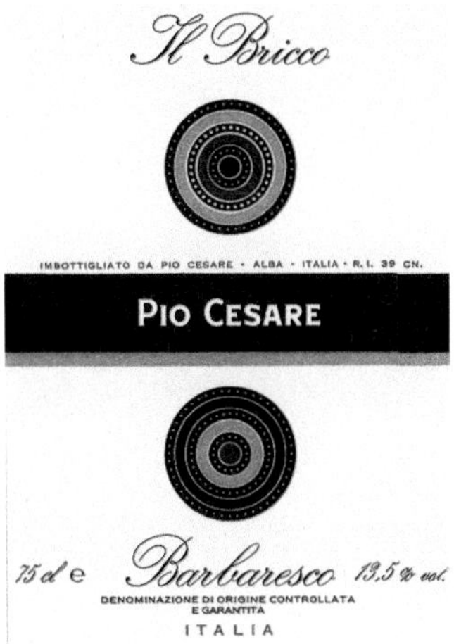

●C

- **랑게 네비올로**Langhe Nebbiolo

바르바레스코 지역에서 재배된 네비올로 중에서 품질이 다소 떨어지는 포도만을 모아 만들 경우 A처럼 '랑게 네비올로'라는 이름을 레이블에 표기한다. 바르바레스코 지역이 속한 '랑게'의 지명을 사용한 것이다.

- **바르바레스코**Barbaresco

바르바레스코 지역에 있는 포도밭 중에서 '크뤼 포도밭과 일반 포도밭의 포도를 혼용'해서 만든 와인이다. B처럼 레이블에 '바르바레스코'라는 지명 이름을 그대로 표기한다. 2년간의 숙성을 마치고 출시된다.

- **바르바레스코, 일 브리꼬**Barbaresco, Il Bricco

C는 바르바레스코 지역에 있는 포도밭 중에서 최상급 포도밭으로 지정된 크뤼급 포도밭인 '일 브리꼬'의 포도만을 사용하였다. 싱글 빈야드 와인이라고도 하며 최소 5년 이상의 숙성을 통해 우아한 풍미와 섬세함을 담아낸 와인으로 셋 중에서 가장 품질이 우수하다. 이처럼 같은 생산자의 와인이라도 '포도밭 이름'이 함께 표기된 바르바레스코 와인이 그렇지 못한 와인보다 상급이다. 이 세 가지 품질분류를 기본으로 하고 하나를 더 추가하자면 '바르바레스코 리제르바'급이다. '리제르바Riserva'가 표기된 바르바레스코 와인은 크뤼급 포도를 더 많이 사용한 경우며 이 문구가 없는 와인보다 품질이 우수하여 원숙한 맛을 낸다. 4년 숙성 후 출시된다.

바르바레스코 와인의 유명 생산자와 그들의 크뤼급 포도밭 (괄호 안은 크뤼급 포도밭 이름)

- Mariano e Enrico Abbona (Faset) 마리아노 에 엔리코 아보나(파세)
- Ca del Baio (Asili) 까 델 바이오(아실리)
- Pio Cesare (Il Bricco) 피오 체사레(일 브리꼬)
- Gaja (Sori San Lorenzo, Sori Tildin, Costa Russi) 가야(소리산 로렌조, 소리 틸딘, 코스타 루시)
- Bruno Giacosa (Rabaja, Asili) 브루노 지아코사(라바야, 아실리)
- Ugo Lequio (Gallina) 우고 레퀴오(갈리나)
- Marchesi di Gresy (Gaiun Martinenga) 마르케시 디 그레시(가이운 마르티넨가)
- Moccagatta (Bric Balin, Basarin) 모카가타(브릭 바린, 바사린)
- Montaribaldi (Sori Montaribaldi) 몬타리발디(소리 몬타리발디)
- Fratelli de Nicola (Montesommo) 프라텔리 드 니콜라(몬테소모)
- Elvio Pertinace (Vigneto Marcarini) 엘비오 페르티나세(비네토 마르카리니)
- Prunotto (Montestefano, Bric Turot) 프루노토(몬테스테파노, 브릭 투로)
- Dante Rivetti (Bricco de Neueis) 단테 리베티(브리코 드 네우에이스)
- Sottimano (Vigna del Salto, Vigna Lunetta "Pajore", Vigna Masue "Curra") 소티마노(살토, 파조레, 쿠라)
- La Spinetta (Gallina, Starderi) 라 스피네타(갈리나, 스타데리)
- Rino Varaldo (Bricco Libero) 리노 바랄도(브리코 리베로)
- Vietti (Masseria) 비에티(마세리아)
- Cantina del Parocco di Neive (Gallina) 칸티나 델 파로코 디 네이베(갈리나)
- Ceretto (Bricco Asili) 체레토(브리코 아실리)
- Pio Cesare (Normale) 피오 체사레(노르말레)

- Michele Chiarlo (Asili) 미쉘 끼아를로(아실리)
- Fontanafredda (Coste Rubin) 폰타나프레다(코스테 루빈)
- Carlo Giacosa (Montefico) 카를로 지아코사(몬테피코)
- Ottavio Lequio (Prinsi) 오타비오 레퀴오(프린시)
- Marchesi di Gresy (Martinenga, Camp Gros Martinenga) 마르케시 디 그레시(마르티넨가, 캄프 그로스 마르티넨가)
- Romano Marengo (Ca Rome) 로마노 마렌고(카 로메)
- Moccagatta (Cole) 모카가타(꼴레)
- Fiorenzo Nada (Rombone) 피오렌조 나다(롬보네)
- Giuseppe Negro (Piancavallo) 쥬세페 네그로(피안까발로)
- Elvio Pertinace (Vigneto Castellizzano) 엘비오 페르티나세(까스텔리자노)
- Armando Piazzo (Sori Fratin & Vigna Giaia) 아르만도 피아조(소리 프라틴 & 가이아)
- Poderi Colla (Roncaglia) 포데리 콜라(론카글리아)
- Punset (Normale) 푼셋(노르말레)
- Albino Rocca (Vigneto Loreto) 알비노 로카(로레토)
- Bruno Rocca (Rabaja) 브루노 로카(라바야)

바르바레스코를 빛낸 조합의 와인들

상기 유명 생산자들은 자신의 이름을 걸고 와인을 생산하다. 반면에 조합을 설립하여 개인의 명의가 아닌 조합 이름으로 출시되는 바르바레스코 와인이 있다. 홍보, 마케팅, 그리고 공동생산을 통하여 비용을 줄이고 각종 부대비용을 분산시킬 수 있어 경제적인 장점이 있다. 그런 시간과 비용을 줄여서 품질과 가격에 반영시켜 유명 생산자들과 경쟁을 도모하겠다는 취지다. 그리하여 1958년 바르바레스코 지역의 생산자들 중 뜻을 같이하는 이들이 모여 '바르바레스코 생산자 조합'을 설립하게 되는데 여기에서 생산된 와인은 조합 이름을 따서 '프로두토리 델 바르바레스코Produttori del Barbaresco'라는 문구를 레이블에 표기하여 출시된다.

'랑게 네비올로'가 엔트리급이며 '바르바레스코'는 중간급, 그리고 크뤼급 포도밭 이름이 들어간 와인이 가장 상급이다. 그리고 조합에 소속된 크뤼급 포도밭은 모두 9개다. 아실리Asili, 라바자Rabaja, 포라Pora, 몬테스테파노Montestefano, 오벨로Ovello, 파제Paje, 몬테피코Montefico, 모카가따Moccagatta, 리오 소르도Rio Sordo이며 이들 포도밭들은 부르고뉴의 그랑 크뤼 포도밭처럼 한 포도밭을 여러 명이 분할 소유하고 있는 경우도 있으므로 조합이 아닌 다른 생산자들의 와인도 있다는 것도 염두에 두자.

●랑게 네비올로

●바르바레스코

●조합 단위의
크뤼급 와인, 파제

이탈리아 〉 피에몬테

가장 대중적인 모스카또 다스티

이태리 와인 중에서 가장 대중적이고 인기 있는 술을 꼽으라면 '모스까또 다스티'다. 설탕을 첨가하지 않고 100% 포도의 달콤한 천연 당미를 그대로 살린 이 술은 스파클링의 신선함과 단맛의 조합이 좋은 저 알코올 와인이다. '포도'라는 과일의 맛을 가장 충실하고 성직하게 담아내며 1~2만 원대의 가격으로 그 어떤 와인도 흉내 낼 수 없는 사랑스런 맛과 향을 지녔다.

결혼과 페스티벌의 단골 와인

이탈리아의 피에몬테 지역은 결혼이나 흥겨운 잔치에 모스까또 다스티를 마신다. 이 지역의 전통적인 관습이다. 뿐만 아니라 크리스마스나 연말, 가족 모임에 더할 나위 없는 필수 음료다. 아무 음식과도 잘 어울리고 특히 매콤한 요리와 함께하면 감칠맛을 돋우어 준다. 5~7℃로 차갑게 한 모금 마셔 보면 누구라도 그 맛과 향에 고개가 절로 끄덕여지며 입 꼬리를 실룩거리게 만드는 기분 좋은 술이다.

'아스티'의 토속주

프랑스와 접경을 이루는 피에몬테 지방에는 2006년도 동계올림픽 개최지였던 '토리노'가 있다. 이 도시에서 남동쪽으로 조금 내려오다 보면 '아스티Asti'라는 지역이 보이는데 '모스까또Moscato'라는 청포도가 아주 잘 자라는 곳이다. 포도이름과 원산지명을 조합하여 붙여진 'Moscato d'Asti'! 청량감이 넘치는 달콤한 맛의 비결을 알아보자!

● 모스까또 다스티

뉴메틱 프레스와 오토클라브

우선 모스까또 다스티의 양조 과정에 앞서 알아 둘 게 있다. '에어 뉴메틱 프레스air pneumatic press'와 '오토클라브autoclave'다. 전자는 물리적인 힘이 아닌 강력한 공기압으로 포도즙을 짜내는 장비이며 후자는 스파클링 와인을 만들기 위해 제작된 것으로 이산화탄소의 주입과 가압을 실행할 수 있는 용기다.

먼저 아스티 지역에서 수확된 모스까또 포도는 일반 압착기가 아닌 '에어 뉴메틱 프레스'로 즙을 낸다. 물리적인 힘이 아닌 공기압으로 포도를 압착하면 씨앗과 껍질이 짓이겨져 나올 수 있는 쓴맛의 성분들을 피할 수 있어 달콤한 과일 맛의 순도가 높아진다. 이렇게 짜낸 포도즙은 곧바로 0°C 상태의 냉동고에 잠시 보관하여 안정화 과정을 거친다. 그 이유는 포도껍질에 자생하고 있던 자연 효모가 포도즙에 함유되어 있어서 실온상태에 나누면 예기치 않은 발효가 진행되어 원하는 맛과 향을 통제할 수 없기 때문이다. 0°C 상태로 두면 효모는 활동을 중지하므로 포도즙을 자연 그대로 유지할 수가 있는 것이다.

안정화 작업이 진행되는 동안 양조자는 본격적인 발효를 위해 준비 작업을 확인한다. 준비가 완료되면 0°C 상태의 포도즙을 냉동고에서 꺼내어 필터링 작업에 들어간다. 이는 포도즙 속에 가라앉은 침전물이나 불순물을 제거하기 위함이다. 그 다음 '오토클라브autoclave'라는 대형 특수 용기에 넣어 15°C에서 발효를 진행시킨다. 그리고 알코올이 5~5.5도에 이르면 온도를 0°C로 내려 발효를 중지시킨다. 이처럼 도중에 발효를 중지시키면 알코올로 전환되지 않은 천연당분이 잔류하게 되어 단맛을 내는 것이다. 그리고 압력이 강하지는 않지만 발효로 인해 어느 정도의 자연 기포가 생성되며 여기에 이산화탄소 주입이 추가로 이뤄지고 동시에 가압 처리를 하면 이산화탄소가 와인에 용존되어 비로소 스파클링 와인이 되는 것이다. 이탈리아에서는 이런 식의 와인을 프리잔떼Frizzante라 부른다.

생산자의 필요에 따라 인위적으로 이산화탄소를 추가적으로 가압하지 않고 발효 도중 자연적으로 용존된 스파클링 와인을 출시하기도 하는데 이를 '퀴베 끌로제' 방식이라고 하며 앞서 설명한 것처럼 좀 더 강한 발포성을 원하면 '샤르마 방식'을 사용한다. 그리고 요즈음 '모스까또 다스티'가 인기를 얻자 다른 나라에서도 모스까또 품종을 이용해 와인을 생산하고 있다. 그런 와인에는 '아스티Asti'라는 문구가 빠져 있고 '모스까또'라는 품종을 강조하여 레이블에 표기하는 식이다.

wine

산죠베제를 주력 품종으로 하는 토스카나 지역 와인

토스카나 지방은 대부분 구릉지로 되어 있어 태양으로 뜨겁다. 이 지방 주요 와인 생산 지역은 몬탈치노, 키안티, 그리고 몬테풀치아노인데 '산죠베제'를 주력 품종으로 한다.

이 중에서 몬탈치노는 더욱 건조하고 따듯하여 포도품질이 우수하다. 와인의 품질은 타닌과 산미가 관건인데, 이 지역 포도의 두꺼운 껍질은 질 좋은 타닌을 와인에 부여하고 토양에 '화산재'가 섞여 있어 천연적인 신맛을 와인에 녹여낸다. 더욱이 산죠베제를 개량한 '부르넬로' 품종은 알이 작아 더욱 진한 맛의 와인을 만들어 낸다.

하지만 키안티 와인은 나에게 성긴 술이다. 건초향이 강하고 메마른 풍미를 주어 즐겨 마시진 않는다. 특히 산도가 튀고 밸런스가 매끄럽지 못해 늘 아쉬움을 남기곤 했다. 적어도 폰토디 키안티 클라시코를 접하기 이전까지는 그랬다.

게다가 키안티는 역사적으로 얽히고설킨 사연이 많다. 복잡하여 풀어내기 어려운 질곡의 술이다.

이탈리아 〉 토스카나

볼게리 최고의 와인, 르 마끼올레

"볼게리는 와인 품질 향상을 위한 새로운 시도와 창의적인 와인 생산이 이루어지고 있는 아주 핫한 지역이다. 그리고 그 중심에 르 마끼올레Le Macchiole 포도원이 있다."

이탈리아 토스카나에 가면 '볼게리Bolgheri'라는 지역이 있는데 여러분들도 잘 아시는 '사시까이아' 와인이 탄생한 곳이다. 이 지역 귀족 가문 출신인 '마르께스 마리오 인치사 델라 로체타Marchese Mario Incisa della Rocchetta'라는 양반이 보르도 품종을 자신의 포도원(테누타 산 귀도)에 재배하여 보르도 스타일의 와인, 사시까이아를 생산하며 일명 세계

적 '대박'을 터트린 일쯤은 이제 식상한 이야깃거리가 되어버렸다.

당시 사시까이아의 성공 스토리는 '볼게리' 지역을 세계적인 와인 생산지의 반열에 올려놓았으며 그 후속작으로 티냐넬로, 오르넬라이아, 솔라이아, 구아도 알타소, 마세토, 레디가피 등 보르도 품종을 사용한 우수한 토스카나 와인이 등장하면서 수퍼 투스칸Super Tuscan 와인의 본거지로 자리매김을 하게 된다.

물론 여기서 그치지 않는다. 볼게리의 잠재성을 간파했던 피에몬테의 가야Gaja 가문에서도 1996년 이곳 볼게리까지 내려와 까마르깐다Camarcanda라는 포도원을 설립하고 질 좋은 와인(Promis, Magari, Camarcanda) 생산에 박차를 가하고 있는 걸 보면 확실히 볼게리 지역이 명당자리인 게 분명하다.

최적의 종자를 찾기 위한 어느 부부의 실험적 도전

1983년 볼게리 어느 포도원의 주인장 유제니오 캄폴미Eugenio Campolmi와 그의 아내 친찌아 메를리Cinzia Merli는 자신들이 구입한 포도밭에 다양한 품종을 심어놓고(Sangiovese, Merlot, Cabernet, Syrah…) 이를 지켜보며 실험적으로 와인을 만들어본다.

그리고 약 10여 년이 흐른 후, 그 품종 중에서 자신의 포도원 토질과 기후에 잘 적응하는 가능성 있는 품종들을 찾아냈다. 멜롯, 시라, 그리고 까베르네 프랑! 이 세 가지 품종을 가지고 볼게리 최고의 와인을 만들어내기 시작했다.

볼게리 최고의 Single-Variety Wines

드디어 두 부부의 노고와 정성으로 1994년 르 마끼올레 포도원은 싱글 버라이어티 와인을 출시하기 시작했는데, 단연코 독보적인 품질과 빼어난 맛과 향, 게다가 보르도 스타일의 단일 품종 와인이라는 특이성으로 전무후무한 기록을 남겼고 오늘날 볼게리의 우수한 와인들 중에서도 가장 흥미 있고 사랑 받는 와인이 되었다. 그 세 가지 와인을 간략히 살펴보자.

메쏘리오Messorio

흔히 이 와인은 보르도 지방의 특급 뽀므롤 와인(페트뤼스, 르팽, 라플뢰르)과 견주어지는데 멜롯 100%의 순수함을 멋들어지게 담아낸 와인이다. 특히 2004빈티지는 WS로부터 100점을 받았으며 그 깊은 맛과 세련된 풍미는 가히 멜롯으로 만든 보르도 특급 와인들과 어깨를 나란히 해도 손색이 없었다. 밀풰이유처럼 켜켜이 쌓인 그 사이사이에 구수한 맛과 고소한 향기를 잔뜩 움켜진 아름다운 녀석이다.

스끄리오Scrio

'Scrio'는 토스카나 방언으로 '숨길 게 없는 진실한 사람'을 뜻하지만 역설적으로 이 붉은 와인 속에는 참 많은 것들이 숨겨져 있다.

'샤또 마고'와 '라뚜르'의 향기, 그리고 정제된 오크 향과 절제된 과일 풍미에 단아한 꽃향기가 어우러져 수려한 세련미를 뿜어낸다.

프랑스 북부 론 지역의 유명한 와인들, 특히 꼬뜨 로띠Côte Rôtie 지역의 와인에서 영감을 받아 만들어졌으며 시라 100%다.

팔레오 로쏘 Paleo Rosso

2001년 이전까지는 보르도 블랜딩(까쇼, 멜롯, 까프)으로 생산되었지만 그 후 까베르네 프랑 100%로 만들어지면서 볼게리 최초의 까베르네 프랑 단일품종 와인이라는 타이틀을 얻게 되었고, 이탈리아의 슈발 블랑으로 불리며 애호가들의 호기심을 자극시킨 와인이다. 연간 24,000병 정도 생산되는 귀한 와인이다.

이 밖에도 르 마끼올레는 볼게리 로쏘Bolgheri Rosso(Merlot, Cabernet Franc, Syrah)와 팔레오 비앙코Paleo Bianco(Chardonnay, Sauvignon Blanc) 화이트 와인을 합쳐 총 5종의 와인을 생산해오고 있다.

이탈리아 〉 토스카나

저장성 와인, 브루넬로 디 몬탈치노

'브루넬로 디 몬탈치노Brunello di Montalcino'. 이름이 길어 약어로 BDM이라고 부른다. '브루넬로'는 포도 이름, '몬탈치노'는 그 포도가 자라는 마을 이름이다. 포도명과 그 포도의 원산지명이 합쳐져 긴 이름이 되었다.

본론에 앞서 꼭 짚고 넘어가야 할 일이 있는데, '브루넬로' 와 '산죠베제' 두 품종의 관계다. 토스카나 지방에 있는 여러 지역 중에서 유독 '몬탈치노' 마을은 건조하고 더 따듯하며 화산재 토양을 하고 있어 다른 이웃 마을에 비해 포도 생육 조건이 뛰어나다. 따라서 이 마을에 맞는 품종을 고심하던 차에 기존의 '산죠베제' 품종을 개량하게 된다. 그것이 '브루넬로'다. 따라서 '브루넬로 디 몬탈치노' 와인을 만들려면 반드시 '몬탈치노' 마을에서 자란 '브루넬로'를 100% 사용해야 하며 이웃 지역의 산죠베제를 사용할 수가 없다.

브루넬로, 포도알이 더 작아서…

브루넬로는 산죠베제보다 포도 알이 작다. 작을수록 수분 함유량은 낮아져 당도를 높일 수 있고 알의 수가 늘어날수록 껍질과 씨에 들어 있는 타닌의 양도 비례한다. 기존의 산죠베제 품종을 사용하던 키안티와 몬테풀치아노 지역의 와인보다 농밀하며 숙성능력이 뛰어난 저장성 와인을 만들 수 있는 이유가 여기에 있다.

게다가 유명 생산자가 만든 BDM 와인은 검은 과일 맛과 초콜릿, 가죽, 제비꽃 향이 풍부하다. 타닌이 섬세하고 명료하며 적절한 신맛은 음식의 풍미를 돋우고 특히 육류나 야생고기와 조합이 좋다.

비온디 산티Biondi santi, 체르바이올라Cerbaiola, 체르바이오나Cerbaiona, 그리고 솔데라Soldera의 BDM을 최고로 친다.

그리고 BDM 와인도 보르도 메독 그랑 크뤼 와인처럼 1~5등급으로 분류된 생산자 등급표가 있다. 2015년 팀 엣킨TIM ATKIN(MW)이라는 와인 전문가에 의해서 작성된 것으로, 와인 구매 시 활용하면 좋은 지표가 될 것이다.

1급First Growths **- 7개**

- 까제바세Case Basse(지안프랑코 솔데라Gianfranco Soldera)
- 체르바이오나Cerbaiona
- 리시니Lisini
- 피안 델 오리노Pian dell'Orino
- 포지오 디 소토Poggio di Sotto
- 살비오니Salvioni
- 스텔라 디 캄팔토Stella di Campalto

2급Second Growths **- 14개**

- 알테시노Altesino
- 비온디 산티Biondi Santi
- 카파르조Caparzo
- 꼴레마토니Collemattoni

- 코스탄티Costanti
- 풀리니Fuligni
- 지아니 브루넬리Gianni Brunelli
- 일 파라디소 디 프라시나Il Paradiso di Frassina
- 레 라녜Le Ragnaie
- 마스트로아니Mastrojanni
- 피에브 산타 레스티투타Pieve Santa Restituta(가야Gaja)
- 살리쿠티Salicutti
- 시로 파센티Siro Pacenti
- 발디카바Valdicava

3급Third Growths – 14개

- 바르비Barbi
- 카날리키오Canalicchio(프랑코 파센티Franco Pacenti)
- 캄포지오바니Campogiovanni
- 카사노바 디 네리Casanova di Neri
- 치아치 피콜로미니Ciacci Piccolomini
- 포르나셀라Fornacella
- 포르나치나Fornacina
- 라 피오리타La Fiorita
- 레 치우세Le Chiuse
- 레 고데Le Gode
- 레 포타지네Le Potazzine(고렐리Gorelli)
- 포지오 안티코Poggio Antico

- 산 폴리노San Polino
- 테랄솔레Terralsole

4등급 Fourth Growths **- 19개**

- 카날리키오 디 소프라Canalicchio di Sopra
- 캄파나Capanna
- 카사 라이아Casa Raia
- 카스텔지오콘도Castelgiocondo(프레스코발디Frescobaldi)
- 콜 도르치아Col d'Orcia
- 콜로소르보Collosorbo
- 일 포지오네Il Poggione
- 라 젤라La Gerla
- 라 마지아La Magia
- 람바르디Lambardi
- 파라디소네Paradisone
- 피안 델레 비네Pian delle Vigne
- 포데레 레 리피Podere Le Ripi
- 퀘르체 베티나Querce Bettina
- 산 폴로San Polo
- 사소디솔레Sassodisole
- 세스타 디 소프라Sesta di Sopra
- 세스티Sesti
- 테레 네레Terre Nere

5등급 Fifth Growths **– 22개**

- 아바디아 아르덴가Abbadia Ardenga
- 아르지아노Argiano
- 코르테 데이 벤티Corte dei Venti
- 크로세디메조Crocedimezzo
- 파토이Fattoi
- 그라지아Grazia
- 그레포네 마지-루피노Greppone Mazzi-Ruffino
- 일 마로네토Il Marroneto
- 일 팔라조네Il Palazzone
- 라 멜리나La Melina
- 라 토레La Torre
- 라 벨로나La Velona
- 모칼리Mocali
- 산 지아코모San Giacomo
- 탈렌티Talenti
- 테누타 델 체로Tenute del Cerro
- 테누타 디 세스타Tenuta di Sesta
- 테누타 실비오 나르디Tenute Silvio Nardi
- 우첼리에라Uccelliera
- 발 디 수가Val di Suga
- 벤톨라이오Ventolaio
- 빌라 이 치프레시Villa I Cipressi

작황에 따라 레이블 표기를 달리한다

농사는 해마다 다르다. 어떤 해에는 포도 품질이 좋지 못할 때가 있다. 그런 포도는 와인의 숙성능력을 떨어트린다. 그럴 경우 BDM이라는 문구를 사용하지 않고, '로소 디 몬탈치노Rosso di Montalcino'라는 이름을 달고 시장에 출시된다. 이 와인은 발효를 마친 후, 1년 정도만 숙성시켜 판매된다. BDM보다 가볍고 오크 향은 줄어들며 대신 과일 향은 신선하다. 물론 포도나무 수령이 어린 포도를 사용해도 RDM으로 출시한다. 하지만 그해 작황도 훌륭했고 그래서 2~3년의 필수 숙성기간을 모두 마쳤다 해도 전부 BDM을 달 수 있는 건 아니다. 생산자의 최종 테이스팅 심사를 통과해야 한다. 품질이 미달된 통barrel의 와인은 가차 없이 '로소 디 몬탈치노' 와인으로 레이블링된다. 가격은 BDM의 1/2~1/3 정도다.

●부르넬로 디 몬탈치노

●로소 디 몬탈치노

이탈리아 〉 토스카나

키안티 와인의 흥망성쇠

키안티 와인은 나에게 성긴 술이다. 건초향이 강하고 메마른 풍미에 듬성듬성 흩어져 있는 맛은 그리 매력적이지 못했다. 특히 산도가 튀고 밸런스가 매끄럽지 못해 늘 아쉬움을 남기는 와인이었다. 그러던 어느 날, 지인이 술자리에서 내민 키안티는 달랐다. 심지어 내키지 않았던 건초 냄새마저 향기롭게 다가왔다. 타닌감도 안성맞춤이고 유기산도 무척 조화로웠다. 감칠맛에다 정겨운 쌀뜨물 내음까지 번졌던 와인은 폰토디 키안티 클라시코Fontodi Chianti Classico 2007였다. 이 녀석으로 하여금 키안티 와인을 다시 보게 되었다.

이탈리아에서 역사와 전통하면 사실 키안티 와인이다. 예전부터 알고 있었지만 손이 잘 가지 않았고 게다가 사연이 복잡하여 풀어내기 어려운 술이었다.

값싸고 마시기 편안 술

1716년은 키안티Chianti 와인 출범의 원년이다. 초창기 키안티 와인은 품질에 비해 가격이 저렴해서 이탈리아 와인의 대명사로 자리매김하게 된다. 인기가 높아지자 수요는 급증하였고 생산량은 해마다 늘어났다. 그래서 한정된 키안티 구역만으로는 물량을 공급하기에 턱없이 부족했다. 이에 불량 업자들도 속출한다. 가짜 양주처럼 저질, 저급의 키안티가 시장에 고개를 내민 것이다. 지정된 키안티 지역의 포도를 사용하지 않거나 관련 없는 포도를 혼합하는 경우가 끊임없이 발생하면서 예전의 키안티 명성은 나락으로 떨어졌다.

●폰토디 키안티 클라시코

키안티의 7개 서브 존

마침내 1932년! 215년 키안티 와인 역사에 일대 변화가 일어난다. 키안티 구역의 확대 및 재정비가 이루어진 것이다. 키안티 와인 생산지역을 확대하고 이를 세부적으로 나누었다. 예전 키안티 구역만으로는 생산에 한계를 느꼈고 이미 자행되어 왔던 원산지 위배의 관행을 정부가 현명하게 풀어낸 것이다. 품질 개선과 키안티 와인의 전문성을 높이자는 취지로 7개 서브 존sub-zones이 새로 지정된다.

키안티 꼴리 아레티니Chianti Colli Aretini, 키안티 꼴리 피오렌티니Chianti Colli Fiorentini, 키안티 꼴리 세네시Chianti Colli Senesi, 키안티 꼴리네 피사네Chianti Colline Pisane, 키안티 몬탈바노Chianti Montalbano, 키안티 몬테스페르톨리Chianti Montespertoli, 그리고 키안티 루피나Chianti Rufina 지역이 키안티 존에 새로이 추가되었다.

키안티 클라시코 와인의 등장

키안티 서브 존이 신설되었다는 말은 7개의 새로운 키안티 와인이 생겼다는 뜻이다. 그럼, 예전에 있던 '키안티Chianti' 구역은 어떻게 되었을까? 215년간 존재해 왔던 옛 키안티 자리는 주변의 몇몇 구역을 흡수하여 1996년 '키안티 클라시코Chianti Classico'로 공식 개명되었다. 북쪽으로는 플로렌스Florence, 남으로는 시에나Siena 지역까지 포함된 구역이다. 'Classico'를 붙여 부르는 이유는 서브 존 추가 이전에 옛 키안티 구역이 '키안티 와인의 원조' 지역임을 알리고자 함이었고 동시에 7개 서브 존의 키안티 와인과는 차별을 두겠다는 의도였다. 뿐만 아니라 검은 수탉black rooster 로고를 제작하여 '키안티 클라시코' 와인에만 부착하도록 하여 다른 키안티 와인들과는 외형적으로 구분을 지어 놓았다.

품종 블렌딩에 관한 규정

이탈리아는 각 지방 별로 와인생산에 사용되는 포도 품종을 법규로 지정하고 있다. 토스카나 지방의 레드 와인은 산죠베제Sangiovese를 주력 품종으로 해야 하는데 키안티 지역도 예외는 없다.

일반 키안티 와인

레이블에 'Chianti'라고만 표기된 와인은 산죠베제 75~100%에 까나이올로Canaiolo 최대 10%, 청포도인 트레비아노Trebbiano, 혹은 말바시아Malvasia를 최대 10%까지 사용할 수 있으며 까베르네 소비뇽, 멜롯, 까베르네 프랑, 시라와 같은 외래 품종을 일부 사용할 수 있다.

키안티 클라시코 와인

'Chianti Classcio' 표기 와인은 산죠베제를 최소 80% 이상 사용해야 한다. 나머지는 20% 이내에서 까나이올로 혹은 외래 적포도 품종을 사용할 수 있다. 하지만 키안티 클라시코 와인은 일반 키안티 와인과는 달리 레드 품종만을 사용해야 한다. 정확히 말하면 2006년부터 생산되는 키안티 클라시코 와인에는 청포도(트레비아노, 말바시아) 사용을 금하고 있다. 그 이유는 단기 숙성의 일반 키안티 와인에는 맛의 산미나 신선함을 부여할 수 있지만 최소 7개월 오크 숙성을 요하는 키안티 클라시코 와인에는 부적합했다. 혼합될 경우 트레비아노와 말바시아는 숙성능력이 약해 맛의 산패 가능성을 높여 품질을 저하시킬 수 있기 때문이다. 더욱이 최소 24개월 오크 숙성과 3개월 버틀 에이징을 요하는 '키안티 클라시코 리제르바Riserva'급에는 더욱 그렇다. 참고로 일반 키안티 와인의 법적 최소 알코올 농도는 11.5도, 키안티 클라시코는 12도, 리제르바급은 최소 12.5도를 준수해야 한다.

'키안티 수페리오레' 와인

'키안티 수페리오레'라는 별도의 지역이 있는 게 아니다. 키안티 클라시코 지역을 제외한 '일반 키안티' 지역과 7개 서브 존에서 경작된 포도 중에 나은 품질의 포도만을 골라 만든 와인을 뜻한다. 낮은 소출, 알코올 보강, 드라이한 풍미를 조건으로 하며 'Chianti Superiore' 라고 레이블에 표기하지만 사용된 포도의 서브 존 명칭은 레이블에 명기되지 않는 것을 원칙으로 한다. '일반 키안티 와인 중에서 고급술' 정도로 보면 된다. 1996년 '키안티 클라시코'의 지정과 함께 정부가 새로이 추가시킨 와인이다. 출시 전 6개월의 오크 숙성과 3개월의 버틀 에이징을 거쳐야 한다.

추락한 키안티 와인의 이미지 제고

앞선 설명한 바, 1932년에 7개 키안티 지역을 새로이 편제시키고 구역을 확대하여 키안티 와인의 옛 명성을 꾀하려 했지만 현실은 어수선했다. 특히 1970년대와 80년대는 암울했다. 소출량의 증가로 포도 품질 관리와 양조 과정에 문제가 발생해 오히려 키안티 와인의 맛을 흐려 놓았다.

정부는 이를 타개하기 위해 1980년대에 '키안티 클라시코 지역 생산자 조합Consorzio del Vino Chianti Classico'을 조직하여 키안티 와인의 낡고 부정적인 이미지를 쇄신시키고 품질 향상과 신뢰회복에 중점을 두게 된다. 이는 1996년, '키안티 클라시코'와 '키안티 수페리오레' 와인의 탄생 배경이기도 하다. 이 조직을 통해 그동안의 관행적인 포도 재배와 잘못된 양조 관행을 바로 잡기 시작했고 기존의 산죠베제 품종을 개량하여 품질이 뛰어난 '산죠베제 클론'을 만들어 내는 성과를 거둔다. 오늘날 키안티 클라시코 지역의 50% 이상이 '브루넬로'를 재배하고 있다.

키안티 서브존 와인의 특징

1932년 키안티 구역이 재편되면서 7개의 키안티 구역이 생겨났다. 변방이자 위성 지구에 해당하지만 키안티 본토의 맛과 향을 현대적인 감각으로 탄생시킨 와인들이다.

꼴리 피오렌티니Colli Fiorentini는 7개 서브 존 중에서 가장 활기찬 지역이다. 새로운 포도밭들이 개발되고 자금이 유입되면서 신흥 포도원들이 자리를 잡아 가고 있다. 소위 '플라잉 와인메이커flying winemaker'라는 외국 양조가들이 날아들며 과학적인 양조기술과 포도재배를 선보이는 곳이다. 기존 키안티 와인에서 감지되는 건초나 감초 계열의 나무 맛과 식물 풍미를 탈피하여 구조감이 좋고 과일 맛이 풍부한 와인을 생산하고 있다. 이와 비슷한 느낌의 꼴리 아레티니Colli Aretini 지역도 키안티 와인의 새로운 시도와 도전이 활발하다. 반면에 몬테스페르톨리Montespertoli는 2002년까지 꼴리 피오렌티니에 소속되어 왔으나 그 이후 독자적으로 와인을 생산하고 있다.

루피나Rufina 지역은 고도가 높은 곳에 포도밭들이 위치하며 점토와 석회질로 구성된 토양은 와인의 맛을 부드럽게 하고 깊이감과 감칠맛을 부여한다. 7개 서브 존 중에서 가장 인지도가 높은 키안티 와인이다. 안티노리Antinori와 프레스코발디Frescobaldi 가문에서 생산되는 와인의 품질이 특히 뛰어나다.

그리고 몬탈바노Montalbano는 인근에 자리한 까르미냐노Carmignano의 그늘에 있어 자신만의 색채가 불투명하고, 꼴리 세네시Colli Senesi도 주변에 위치한 비노 노빌레 디 몬테풀치아노Vino Nobile di Montepulciano 와인에 가려져 있다. 마지막으로 꼴리 피사네Colli Pisane는 비교적 가벼운 스타일의 와인을 생산한다.

1. 키안티
2. 키안티 꼴리 아레티니
3. 키안티 꼴리 피오렌티니
4. 키안티 꼴리 세네시
5. 키안티 꼴리네 피사네
6. 키안티 루피나
7. 키안티 몬테스페르톨리
8. 키안티 몬탈바노
9. 키안티 클라시코

키안티 9개 지역 와인 레이블

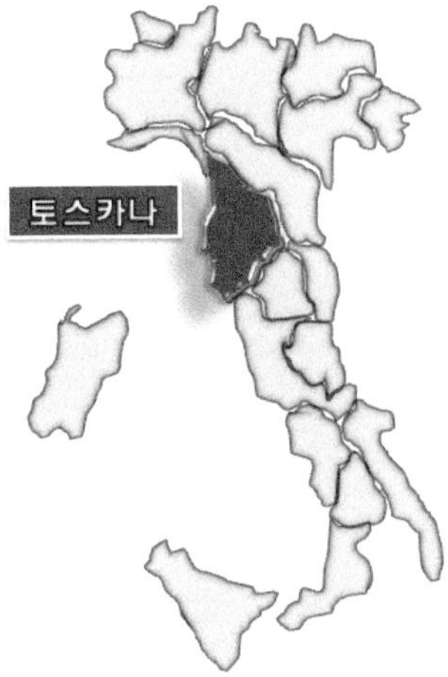

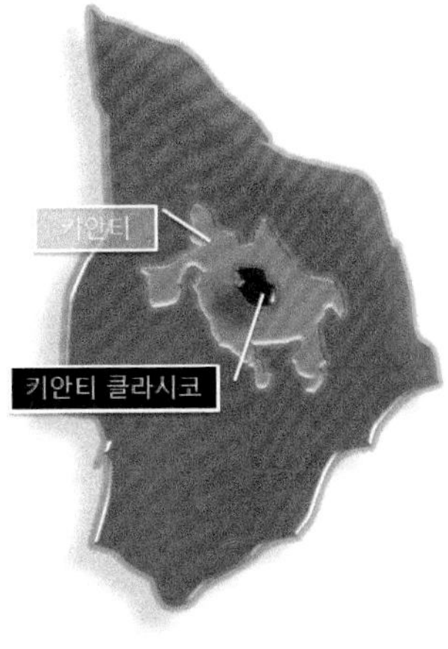

키안티 클라시코 그란 셀레지오네 등급 제정

이탈리아 정부는 키안티 와인의 품질을 높이고 산죠베제 품종의 우수성을 세계에 알리고자 키안티 클라시코 지역에서 생산되는 와인 중에서 품질이 가장 우수한 와인들을 선발하여 레이블에 그란 셀레지오네Gran Selezione 문구를 표기하도록 했다. 2014년 이 법규의 실행으로 키안티 와인은 저 품질, 가짜 와인이라는 옛 오명에서 벗어날 수 있게 된다.

이에 정부는 더욱 박차를 가하여 키안티 클라시코 와인을 3개 등급으로 나누어 선발하며 엄격한 품질 관리와 와인에 사용되는 포도(산죠베제)의 철저한 원산지 감시 및 통제를 실시하고 있다.

아래 도표는 키안티 클라시코 와인의 3개 등급표이며 각 단계별 자격 조건을 명시하고 있다.

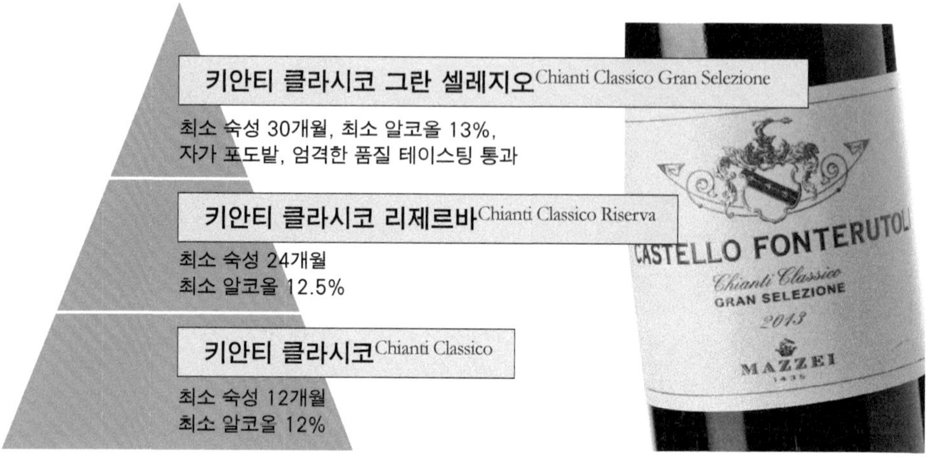

키안티 클라시코 와인 등급표

●키안티 클라시코 TOP-TIER 와인들

이탈리아 〉 토스카나

이탈리아 와인 법규

국산 마늘과 중국산 마늘을 섞어 놓고 국내산이라고 파는 경우는 원산지 위배다. 중국산 김치를 들여와 국내산 김치로 둔갑시켜 출시하는 경우도 마찬가지다. 이에 대해 정부는 농산물원산지 표시에 대한 지도와 단속으로 부정 유통행위를 근절하려 한다. 국민의 건강과 자국의 농산물을 보호하며 생산자와 소비자의 권익을 위해서다. 와인도 지역마다, 마을마다 그곳 재료와 방법으로 만들어진다. 그 지역만의 술맛을 내기 위함이다. 안동 소주나 전주의 이강주처럼 각자 정해진 재료와 방식으로 생산되는 것과 같은 이치다.

와인 법규의 약어들

이탈리아 정부는 지역별로 주력 품종을 법으로 지정해 놓았다. 더 나아가 그 지역 고유의 술맛을 유지하기 위해서 전통적으로 내려오는 포도재배 기술과 양조방법을 규정해 놓고 이를 관리, 감독하고 있다.

이탈리아 와인의 레이블을 보면 작은 글씨로 DOCG, DOC, IGT, 그리고 VDT 중 하나가 표기되어 있다. 무슨 의미일까? '등급'으로 오해하고 있는 이들은 DOCG가 표기된 와인이 가장 고급이며 최고 등급이라고 알고 있는데 그렇지 않다. 이들 표기는 자국의 와인법규를 서술해 놓은 '약어(略語)'일 뿐이다.

DOCG는 무얼 뜻하는가?

예를 들어 '키안티 클라시코 와인'의 레이블을 자세히 보면 Denominazione di Origine Controllata e Garantita라는 문구가 보인다. 이를 약어로 DOCG라고 하며 담긴 뜻은 이렇다. "이 와인에 사용된 포도는 '키안티 클라시코 지역'에서 재배한 포도만을 사용했고 포도재배, 양조방법, 그리고 숙성에 관한 규칙을 준수하여 만든 와인입니다. 그리고 품질인증을 거쳐 병입된 와인임을 정부가 보증Garantita합니다."

다시 한 번 강조하지만 DOCG표기는 등급이 아니다. 참된 의미는 포도의 원산지를 속이지 않았으며 정부가 정해 놓은 와인 생산 규제를 준수했다는 의미로 받아들여야 한다. 그 이상도 그 이하도 아니다.

DOC, Denominazione di Origine Controllata

DOC는 DOCG 문구에서 'GGarantita'가 빠져 있는 표기이다. 와인 생산자가 와인을 만들 때 자신이 속한 지방의 와인 법규와 절차를 100% 이행하지 않았을 경우에 DOCG 다음으로 부여하는 문구다. 정확히 얘기하면 DOC 표기 경우는 와인 병입 절차나 품질 인증이 정부로부터 권한 위임을 받은 심사 위원에게서 통과되지 못했거나 아예 그 절차를 거치지 않았다는 의미를 담고 있다. 그래서 그 부분만 정부가 '보증Guarantee할 수 없다'는 의미로 G를 뺀 것이다. 그 나머지 법규는 충실히 이행했다는 뜻이다.

IGT, Indicazione Geografica Tipica

'지리적인 특수성을 인정하겠다.'라는 뜻인데, 사전적인 이런 의미는 참 알쏭달쏭하다. 도대체 어떻게 알아들어야 할까? IGT 규약은 정부가 와인에 사용되는 포도의 종류를 규제하지 않겠다는 의미로 자국의 토속 품종만을 강요하지 않고 다른 나라의 우수한 포도 품종을 차별 없이 받아들인다는 뜻이다. 그렇게 만든 와인에서 찾아볼 수 있는 문구다. 즉, 토스카나 지방은 산죠베제가 토속품종으로 지정되어 있어 아주 오랜 세월 동안 이 품종으로 와인을 만들어 왔지만 프랑스 품종인 까베르네 소비뇽, 멜롯, 까베르네 프랑, 시라와 같은 외래 포도들도 잘 자라며 우수한 와인을 만들어 낸다는 사실이 토스카나 와인 생산자들 사이에서 입증이 되자, 생산자들 사이에서 꼭 산죠베제를 사용하여 와인을 만들어야 한다는 법규에 회의를 갖게 된다. 정부도 고심 끝에 이를 수용하게 되었고 굳이 토속 품종만을 사용하지 않아도 된다는 입장을 밝혔다. 그러나 와인 법규 자체에 손을 댈 수는 없었다. 궁여지책으로 기존의 와인법규를 유지하면서 'IGT'라는 용어를 새로 만들어 추가시키게 된다. 외래품종들과 토속품종을 섞어서 만든 와인에는 IGT라는 문구를 레이블에 사용케 한 것이다. 따라서 IGT 문구는 와인의 품질이나 가격과는 상관이 없다. 포도밭과 생산자의 명성이 이런 문구들(DOCG, DOC, IGT)보다 더욱 중요하다.

VDT, Vino da Tavola

와인 법규를 준수하지 않고 생산된 와인에 표기하는 문구다. 이 표기를 달고 있다고 해서 저품질 저가 와인이라고 모두 단정하지는 않는다. 이탈리아 와인의 90% 정도가 VDT로 만들어지고 있기 때문이다. 또한 DOC 신청을 하지 않은 우수한 와인도 VDT에 포함되어 있다.

이탈리아 〉 베네토

짜릿한 맛으로 승부하는 스파클링 와인, 프로세코

샴페인은 효모의 구수한 풍미와 비스킷, 너트 향이 절묘한 조화를 이루는 와인이다. 바늘 끝처럼 작은 기포들이 뿜어내는 싱그러움과 깊은 맛은 청량음료로서 가히 세계 최고라 할 수 있다. 하지만 가격이 문제다. 최소 5~6만 원에서 수십만 원에 이르는 샴페인은 부담스럽다. 그 대안으로 '프로세코'가 제격이다.

프로세코, 신선한 과일 맛과 짜릿함

● 이탈리아 스파클링, 프로세코

오랜 시간 '병' 속에서 효모와 함께 발효되는 샴페인은 지극히 사적이며 귀족적인 뉘앙스를 풍긴다. 이에 반해 프로세코는 '스테인리스'라는 대형 통에서 대량 생산되어 깊은 맛은 떨어지지만 신선한 과일 맛과 짜릿한 상쾌함으로 승부하는 술이다. 레몬, 멜론, 그리고 사과 풍미가 좋고 아삭한 맛이다. '프로세코'라는 이태리 고유품종으로 빚어지며 품종 이름이 곧 와인 이름이다.

원산지는 베네토Veneto와 프리울리-베네치아-줄리아Friuli Venezia Giulia 지방이며 서로 인접하고 있다. 이 중 베네토에 있는 코넬리아노

Conegliano와 발도비아데네Valdobbiadene 지역이 프로세코 와인 생산의 본거지다.

실제로 와인 레이블 표기를 보면 'Prosecco di Conegliano-Valdobbiadene', 'Prosecco di Conegliano', 또는 'Prosecco di Valdobbiadene'로 적혀 있다. 대부분 프로세코 품종으로 만들어지며 가끔 피노 블랑과 피노 그리지오 품종이 블렌딩되기도 한다.

까르띠제 프로세코

가격을 좀 더 지불해서라도 아몬드, 살구, 복숭아 향, 그리고 솟아오르는 폭발적인 기포를 경험할 수 있는 '까르띠제 프로세코Cartizze Prosecco' 와인을 마셔 보라! 보르도의 그랑 크뤼 와인처럼 최상급 프로세코 와인이다. '까르띠제'라는 지역에서 재배된 프로세코만을 사용한다. 이곳 포도가 다른 지역과 차별되는 점은 비탈진 포도밭에서 재배된다는 것! 그래서 일조량이 좋고 배수와 통풍이 좋아 질 좋은 포도를 재배할 수 있고 또한 고도가 높은 곳에 위치하고 있어 포도가 서서히 익어 가기 때문에 와인의 풍미를 더욱 좋게 만든다. 일반 프로세코는 3년 이내에 소비되어야 제맛이 나고 '까르띠제'의 경우, 7년 정도 두었다 마셔도 좋다.

이탈리아 〉베네토

베네토 추천 와인 4선

이태리 와인의 주요 생산지를 꼽으라면 피에몬테와 토스카나 지방이다. 피에몬테는 강한 타닌과 산미가 조화로운 바롤로, 바르바레스코 와인으로 이름이 높고, 토스카나는 과일 맛과 섬세한 타닌감이 좋은 BDM, 캐주얼한 느낌의 키안티, 그리고 보르도 품종이 혼용된 수퍼 투스칸 와인으로 유명하다. 사실 이 정도 와인들이면 이태리 와인을 대표하는 걸출한 술들은 이 두 지방에 거의 모여 있는 셈이나 마찬가지다. 하지만 베네토 지방에도 꼭 마셔 볼 만한 와인들이 있다. 비교적 좁은 지역 탓에 다양한 와인은 상대적으로 부족하지만 귤중지락(橘中之樂)에 빠져 볼 만한 락주(樂酒)가 있다.

●아마로네

아마로네 vs 레치오토

베네토 지방의 대표적인 술하면 이구동성으로 아마로네Amarone를 말한다. 이 지방의 발폴리첼라 지역에서 생산되는 레드 와인으로 그 맛이 묵직하고 진하며 동시에 쌉쌀한데, 이 맛의 핵심은 '건조'에 있다. 9~10월에 포도를 수확하여 바로 즙을 내어 와인을 만들지 않고 이듬해 2~3월까지

약 4~5개월간 건조장에서 자연풍으로 포도를 말린다. 그 포도의 즙을 내어 당분이 거의 없어질 때까지 발효를 진행시키면 알코올 농도 15~16도의 육중한 와인이 탄생한다. 반면, 레치오토Recioto(4부 디저트 와인 편 참고)라는 단맛이 강한 와인도 있다. 케이크나 단 음식과 어울리며 양조방법은 아마로네 와인과 동일하다. 다만 발효를 중도에 중지시켜 많은 당분을 와인에 잔류하게 한 점이 다르다.

지게미를 투척하여 만든 '리파소' 와인

베네토 지방의 발폴리첼라 지역에서 생산되는 '아마로네' 와인의 세컨드 와인쯤으로 보면 되겠다. 레이블에 'Ripasso'라는 문구를 달고 출시되는데 이런 와인은 아마로네 혹은 레치오토 와인을 만들고 남은 지게미(껍질과 씨)를 일반 레드 와인과 섞어서 다시 한 번 발효과정을 거쳐 만들어지는 술로, 생산자마다 차이는 있겠지만 사실 투박한 맛 때문에 예전에는 그리 인기 있는 술은 아니었다. 반면에 알레그리니사에서 출시되는 와인 중 '팔라조 델라 토레Palazzo Della Torre'의 경우는 거친 맛을 피하기 위해 상기처럼 지게미를 사용하는 대신, 신선한 포도즙을 투입하여 2차 발효를 진행시켜 만들기도 한다. 그래서 '리파소' 공법으로 만든 술보다는 좀 더 부드럽고 과일 맛이 좋다.

● 리파소 와인

직선적인 맛, 소아베

이태리 수퍼마켓에서도 편하게 구입할 수 있는 아주 대중적인 베네토의 화이트 와인이다. 국내에는 1~4만 원대로 손쉽게 접할 수 있으며 산미가 강하고 매우 드라이해서 해산물 혹은 '회'와 조합이 맞다. 신선하고 경쾌한 맛에 라임처럼 새콤한 맛이 좋아 생선의 비릿한 '요오드 향'을 잡아 주기 때문이다. 종류로는 소아베Soave, 소아베 클라시코Soave Classico, 소아베 수페리오레 클라시코Soave Superiore Classico가 있으며 후자로 갈수록 고품질이다. 주력품종으로 '가르가네가'를 사용하며 피노 블랑코, 트레비아노, 그리고 샤르도네가 보조 품종으로 쓰인다.

●소아베 추천 생산자(와인)

독일

독일 최고의 포도밭, 샤르초프베르그

독일 자르Saar 강변을 따라 모젤 지역으로 가다 보면 산등성이 밑으로 포도밭들이 형성되어 있다. 퀼트 모양새로 각 포도밭 구획이 선명하다. 마치 빛이 잘 드는 곳을 누비이불로 덮어 놓은 형상이다. 날씨가 춥고 일조량이 부족하다 보니 가파른 곳에 포도밭들이 둥지를 틀고 있다. 게다가 좋은 와인이 되려면 강변에서 반사되는 한 줄기 빛이라도 품어야 한다.

● 에곤 뮬러의 샤르초프베르거, 카비넷

굽이굽이 여러 마을을 지나 강물이 다다른 곳, 빌팅겐Wiltingen 마을! 이곳에 독일 최고의 포도밭, 샤르초프베르그Scharzhofberg가 자리 잡고 있다. 면적은 총 28헥타르이며 축구장 38개 크기다. 이 포도밭은 6명의 소유주가 나누어 갖고 있으며 각자 와인을 생산한다. 이들 중 에곤 뮬러Egon Müller가 만든 샤르초프베르거Scharzhofberger 와인을 최고로 쳐

준다. 에곤 뮬러는 약 8헥타르 정도의 샤르초프베르그 포도밭을 소유하고 있으며 병당 수십만 원에서 수백만 원대를 훌쩍 넘나드는 와인을 만들어 내고 있다. 이 중 곰팡이 핀 포도도 만든 '에곤 뮬러 TBA 와인'을 최고로 치는데 일반 사람들에게는 언감생심이다. 하지만 그런 가격에 기죽을 필요는 없다. 샤르초프베르거 와인을 생산하는 회사가 에곤 뮬러만 있는 건 아니다.

샤르초프베르그 vs 샤르초프베르거

여기서 잠깐! '샤르초프베르그Scharzhofberg'와 '샤르초프베르거Scharzhofberger'라는 단어를 보면 끝부분이 살짝 다르다. 결론을 먼저 얘기하면 'er'이 없는 샤르초프베르그는 포도밭을 뜻하며 이 포도밭에서 재배된 포도를 사용하여 만든 와인을 샤르초프베르거라고 부른다. 사실 원칙적으로는 이 포도밭이 빌팅겐Wiltingen 마을에 있으므로 레이블에 이 마을 이름을 표기를 해야 하지만 그 대신에 샤르초프베르거를 표기하고 마을 이름(빌팅겐)을 쓰지 않는다. 'Scharzhofberger' 표기 자체가 품질 보증이며 프랑스로 치면 하나의 단독 AOC 개념이다.

독일 와인 레이블 보는 법

그럼 레이블에 '빌팅거Wiltinger'라고 적힌 와인은 어떤 와인일까? 우선 독일 와인은 마을 이름을 그대로 레이블에 사용하지 않고 보통 끝에 'er'을 붙여 표

기한다. 원래는 '빌팅겐'이지만 레이블 표기는 '빌팅거'로 한다. 참고로 옆 레이블에 표기된 '샤르츠베르그Scharzberg'는 '샤르초프베르그Scharzhofberg' 포도밭과 비슷하게 보이지만 아무런 관련이 없으며 빌팅겐 마을에 있는 평범한 포도밭 이름이다. 여기서 한 가지 더 알아 둘 점은 'er'이 붙어서 앞에 나온 단어 'Wiltinger'는 마을 이름이고 그다음 'Scharzberg'는 포도밭 이름이다. 다른 독일 와인 레이블에도 그 순서는 동일하다.

샤르초프베르거 와인, 그 주요 생산자들

사실, 굳이 에곤 뮐러의 샤르초프베르거 와인만을 고집할 필요는 없다. 샤르초프베르그 포도밭의 포도를 사용하는 생산자들을 눈여겨 두면 된다.

●반 폴크셈, 샤르초프베르거

반 폴크셈Van Volxem, 라이히스그라프 폰 케셀슈타트Reichsgraf von Kesselstatt, 폰 회벨Von Hövel, 비쉐플리헤 바인귀터Bischöfliche Weingüter, 페어아이닉테 호스피티엔Vereinigte Hospitien, 요하네스 피터스Johannes Peters, 바인구트 헤쉬Weingut Resch. 이들이 생산하는 샤르초프베르거 와인도 수작들이다.

독일 최고의 명당자리

'샤르초프베르그'는 독일 최고의 포도밭 이름이다. 무엇이 특별할까? 독일은 지리적으로 춥고 비가 많이 온다. 따라서 떼루아가 좋지 못한 일반 포도밭들은 포도의 당도가 낮고 품질이 떨어져 와인

● 에곤 뮐러, 샤르초프

을 만들 때 '당분을 인위적으로 첨가'(챕털라이제이션Chaptalization)하여 와인을 생산한다. 하지만 샤르초프베르그 포도밭에서 생산되는 포도는 그럴 필요가 없다. 토양에 자갈이 함유되어 있어 배수가 뛰어나 생육에 좋고 포도밭에 깔려 있는 납작한 점판암들은 낮의 열기를 포도에 반사시키며 밤에는 포도나무를 추위로부터 보호한다. 게다가 30~60도로 경사진 지대에 위치하고 있어 화창한 날씨를 만나면 이 포도밭은 더욱 태양의 열기로 충만하다.

좋은 와인은 포도밭에서 결정된다고 했다. 따라서 꼭 에곤 뮐러가 아닌 반 폴크셈과 같은 생산자들도 샤르초프베르거 와인을 생산한다. 에곤 뮐러의 그것보다 가격적인 면에서 접근성이 좋다. 그래도 독일 최고의 와인 생산자인 에곤 뮐러 와인을 꼭 맛보고 싶다면 '샤르초프Scharzhof' 와인은 어떨까? 비록 샤르초프베르그 포도밭에서 재배한 포도를 사용한 건 아니지만 가격적인 면에서 부담 없이 즐길 수 있는 와인이다. 빌팅겐 마을에 있는 또 다른 에곤 뮐러 소유의 포도밭인 브라운펠스Braunfels와 쿱Kupp 포도밭에서 재배한 포도를 사용하는데 에곤 뮐러가 생산하는 와인 중에서 가장 캐주얼한 와인이다.

독일 와인 등급 체계

앞서 설명한 와인들의 레이블을 자세히 보면 독수리 문양 표시가 있는 와인이 보일 것이다. 독일우수와인생산자협회(Verband Deutscher Prädikatsweingüter)에 가입된 포도원이나 생산자들이 생산하는 와인에 사용되는 협회 로고다. 약어로 VDP를 레이블에 표기하며, 이는 독일 와인 품질의 우수성을 대변하기도 한다. 하지만 와인에 이런 로고나 문구가 없다고 해서 저 품질의 와인을 의미하지는 않는다. 다만 구입 시 참고하면 도움이 충분히 될 만한 것이기에 알아두어야 한다. 독일의 유명 TOP 생산자들이나 우수 포도원들이 대거 이 협회에 가입되어 있기 때문이다.

VDP는 1910년에 설립되었고 등급 체계를 갖추어 사용되어왔으나 2013년부터 공식적으로 와인 등급이 레이블에 표기되고 있는데 프랑스 부르고뉴의 등급체계와 매우 유사하다. 협회에 가입되어 있는 생산자들의 포도밭을 평가하여 최고의 포도밭에는 그로세 라게 GROSSE LAGE(Grand Cru)라고 표기하며 줄여서 GG라고 레이블에 사용된다. 그다음으로는 1급 포도밭이라는 뜻으로 에어스테 라게ERSTE LAGE(1er Cru)라고 표기된다. 이 두 가지 표기가 고급 독일 와인에 속하며 오르츠바인ORTSWEIN(마을 단위), 그리고 마지막으로 구츠바인 GUTSWEIN(기본 단위)이 있다.

독일 피노 누아 와인을 겨냥하라!

피노 누아 품종은 프랑스 부르고뉴 지역처럼 연 평균 기온이 약 11℃가 바람직하며 그런 서늘한 지역에서 재배된 포도만이 가장 좋은 맛을 낸다. 독일은 위도 51°에 위치하고 있어 와인 생산국 중 가장 추운 지역에 속하여 포도밭 경작은 기온이 낮고 서늘한 기후에서 이루어진다.

따라서 청포도인 리슬링 품종과 함께 질 좋은 피노 누아 와인 생산에 적합하다. 더욱이 지구 온난화 현상으로 요즘 독일 피노 누아 와인의 인기가 급상승하고 있다. 독일식 피노 누아 명칭은 슈페트부르군더Spätburgunder이며 간혹 프랑스어의 Pinot Noir를 같이 표기하기도 한다. 가성비 좋은 독일 피노 누아 와인을 꼭 마셔보라. 국내에서 구할 수 있는 추천 생산자로는 루돌프 퓌어스트Rudolf Furst와 베른하르트 후버Bernhard Huber다.

wine

조악하거나 혹은 수려하거나

중간이 드물다. 뗌쁘라뇨 품종으로 만든 와인은 조악하거나 혹은 수려하다. 투박하고 거칠며 나무 맛이 지배적인 반면, 순도 높은 포도를 사용하여 잘 세공하면 강렬함과 진한 여운을 여지없이 드러낸다. 마른 풀이나 나무, 눅눅한 오크 맛이 아니라 과일과 신선한 유기산으로 꽉 차 있는 옹골찬 그런 와인 말이다.

불모지와 다름없는 거친 땅에서 세밀하고 정교한 손맛을 불어넣는 '누만시아'.

"최고의 포도만이 위대한 와인을 만들 수 있다."는 슬로건 하에 600여 년 동안 외길을 걸어온 '오초아'.

그리고 스페인 천재 양조가, 마리아노 가르시아가 빚어낸 근사한 와인들.

이런 술들이야 말로 스페인을 가장 잘 표현한 정열적인 와인이라 하겠다. 맛도 향도 붉고 강렬하다 못해 '피존 블러드'를 관통한 빛처럼 순수하게 붉고 눈부시다. 그 보석 같은 와인을 소개한다.

스페인

보석 같은 와인, 누만시아와 오초아

모 아니면 도

품질이 좋지 못한 '뗌쁘라뇨'를 쓰면 나무토막 맛이 나지만 고품질 포도로 섬세하게 다듬으면 보석처럼 붉고 매혹적인 와인이 된다. 이것이 뗌쁘라뇨의 매력이다.

중간 정도의 품질은 맛이 흐리고 저렴한 뗌쁘라뇨는 눅눅한 나무 맛이 너무 강해 고로쇠 마시는 느낌과 별반 차이가 없다. 진정한 스페인 와인이라면 태양처럼 강렬한 맛이 있어야 한다. 그래서 강인한 카리스마와 열정이 녹아 있는 술이어야 스페인다운 술이며 그런 성깔의 와인을 마셔야 성에 찬다. 그것이 스페인 와인이다.

누만시아 와인들

스페인 토로Toro 지역에 위치한 누만시아Numanthia 포도원은 특이하다. 사막 같은 토양에 방치된 듯한 포도나무들이 덤불더미 모양으로 듬성듬성 땅에 엎드려 있다. 포도도 몇 송이 달리지 않았다. 뗌쁘라뇨 품종을 토로 지역에 맞게 개량한 것으로 '띤타 드 토로Tinta de Toro'라 부르는데 적포도 중에서는 가장 두꺼운 껍질을 가지고 있어서 잘 영글면 타닌이 풍부하고 검붉은 과즙이 인상적이다. 그리고 이 포도원의 척박한 생육 환경은 그 목마른 포도나무의 뿌리를 땅속 깊이 내리게 하여 천연 암반수의 무기질을 포도에 듬뿍 머금게 한다. 게다가 포도의 소출량을 최소화하여 와인의 응축된 맛과 정제된 맛을 동시에 담아내고 있다.

●테르만시아

테르만시아Termanthia, 정제된 맛과 섬세함의 수작

누만시아가 생산하는 와인 중 가장 뛰어난 술이다. '토로Toro의 보물'이라고 하는 이 와인 맛의 비결은 엄격한 포도 선별과정에 있다. 수령 120년 이상의 포도만을 수확한 후, 우수한 품질의 포도만 다시 골라내어 만들어진다. 농밀한 맛과 파워, 입안을 휘감는 부드러운 타닌! 블랙커런트와 블랙베리, 송로버섯과 미네랄 터치, 그리고 후추의 매콤한 기운과 산미가 절묘하게 어우러져 수작 중에 수작이다.

●누만시아

누만시아Numanthia, "응축된 맛과 타닌의 조화"

도톰한 맛에 신선한 유기산이 더해져 생기 있다. 거칠게 달려들던 타닌도 이내 기품을 보인다. 검붉은 과일, 코코아 맛을 내며 바닐라의 달콤한 향기가 은은하다. 10년을 더 묵혀 두고 마신다면 실크처럼 매끈한 맛과 풍미가 켜켜이 쌓이겠다. 포도원 이름과 동일한 이 술은 테르만시아의 '세컨드 와인'에 해당한다. 수령 70~100년생 포도를 사용한다. 이처럼 고목의 포도를 사용하는 이유는 소출량이 적은 대신 포도가 실하고 알차기 때문이다. 어린 포도나무보다 맛과 향이 훨씬 뛰어나서 깊고 진한 맛과 세련미를 와인에 부여한다.

테르메스Termes, 알코올이 다소 높지만 충분히 맛있다

큰형 테르만시아, 작은형 누만시아, 그리고 막둥이 테르메스! 평균 30년생 포도를 사용한다. 무게감과 세련된 맛은 형들보다 덜하지만 라벤더와 꽃 향이 어리광스럽다. 자두와 블랙베리의 신선한 과일 맛과 매콤한 향이 나며 당미는 조금 강하다. 타닌은 힘차며 산미가 통통 튄다. 다소 알코올이 높기는 하지만 충분히 맛있는 녀석이다.

포도원 이름, '누만시아'는 고대 로마의 침략으로부터 가장 마지막까지 항거했던 스페인 토로 지역의 옛 전장 이름이다. 척박한 자연환경을 일구고 자연의 맛을 얻어낸 누만시아 와인에는 그런 전사의 강인함이 흐른다.

●테르메스

오초아 와인들

"최고의 포도만이 위대한 와인을 만들 수 있다." 오초아 포도원의 철학이다. 6백 년 전통의 오초아Ochoa 가문은 스페인 나라바Navarra 지역에서 가장 오래된 포도원 중 하나이며 샤를 2세와 3세의 입맛을 사로잡았던 전통 있는 와인 명가다. 한 해 포도농사와 양조는 모두 수작업으로 진행되며 남의 포도는 쓰지 않는다.

오초아! 참 '맛있는 술'이다. 그 맛의 근원은 포도밭에 있다. 포도나무를 3줄 단위로 각 이랑에 심어 놓고 3m 간격의 고랑을 둔 형태로 경작된다. 생산량을 늘리지 않고 그들의 슬로건처럼 소출량을 줄여 응축미 있는 고품질 포도를 생산한다. 고유품종인 뗌프라뇨를 비롯해 까베르네 소비뇽, 멜롯, 그르나슈를 함께 경작하며, 세 가지 범주로 와인이 생산되는데 엔트리급에 해당하는 칼렌다Calendas 시리즈, 중간급에 아드리아나 오초아Adriana Ochoa 시리즈, 그리고 최상급 와인에 해당하는 자비에 오초아Javier Ochoa 시리즈가 있다. 오랜 역사만큼이나 술의 종류와 가짓수가 다양해서 다 마셔 보지는 못했지만 그 중 세 녀석을 소개한다.

오초아 그란 리제르바Ochoa Grand Reserva, 정교하고 기품 있는 맛

●그란 리제르바

붉고 강렬하며 순수하고 맑다. 거들먹거리지 않는 품새에 깊은 맛이다. 오초아 가문의 일원이자 와인 메이커인 '자비에 오초아'가 직접 만들었다. 우아하고 정제된 맛에 가죽과 매콤한 향기가 일품이다. 그가 만들어 낸 자비에 시리즈 중에서 가장 애정을 많이 쏟은 술이기도 하다. 뗌쁘라뇨를 주력으로 까베르네 소비뇽과 멜롯을 혼합하였고 검은 과일과 신선한 오크 향이 조화로운 최상급 와인이다.

오초아 리제르바Ochoa Reserva, 매끄럽고 완숙한 맛

●리제르바

'그란 리제르바'는 단일 포도밭에서 수확한 포도를 사용해야만 하고 '리제르바'도 가끔 그렇긴 하지만 보통 자신 소유의 여러 포도밭에서 최상의 포도만을 선별하여 만들어진다. 매력적인 블랙커런트와 바닐라 향기가 미국의 '오퍼스 원'을 연상케 한다. 수준 높은 산도와 정갈한 맛으로 둔탁하지 않으며 매끄럽고 완숙한 맛이다. '그란 리제르바'급 보다 오크 향이 적게 나며 과실 향은 더욱 풍부하다. 매콤한 향기에 초콜릿 여운까지 풍겨난다.

오초아 밀 그라시아Ochoa MIL GRACIAS, 정직하고 정확한 맛

●8A 시리즈

중간급에 해당한다. 합리적인 가격에 비해 품질이 우수하다. 애초부터 육중하고 정교한 맛으로 만들어진 술은 아니다. 가볍지만 충분히 밀도가 있고 세련되지 않지만 투박하지도 않다. 그래서 "정직하고 정확한 맛"을 내는 술이다. 깨끗하고 잡맛이 없고 가격 대비 높은 만족도를 자랑하며 그라시아노Graciano 품종으로 빚어진다. '8A 시리즈'는 가문의 이름인 Ochoa에서 착안된 것으로, 숫자 8을 뜻하는 'ocho'에 나머지 철자 'a'를 접목시켰다. '8A 시리즈'는 오초아 가문의 정직한 맛과 신뢰를 상징한다.

스페인
마리아노 가르시아의 역작, 아알토 PS

어느 날 한 소년이 심부름차 양조 사무실에 들렀다가 그곳에서 와인 테이스팅을 경험하게 된다. 테이블 위에 스무 종류의 와인이 놓여 있었고 이 중에 동일한 와인이 두 개가 있는데 그것을 골라내는 게 과제였다. 와인에 대한 지식은 아예 없었고 테이스팅은 난생 처음이었지만 소년은 정확히 두 와인을 짚어 낸다. 그의 재능을 높이 산 양조자들은 그를 와인 학교에 입학시켜 체계적인 교육을 받게 했고 스물네 살 되던 해 그는 스페인 최고의 포도원인 베가 시실리아Vega Sicilia의 와인 메이커로 발탁이 된다. 그가 바로 천재 양조가, 마리아노 가르시아Mariano García다.

1864년에 문을 연 베가 시실리아는 150년의 역사와 전통을 자랑하는 스페인 최고의 와이너리이자 애호가들의 로망이 깃든 술인 '베가 시실리아 우니코'를 만들어 내는 전설적인 포도원이다. 이곳에서 그는 1966년부터 30년간 양조 수장을 역임한 후 1996년 베가 시실리아를 떠난다. 그리고 리베라 델 두에로 지역에 위치한 '마우로Mauro'와 토로 지역에 자리한 '산 로만San Román'에서 자신만의 와인철학을 담아내고 있다.

무엇보다도 그의 역작으로 꼽는 와인은 '아알토 피에스Aalto PS'다. 그 맛과 향이 정교하고 세련되어 명작으로 평가받는다. PS는 'Parcel Selection'의 약어인데, 수령 100년 이상의 포도나무로 구성된 한 구획에서 재배된 포도만을 사용했다는 뜻이다. 따라서 농축미와 진한 과일 맛이 일품이며 코코아, 모카, 바닐라 풍미도 뛰어나다. 'PS'란 문구가 없는 '아알토Aalto'는 세컨드 와인으로, 허브 계열의 민트와 매콤한 향이 인상적이다. 오래가진 않지만 체리와 블랙베리의 과일 향과 코코아 뉘앙스가 살짝 풍긴다. 산미와 타닌이 강하고 쌉싸름하며 당미가 묻어난다. 바디는 중간 정도다. '틴토 피노Tinto Fino' 포도를 사용하는데 리베라 델 두에로 지역에 맞게 개량된 뗌쁘라뇨의 일종이다.

●아알토PS

●아알토

PART 03

신세계 와인

:: 구세계의 떼루아, 신세계의 혁신

"새로운 요리의 발견은 새로운 별의 발견보다도 인류의 행복에 한층 더 공헌한다." 프랑스의 법률가이자 식문화의 권위자인 브리야 사바랭이 남긴 말로 수백만 광년 떨어진 과거의 별빛보다는 접시 위에 얹혀 있는 따끈한 음식이 더 현실감 있다는 뜻이 아닐까 한다.

요즘 와인도 그렇다. 허세보다는 실속, 고루한 전통보다는 혁신에 더 무게감을 두는 추세다. 고가보다 캐주얼한 칠레 와인에 더 만족감이 들 수도 있고, 세월이 흘러야 제맛을 내는 와인들은 일각에 편중되어 있어, 출시 후 바로 마실 수 있는 호주 와인이 더 대중적일 수도 있다.

뿐만 아니라 프랑스 소비뇽 블랑 와인에는 뉴질랜드의 와인이 대적하고 있으며, 보르도 그랑 크뤼 와인에는 미국 나파 밸리와 호주 쿠나와라 지역이 강력한 대항마다.

전통적인 양조방법에도 변혁이 일고 있다. 와인의 알코올 함량이 높으면 '원심분리기'를 이용하여 도수를 낮추고, 폭염에 농익은 포도로 산도가 부족한 와인이 생산되면 주석산이나 구연산을 첨가해 신맛을 조절할 수 있게 되었다. 뿐만 아니라 비가 많이 오거나 단위면적당 수확량이 늘어나서 포도가 묽어지면 '진공 농축기'나 '역삼투장비'를 사용해 수분을 낮추어 농밀한 와인을 만들어 낸다. 그래서 포도 품질이 신의 영역이라면 와인 품질은 인간의 몫이 되었다.

이제는 기후나 토양, 지역에 관계없이 와인의 품질을 해체하거나 재구성할 수 있으며 그 중심에 신세계 와인들이 있다.

칠레의 프리미엄급 와인들

한때 칠레 하면 '몬테스 알파Montes Alpha'와 '1865'로 통했다. 중저가 와인으로 가격 대비 품질이 좋아 국내 시장을 거의 석권했을 정도다. 만약 그것으로 끝이었다면 칠레 와인을 언급할 필요는 없었겠지만 그것은 끝이 아니라 시작이었다. 잇따른 프리미엄급 와인들의 등장은 칠레 와인의 고급화 시대를 열었으며 구세계 와인의 명품성을 추격하고 있다.

1990년 이전까지만 해도 칠레 와인은 대중적이며 강한 알코올에 깊이감이 없는 저렴한 술이라 여겼다. 하지만 풍부한 노동력과 포도 농사에 적합한 자연 조건을 알아본 유럽의 강호들과 선진 자본이 칠레로 들어와 알마비바, 세냐, 그리고 알비스 와인을 차례로 탄생시키면서 칠레 와인을 세계무대로 데뷔시켰다.

●알마비바

합작 와인의 등장

알마비바Almaviva

칠레 포도원, 콘차이토로Concha y Toro와 프랑스 5대 샤또 중 하나인 무똥 로쉴드가 함께 만든 와인이다. 포도는 칠레가 키우고 보르도 정통 양조기술이 낳은 고급 레드와인으로 단숨에 칠레 아이콘 와인으로 자리를 잡았다. 더욱이 프랑스 극작가, 보마르셰가 쓴 희극 '피가로의 결혼'에 등장하는 알마비바 백작의 이름을 그의 필체 그대로 레이블에 옮겨 놓아 명품의 이미지를 가미한 술이다. 까베르네 소비뇽을 주품종으로 까르미네르, 까베르네 프랑, 그리고 소량의 멜롯이 블렌딩된다. 시중에 10만 원 중반에 나와 있어 아무리 싸도 병당 70~80만 원은 줘야 하는 무똥 로쉴드에 비해 가격적인 메리트가 있고 무똥의 터치를 맛볼 수 있다는 점에서 의미 있는 술이라 하겠다.

● 세냐

세냐Sena

알마비바의 최초 빈티지는 1996년산이며 이보다 1년 앞서 출시된 세냐는 1995년 빈티지가 최초다. 미국의 로버트 몬다비Robert Mondavi와 칠레의 에라주리주Errazuriz 포도원이 함께 일구어 낸 칠레의 명주로 까베르네 소비뇽, 멜롯, 까르미네르, 까베르네 프랑, 쁘띠 베르도, 그리고 말벡 품종으로 블렌딩된다. 와인 레이블에는 합작의 징표로 두 사람의 서명이 표기되어 있었지만 2005년 로버트 몬다비와의 결별 이후 채드윅 회장의 서명만 남아 있다.

알비스Albis

'새벽'이라는 뜻의 알비스, 이탈리아 와인 명가인 안티노리Antinori와 칠레의 하라스 데 피르케 포도원이 공동으로 생산한다. 까베르네 소비뇽을 주품종으로 하며 까르미네르가 블렌딩된다.

● 알비스

이 세 가지 와인이 갖는 의미는 칠레 와인 품질의 고급화다. 풍부한 과일 향, 농밀한 질감, 그리고 타닌의 세련된 맛은 허브, 시가, 초콜릿과 같은 고급 부케의 표현력과 함께 칠레 와인의 프리미엄급 와인으로서 손색이 없다. 하지만 여기에 더 의미 있는 순수 칠레 와인들이 줄을 잇고 있다.

칠레 와인의 진격

에라주리즈Errazuriz의 프리미엄급 와인들

칠레 와인을 얘기할 때 빼놓을 수 없는 인물이 있다. 에두아르도 채드윅! 에라주리즈 포도원의 소유주인 그는, 그의 회심작들과 함께 세계무대를 종횡무진하고 있다. 돈 막시미아노Don Maximiano, 세냐Sena,

●채드윅 ●세냐 ●돈 막시미아노 ●카이 ●라 쿰브레

그리고 자신의 이름을 딴 비네도 채드윅Vinedo Chadwick을 앞세워 세계 와인 정벌에 나선 것이다. 그의 모습은 마치 세 장수를 거느리고 전장에 나가는 황제와도 같다. 자신이 만든 와인의 우수성을 증명하고자 2004년 '독일 베를린 테이스팅'을 시작으로 도쿄 · 토론토 · 코펜하겐 · 베이징 · 모스크바 등 세계 대도시를 돌며 유수의 와인들과 테이스팅 경합을 펼치고 있다.

그는 2008년에 이어 2013년 6월에도 서울을 방문했다. 그의 두 번째 방한 이유는 2008년 테이스팅 경합 결과에 앙금이 남아 있었기 때문이다. 당시 '샤또 마고 2004'와 '샤또 라피트 로쉴드 2004'가 각각 1등과 2등을 차지했고, 그의 와인 '돈 막시아노 2004'와 '2005'빈티지는 각각 3위와 공동 5위에 그쳤다. 하지만 2013년 서울에서 펼쳐진 블라인드 테이스팅 경합은 달랐다. 유럽 강호를 물리치고 '돈 막시미아노 2009' 와인이 1등을 꿰찬 것이다. 뿐만 아니라 다른 두 와인의 전적도 화려했다. '비네도 채드윅 2000'은 2004년 베를린에서 1등을 했고 '세냐 2008'은 2011년 취리히에서 우승에 올랐다.

그의 야심작은 세 와인 말고도 2개가 더 있는데 까르미네르 품종으로 만든 '카이Kai', 시라 품종을 사용한 '라 쿰브레La Cumbre'도 완성도가 좋아 칠레 와인의 새로운 아이콘으로 등장했다.

몬테스Montes

최단 시간 세계 최고 판매율의 신화를 기록한 몬테스사의 경영 사례는 하버드 비즈니스 스쿨을 비롯해 켈로그와 선더버드 대학의 비즈니스 연구 대상이 될 정도로 인기가 높다.

●몬테스 타이타

초창기 몬테스사는 1~4만 원대의 중저가를 주력으로 생산하다가 1996년 몬테스 알파M을 시작으로 프리미엄급 와인 생산에 주력하여 2000년에는 몬테스 폴리, 그리고 2005년에는 퍼플 엔젤을 출시하며 승승장구를 이어 가고 있는데 각각 까베르네 소비뇽, 시라, 그리고 까르미네르 품종으로 생산되어 맛과 향에 차별성을 두었으며 저가의 엔트리급 와인과는 달리 깊고 응축된 맛으로 성공을 거두게 된다. 이 포도원의 청정한 수자원, 뜨거운 태양, 그리고 낮과 밤의 기온차는 포도의 당도를 높여 주어 농밀한 와인을 만들 수 있는 뒷받침이 된 것이다.

여기서 멈추지 않는다. 아르헨티나에서는 카이켄KAIKEN 시리즈를 탄생시켰고 미국 나파 밸리에서는 포도원을 직접 구입하여 프리미엄급 와인 '나파엔젤'과 '나파엔젤 아우렐리오스'를 론칭시켰을 뿐만 아니라 최근에는 칠레의 컬트 와인이라 해도 좋을 만한 몬테스 타이타Montes Taita를 출시하여 끊임없는 도전과 실험 정신을 보여 주고 있다.

가격 경쟁에서 우위를 점하다

몬테스의 고급 와인들은 '타이타'를 제외하고 모두 20만 원 안쪽이다. 에라주리즈의 와인들도 최상급 한두 개만 20~30만 원대이며 돈 막시미아노는 10만 원 전후로 맛볼 수 있다. 좋은 빈티지 한 병에 백만 원을 훌쩍 뛰어넘는 유럽 강호들의 와인보다 가격경쟁에서 분명 비교우위에 있다. 하지만 구세계 와인들이 갖는 역사적 의미와 선동, 그리고 그들의 떼루아는 무시할 수 없는 요소들이며 그로 인해 칠레가 담지 못하는 특유의 손맛을 분명 가지고 있다.

산지의 특성을 중시하며 지역적 다양성과 섬세함의 표현력은 프랑스, 이탈리아를 비롯한 유럽 와인들이 역시 강하다. 하지만 세계 와인 트렌드에도 변화는 일고 있다. 자연의 섬세하고 복합적인 맛에 지불해야 하는 고비용에서 단순하지만 과일 맛이 좋은 중저가 와인으로 취향이 바뀌고 있다. 비록 인위적인 양조 기계의 맛일 수는 있겠으나 '와인의 대중화'라는 명제로 볼 때 '가격 대비 마실 만한 와인' 생산은 불가피한 일이며, 그 점이 칠레가 시장에서 설득력을 얻고 있는 가장 큰 이유이자 동시에 소비자로 하여금 칠레의 프리미엄급 와인들에 대한 관심을 높이고 있는 이유이기도 하다.

●칠레 TOP-TIER 와인 중 하나, 비냐 빅

호주

자란 곳에 따라 풍미를 달리 하는 남 호주 와인

모름지기 과일은 서서히 익어 가야 와인을 만들었을 때 제대로 풍미를 내는 법이다. 타닌과 산미를 중요시하는 와인에 있어서 포도는 더욱 그래야 한다. 사막과 적도에 가까운 지역은 포도재배에 적합하지 않다. 만일 경작한다 해도 당도만 강할 뿐, 풍미라고는 찾아볼 수 없는 그야말로 설탕 맛일 것이다. 그래서 호주는 방대한 땅에 비해 와인 생산지가 좁다. 위쪽에 비해 비교적 서늘한 기후대를 보이는 아랫부분에 포도밭들이 몰려 있다.

5개 와인 생산 지역

호주 와인은 대체적으로 맛있다. 과일로 치면 조생종이다. 잘 만들어 내면 꽉 차오른 과육의 진한 맛을 담아낸다. 순수한 과일 맛을 터트리며 적당한 신맛과 당미를 구현한다. 남 호주 지역 와인들이 더욱 그렇다.

호주의 와인 생산지를 크게 나누면 서 호주, 남 호주, 빅토리아 주, 뉴 사우스 웨일즈, 그리고 테즈메니아를 포함해 총 5개 지역이다. 이 중, 남 호주는 호주 와인 생산의 60% 이상을 차지하며 동시에 질적인 면에서도 다른 주보다 우세하다. 그 이유는 남 호주 내 7개의 소지역에서 생산되는 와인들이 저마다 뚜렷한 개성을 지니고 있기 때문이다.

남 호주의 7개 산지

남 호주의 7개 와인 산지는 각 지역마다 특화된 품종이 있어 골라 먹는 재미도 좋다. 여기서 '특화된 품종'이란, 제주산 당근이 다른 지역의 그것보다 맛이 있듯이 포도도 품종마다 잘 자라는 지역이 따로 정해져 있다는 얘기다. 바로사 벨리Barrosa valley와 멕라렌 베일Mclaren vale 지역은 쉬라즈로 만든 레드 와인이 맛있고, 쿠나와라Coonawarra는 특히 까베르네 소비뇽으로 만든 와인이 뛰어나다. 반면 랭호른 크릭Langhorne Creek 지역의 레드 와인은 좀 색다르다. 쉬라즈 와인에 청포도인 비오니에Viognier를 섞는 경우가 많은데 이는 '비오니에'만이 낼 수 있는 살구와 복숭아, 그리고 꽃 향을 더하기 위함이다.

호주의 화이트 와인도 근사하다. 클레어 벨리Clare valley의 리슬링 와인은 수준급으로 유명하며, 에덴 벨리Eden valley의 비오니에 와인은 비교적 알코올 도수가 낮고 오일리한 맛을 보여 준다. 마지막으로 패더웨이Padthaway 지역은 샤르도네 와인이 맛있는데, 무게감이 있고 과일 맛과 꿀 향이 배어 있어 풍미가 좋다.

호주는 쉬라즈, 까베르네 소비뇽, 그리고 리슬링이다

호주에서 재배되는 20여 종의 품종들 중에서 가장 인기 있는 것은 쉬라즈, 까베르네 소비뇽, 그리고 청포도인 리슬링이다. 바로사와 멕라렌 지역의 쉬라즈 와인은 진한 과일 맛과 부드러운 타닌, 그리고 산미가 적절하게 녹아 있어 가장 인기가 좋다.

리슬링 와인은 독일이 원조지만 클레어 밸리에서 생산되는 와인은 사뭇 다르다. 짙은 노란 빛깔에 진한 과일 풍미를 보이며 귤, 오렌지, 라임, 자몽과 같은 시트러스 향이 풍부하다. 여기에 석유와 같은 휘

발성 향까지 녹아 있어 클레어 밸리만의 리슬링 세계를 구축하고 있다. 대표적인 생산자는 르윈 이스테이트Leeuwin Estate다.

까베르네 소비뇽 하면 호주에서 쿠나와라 지역이 가장 독보적이다. 다른 지역에서도 생산되지만 쿠나와라만의 독특한 풍미를 구현해 내기는 힘들다. 그 이유는 쿠나와라 지역만의 독특한 땅과 기후 덕이다.

쿠나와라의 테라 로사

●쿠나와라 까베르네 소비뇽

붉은 땅이라는 뜻의 '테라 로사Terra rossa'는 포도재배에 적합한 성질을 갖고 있어 세계적으로도 관심이 쏠리고 있는 토질이다. 배수가 뛰어나 포도에 천연당분을 응축시키며 부드러운 토양은 유연한 맛을 와인에 부여한다. 라임스톤limestone, 즉 석회석이 풍화되어 생성된 흙으로 여기에 산화철 성분이 합세하여 붉은색 혹은 오렌지 색깔을 띠는데 쿠나와라 지역이 그렇다. 토양뿐만 아니라 기후도 포도농사에 적합하다. 포도가 한창 익을 무렵에는 서늘한 날씨가 지속되어 껍질에 타닌을 축적하기가 쉽고 과육에는 건강한 유기산들이 쌓인다. 그래서 쿠나와라의 까베르네 소비뇽 와인은 프랑스의 그랑 크뤼나 미국의 수준급 나파 밸리 와인과 견주어도 손색이 없다. 윈즈 쿠나와라 이스테이트Wynns Coonawarra Estate가 생산하는 까베르네 소비뇽 와인을 추천한다. 근사한 블랙커런트 향과 농익은 과일 맛, 그리고 한지에 먹물이 퍼져 가듯, 서서히 입안에 번지는 타닌의 촉감이 일품이다.

같은 품종을 쓰지만 적색 토양이 키워 낸 맛은 거친 자갈 모래에서 만들어진 보르도 와인의 그것과는 분명 다른 차원의 맛과 향이 존재한다.

동종이몽

호주의 쉬라즈 품종은 원래 프랑스에서 건너왔다. 프랑스 남부에 위치한 론 지방이 쉬라즈의 고향인데 호주로 넘어오면서 시라Syrah가 쉬라즈Shiraz라는 이름으로 불리게 된 것이다. 이 둘은 동종(同種)이지만 자란 환경에 따라 그 맛과 향이 사뭇 다르다. 이런 경우 보통 호주는 '바로사 밸리'의 쉬라즈 와인을, 론 지방은 '꼬뜨 로띠'나 '생 조셉' 와인을 주로 비교 시음하는데, 호주가 '농익은 과일'이라면 론 시라는 좀 더 복잡한 맛으로 '과일 함께 블랙 올리브, 미네랄' 맛이 난다. 같은 품종으로 만들어졌지만 지역이 다르면 서로 다른 맛과 향을 내는 게 바로 와인이다.

즐거움을 더하는 또 하나의 케이스는 GSM과 CDP 와인이다. 호주 와인 중에서 그르나슈Grenache, 쉬라즈Shiraz, 무흐베드르Mourvedre 품종이 블렌딩된 와인을 약어로 'GSM'이라고 부른다. 사실 알고 보면 이 GSM은 프랑스 론 지방에 있는 '샤또 뇌프 뒤 빠쁘Châteauneuf-du-Pape(약어로 CDP)' 와인을 본떠 만든 술이다. 두 와인에 사용되는 주력 품종이 서로 비슷하기 때문이다.

마지막으로, 쿠나와라 지역의 까베르네 소비뇽 와인과 보르도 그랑 크뤼 와인도 동종이몽(同種異夢)의 술이라 할 수 있겠다.

●호주 팬폴즈 GSM 와인

미국
나파 밸리 와인

나파 와인의 선구자

1980년대 중반까지만 해도 와인에 대한 미국 소비자들의 지식수준은 매우 낮았다. 색깔이 와인을 구분하는 유일한 척도였다. 레드, 화이트, 로제 와인 이외의 다른 기준으로 와인을 구분하지 않았을 정도다. 이러한 와인에 대한 정보 부족은 그 당시 대형 와인 회사가 이윤을 극대화하는 데 일조한다. 포도의 원산지를 속여서 와인을 만드는 일이 비일비재했던 것이다.

예나 지금이나 나파 밸리는 와인 생산지로 명성이 높다. 그래서 이를 이용하여 당시에는 레이블에 나파 밸리Napa Valley라고 표기하고 실제 사용한 포도는 질이 떨어지는 다른 지역의 포도를 사용하여 수익을 창출하는 업체들이 많았다. 앤디 베크스토퍼Andy Beckstoffer(1970년대 나파벨리 와인 품질개선에 1등 공신이자 나파지역 포도 재배자 연합 의장)는 이를 통감하고 나파 밸리 지역의 포도 재배자들을 결속시켜 대형 와인 업체에 맞선 선구자적 인물이다. 그의 꾸준한 노력은 포도의 원산지 신뢰성 구축에 지대한 공을 세웠고 오늘날 나파 와인의 세계적 위상을 마련하게 된다.

전설적인 와인 메이커의 등장

앤디 베크스토퍼 이전의 나파 와인은 어떠했을까? 우선 18세기 말에서 19세기 초까지는 필록세라Phylloxera라는 포도나무 기생충에 의해 혹독한 시련을 겪는다. 이 시기에 쑥대밭으로 변한 포도밭을 일구며 재기에 성공한 주요 포도원들은 다음과 같다. 보리외Beaulieu, 베린저Beringer, 샤를 크뤼그Charles Krug, 샤또 몬텔레나Chateau Montelena, 파 니엔떼Far Niente, 마야카마스Mayacamas, 마크햄Markham, 그리고 슈렘스버그Schramsberg다. 하지만 1920년에 금주법이 시행되고 1929년 미국 경제 대공황과 맞물리면서 미국 와인 산업은 또다시 암흑기에 접어든다. 1933년까지 시행된 금주법으로 밀주와 가짜 와인이 성행했으며 1939년까지 지속된 경제 공황은 술에 대한 사람들의 입맛을 바꾸어 놓았다.

알코올이 강한 와인과 당도가 높은 스위트 와인의 소비가 대부분이었는데 이는 그 당시의 우울한 사회적 분위기와 맞아 떨어졌다. 이런 상황 속에서도 보리외Beaulieu와 잉글룩Inglenook 포도원은 캘리포니아 와인의 성공을 이끈 주역들이다. 그리고 이 성공 신화의 결정적인 인물이 바로 전설적인 와인 메이커, '앙드레 첼리체프André Tchelistcheff'다. 그는 러시아 출생으로 1938년 보리외에 들어가 저온 발효, 유산발효, 프렌치 베럴 사용과 서리로부터 포도밭을 보호할 수 있는 방법을 고안해 낸다. 특히 까베르네 소비뇽 품종으로 탁월한 양조기법을 선보여 오늘날 캘리포니아 와인 메이커들의 멘토가 되었다. 필드 스토운 와이너리Field Stone Winery의 존 스태튼John Staten, 로버트 몬다비Robert Mondavi, 조단 빈야드 & 와이너리Jordan Vineyard & Winery의 루이 마티니Louis Martini와 랍 데이비스Rob Davis는 그의 양조 기술에 매료된 와인 메이커들이다.

'오퍼스 원'의 출현

1965년 나파 밸리에 있는 오크빌Oakville 마을에 걸출한 와이너리가 생겨났다. 자신의 이름을 내건 '로버트 몬다비Robert Mondavi'다. 1943년부터 그의 아버지가 매입한 샤를 크뤼그Charles Krug라는 포도원에서 동생 피터Peter와 함께 와인을 만들어 오다가 동생과 불화가 생겨 독립하게 된다. 금주법 해지 이후 가장 큰 규모의 와이너리로 주목받았고 곧이어 포도밭으로 이름난 '투 칼롱To Kalon'을 손에 넣게 된다. 그는 무똥 로쉴드를 생산하는 바롱 필립드 로쉴드사와 합작으로 1984년에 첫 빈티지인 1979년산 오퍼스 원Opus One 와인을 출시하며 세계 최고의 와인 반열에 오른다.

파리의 심판

뿐만 아니라 오퍼스 원이 출시되기 3년 전인 1976년에는 나파 밸리 와인의 우수성을 세계에 알린 큼직한 사건이 있었다. 파리 와인 테이스팅에서 프랑스의 샤또 무똥 로쉴드와 샤또 오브리옹을 제치고 레드 와인 부분에서 '스택스 립 와인 셀러Stag's leap wine cellars'가 1등을 차지했고 화이트 와인에서는 샤또 몬텔레나Chateau Montelena가 우승을 하였다. 이를 일컬어 '파리의 심판'이라고 부른다. 나파 밸리의 까베르네 소비뇽과 샤르도네 와인의 품질이 세계적으로 입증된 셈이다. 이 사건은 〈와인 미라클〉이라는 영화의 제작 배경이기도 하다.

미국 와인 법규의 장단점

최초 1978년에 제정된 와인 법규 AVAAmerican Viticultral Area는 그동안 여러 번의 개정을 거쳤으나 아직까지도 만족스러운 수준은 아니다.

현재 2012년 버전을 최신으로 다음과 같은 내용을 골자로 한다.

특정 지역 명칭, 예컨대 나파 밸리Napa Valley라는 원산지를 레이블에 표기하려면 최소 85%는 나파 지역에서 재배된 포도를 사용해야 하며, 품종 이름을 표기하기 위해서는 최소 75% 이상 그 품종을 사용해야만 레이블에 써넣을 수 있다는 것이다.

미국은 프랑스와는 달리 와인 생산에 있어 지역별로 품종 규제가 아직 이루어지지 않고 있다. 예를 들면, 보르도 지방의 레드 와인은 까베르네 소비뇽, 멜롯, 쁘띠 베르도, 그리고 까베르네 프랑으로 와인을 만들도록 법제화되어 있다. 게다가 단위 면적당 수확량, 가지치기 및 양조 방법 등에 대한 구체적인 내용도 명시하고 있다. 이런 측면에서 볼 때 미국의 AVA 규정은 느슨하다. 가장 헐거운 부분은 지역별 품종규정이 강제성을 띠고 있지 않다는 점이다. 그로 인해 일각에서는 맛과 향에 대한 지역색이 흐려질 수 있다는 우려의 목소리도 있지만 법규의 느슨함이 주는 장점도 있다. 품종에 대한 실험적 도전과 노력은 캘리포니아 와인 성장에 원동력이 되기도 했으니 말이다. 까베르네 소비뇽으로 만든 최고의 와인은 보르도 지방의 그랑 크뤼 와인이지만 이제 나파 밸리 와인을 빼놓고 까베르네 소비뇽 와인을 논할 순 없다. 나파도 지역별 떼루아가 반영된 소지역 단위 와인들이 세련된 모습을 보여 주기 시작했다.

나파 밸리의 8개 소지역 와인들

캘리포니아 주는 여러 와인 생산지역으로 세분화되어 있다. 그중 나파 밸리 지역은 캘리포니아 와인의 정수다. 나파 밸리는 다시 소지역으로 나뉘는데 칼리스토가Calistoga, 하우웰 마운틴Howell Mountain, 세인트 헬레나St. Helena, 러더포드Rutherford, 욘트빌Yountville, 스텍스 립Stags Leap, 오크빌Oakville, 카네로스Carneros. 이렇게 여덟 개 동네의 와인은 나파 밸리에서도 특히 품질이 뛰어나다. 레이블에 '나파 밸리'라는 문구와 함께 상기 지역 중 어느 하나가 쓰인 와인이라면 한층 고품질 와인이며 맛과 향이 명료하다. 지역별 떼루아를 반영한 개성 있는 와인이기 때문이다. 물론 해당 지역의 포도만을 100% 사용하는 건 아니다. 앞에서 언급했듯이 AVA 법규상 85%만 사용하면 된다. 그래도 지역별로 맛과 향에서 뚜렷한 특징을 보인다.

●나파 소지역 고품질 와인

●일반 나파 와인

칼리스토가

까베르네 소비뇽으로 만든 와인은 블랙베리, 블랙커런트, 자두와 같은 농익은 과일 맛이 좋고, 우아한 타닌과 섬세함을 나타낸다. 샤르도네는 열대 과일류와 배, 복숭아, 시트러스, 견과류, 오크 풍미가 특징이다.

하우웰 마운틴

까베르네 소비뇽과 멜롯 품종 와인이 주로 생산되며 타닌, 산도, 알코올이 조화롭고 블랙베리, 블랙 커런트 향미가 좋다. 특히 이 지역산 와인은 타닌과 산도가 우수하여 장기 숙성력이 뛰어나다. 화이트 와인은 샤르도네와 비오니에 품종을 사용하며 무게감이 있고 새콤한 자몽, 레몬 과일과 핵과(核果)류 풍미다.

세인트 헬레나

까베르네 소비뇽, 멜롯, 그리고 까베르네 프랑을 사용한다. 견고한 타닌에 깊고 풍부하며 농밀한 맛이다. 구조감이 좋고 블랙커런트와 같은 검은 과일 맛이 좋다.

러더포드

까베르네 소비뇽과 멜롯 중심의 와인을 생산하며 유연한 타닌과 매끄러운 질감이 장점이다. 미네랄, 흙냄새, 그리고 블랙체리와 바닐라 향이 배어 있다. 간혹 코코아 풍미의 와인은 별미다.

욘트빌

까베르네 소비뇽과 멜롯을 중심으로 와인이 생산된다. 또렷한 타닌과 잘 익은 과일, 제비꽃 향이 나며 풍만하고 부드럽다. 와인의 밸런스가 좋고 섬세하며 여운이 길다. 시라Syrah 품종의 와인은 깊은 맛과 아울러 흙냄새가 나고, 진판델Zinfandel을 사용한 와인은 블랙베리 풍미가 인상적이다.

스택스 립

까베르네 소비뇽과 멜롯을 주로 사용한다. 섬세한 타닌, 부드러운 질감, 향기로운 체리와 레드커런트 향미가 근사하다. 화이트는 샤르도네와 소비뇽 블랑으로 빚은 와인이 주로 생산되며 라임, 귤, 자몽, 사과 향이 잘 배어 있고 묵직하면서 세련된 맛을 보인다.

오크빌

레드 와인의 주품종은 까베르네 소비뇽과 멜롯이다. 잘 익은 블랙커런트, 레드커런트, 그리고 민트 향과 풍부한 질감이 조화롭다. 화이트는 소비뇽 블랑을 주로 생산하는데 유질감이 좋고 견고하며 풀바디 와인이다.

카네로스

마지막으로, 카네로스 지역은 나파에서도 가장 기온이 서늘한 곳에 속한다. 이런 기후에 가장 적합한 품종은 '피노 누와'다. 이 지역 피노 누와 와인은 잘 익은 체리, 계피, 그리고 향신료와 흙냄새가 어우러지며, 멜롯 품종으로는 세련된 타닌과 섬세한 맛이 좋고 허브 향을 가진 와인이 생산된다. 샤르도네 와인은 미네랄, 배, 사과, 그리고 향신료 향미가 배어난다.

엔트리급에서 세단까지

●이스테이트 버틀드

기술은 같지만 어떤 재료를 쓰느냐에 달려 있다. 최고의 포도밭에서 자란 포도만을 사용하면 세단 같은 명품이 만들어지고 그렇지 못한 포도는 캐주얼한 와인으로 생산된다. 와인에 있어서 명가(名家)의 조건은 명당(明堂)이어야 하는데 최고의 포도를 키울 수 있는 지리적 우월성이 개성적인 맛과 향을 보장하기 때문이다. 그런 명가들이 생산하는 와인들 중에서 최고의 와인에는 레이블에 이스테이트Estate, 이스테이트 버틀드Estate Bottled, 이스테이트 그로운Estate Grown과 같은 단어를 사용한다. 이런 문구가 상징하는 뜻은 타 지역이나 다른 사람이 농사지은 포도를 사용하지 않고 자신만의 포도원에서 재배한 포도를 사용하여 직접 병입까지 했다는 의미이며 자동차로 치면 최고급 세단에 속한다.

미국

'로버트 몬다비'와 도다리

1960년대 미국 와인은 침체기였다. 금주령(1920~1933), 양차 세계대전, 그리고 1958년부터 경제공황의 침체기에서 접어들면서 몇몇 와이너리(보리유, 루이 마티니, 잉글룩, 샤를 크뤼그)를 제외하면 미국 와인의 현주소는, 와인에 독주를 섞어 만든 '썬더버드'나 '리플'처럼 알코올 도수가 높은 주정강화 와인이 주를 이루었고, 술에 물 탄 듯 물에 술 탄 듯 밍밍한 레드 와인이 전부였다.

이런 암울한 배경 속에서도 로버트 몬다비Robert Mondavi와 그의 아내 마조리에Marjorie는 유럽 여행을 결심한다. 취지는 구세계 와이너리 탐방이었고 목적은 향후 자신이 만들어야 할 와인의 방향성을 찾아보기 위함이었다. 보수적이며 새로운 변화를 주저하는 그의 동생 '피터'와는 달리 외향적 성격에 진취적인 성향이 강했던 로버트 몬다비는 동생의 만류에도 불구하고 와인의 심장, 유럽으로 날아갔다.

그리고 독일과 이태리를 거쳐 프랑스 론 지방의 제일 남쪽에 자리한 비엔느Vienne에 도착하게 된다. 이 도시를 찾은 목적은 세계적인 명성을 떨치고 있었던 레스토랑 'La Pyramide'에서 식도락을 즐기기 위함이었다. 이 식당은 그 당시 폴보 퀴즈, 피에르, 그리고 미셸 트와그로와 같은 당대 걸출한 프랑스 쉐프들이 수습을 했던 곳으로도 유명한 전설적인 레스토랑이다.

"floating in butter"

몬다비 부부가 이곳 레스토랑에서 먹어본 음식 중, 도다리를 맛보고 묘사한 글귀인데 섬세한 맛에 무겁지 않고 그러면서도 풍미가 꽉 들어찬 생선 맛에 반했던 것이다. 도다리의 연한 생선살과 절묘한 버터의 조합 속에서 로버트는 자신만의 와인 메이킹 스타일을 착안해 내었고 그 요리는 그의 인생을 바꾼 음식으로서 오늘날 로버트 몬다비의 와인세계를 엿볼 수 있는 음식이기도 했다.

미국 와인의 대부라 불리는 로버트 몬다비의 와인 탄생에 도다리라는 못 생기고 납작한 생선이 있을 줄이야….

봄이 오면…

●투 칼론 빈야드 리저브 휘메 블랑

그래서 봄이 오면 가장 먼저 생각나는 와인과 회가 있다. 봄 도다리와 소비뇽 블랑 와인이다. 특히 소비뇽 블랑으로 만든 로버트 몬다비의 '휘메 블랑Fume Blanc' 와인이 도다리 회와 제격인데 오렌지와 미네랄티가 적절히 배합된 풍미에 가벼우면서도 우아한 맛을 보여 주는 이 와인과 쫄깃한 도다리의 식감은 그 조합이 매우 뛰어나 식도락가의 봄철 메뉴로 손색이 없을 정도다. 그리고 로버트 몬다비의 휘메 블랑 와인에는 세 종류가 있는데 하나는 엔트리급 '휘메 블랑', 중간급 '리저브 휘메 블랑' 그리고 최고급에는 '투 칼론 빈야드 리저브 휘메 블랑'이 있다. 후자로 갈수록 부드러움, 무게감, 그리고 깊은 맛과 복합적인 풍미가 뛰어나다. 참고로 로버트 몬다비의 휘메 블랑 와인은 '뿌이 휘메Pouilly Fumé(상세르와 더불어 프랑스 루아르 지방에 있는 소비뇽 블랑 와인의 최고 생산지)'의 'Fumé'를 차용한 다음, 화이트 와인이라는 뜻의 '블랑Blanc'을 덧붙여 이름을 지었다.

●로버트 몬다비 휘메 블랑, 소비뇽 블랑 와인

PART 04

디저트 와인

:: 행운을 맛본 사람들

끈적끈적한 단맛을 싫어하는 사람에게 디저트 와인은 그리 매력적이지 못하다. 하지만 디저트 와인의 참다운 맛은 단맛이 아니라 '천연 산미'에 있다. 달기만 한 와인은 그저 사탕에 지나지 않는다.

설탕을 전혀 첨가하지 않았으나 목청이 얼얼할 만큼 달고, 그토록 단맛이 강하지만 결코 질리지 않는 술, 그런 와인을 맛본다는 건 행운이다.

그러한 행운의 맛을 경험한 사람들의 소감은 어떨까?

> "토카이는 아직 경험이 없고, 샤또 디켐 91년, 98년 빈티지를 마셔봤는데, 왜 한 그루에서 한 잔만 나온다고 하는지 알 수 있는 응축된 맛이었어요. 모든 여자들이 한 번 경험하면 빠질 수밖에 없는 매력적인 와인이 분명했어요. 분위기, 맛, 그리고 향에 취해 버려 앉은뱅이가 될 수밖에 없는…. 그래도 디저트 와인은 아쉬움이 남는 한 잔으로 만족합니다. 그 한 잔만 마셨을 뿐인데도 근사한 코스 요리를 먹고 난 듯한 포만감은 감동이었어요!"
>
> -블로거 OO여왕-

"로얄 토카이 에센시아를 마셔봤는데 정말 목과 식도가 타내려가는 듯한 당도와 산도가 일품이었습니다. 평생 못 잊을 듯합니다."

-블로거 OO군-

그리고 이런 달콤한 와인들은 의외의 장소와 모티브로 탄생한다. 곰팡이 핀 포도와 지푸라기 위에서….

3개국 최고의 귀부 와인

"올해도 포도가 잘 썩어야 할 텐데…." 프랑스 소테른 마을, 농부들의 희망(?) 섞인 소리다. 곰팡이가 잘 슬어야만 제대로 된 명품 와인이 나온다니, 따지고 보면 그렇게 이상할 것도 없다. 청주를 빚을 때 누룩을 띄워야 하고, 간장, 고추장의 원료인 메주에도 곰팡이를 잘 피게 해야 제맛이 나기 때문이다.

귀부 와인이라 부른다

보르도 지방에서 최남단에 위치한 소테른 마을. 이곳 주변에는 두 개의 강이 흐른다. 하나는 깊고 다른 하나는 얕다. 온도가 다른 두 강이 만나는 지점에 마을이 위치하고 있어 안개가 짙고 습하다. 포도가 익어 갈 무렵 난데없이 곰팡이들이 번진다. 단 내음에 하루살이 모이듯 포도에 착상하여 미세한 구멍을 뚫어 낸다. 그래서 이 지역의 와인메이커는 신의 저주가 내린 곳이라 생각했다. "왜 우리 마을은 메독 지역처럼 축복을 받지 못했을까?" 하면서 썩은 포도를 내다 버렸다. 그러던 중 곰팡이가 뚫어놓은 미세한 구멍 사이로 수분이 증발하고 당분이 더욱 치솟는다는 걸 깨닫게 되자, 맛난 스위트 와인이 될지도 모른다는 역발상에 무게를 둔다. 그렇게 탄생된 와인이 귀부(貴腐) 와인이다. 귀할 귀, 썩을 부, 영어로는 'Noble rot wine!', '소테른sauternes' 와인이 바로 그것이다.

설탕을 넣지 않아요

예전에 집에서 포도를 담글 때는 으깬 포도에 설탕을 넣어 만들곤 했다. 사실, 시중에 가면 그런 와인들도 있다. 풍미를 담기보다는 단맛 하나로 승부하는 단세포 와인이다. 귀부 와인은 설탕을 넣을 필요가 없다. 이미 포도알 속에는 수분이 증발하여 당도가 36브릭스 이상을 웃돌기 때문이다. 일반 과일이 아주 달다고 느껴질 때가 13~15브릭스 정도니 가히 꿀과 맞먹는 천연 당이다.

효모의 자승자박

발효를 일으키는 효모는 포도즙의 당분을 먹고 알코올을 만들어 낸다. 그 알코올이 일정 농도에 이르면 자기가 만들어 낸 알코올에 의해 스스로 사멸한다. 효모 종류에 따라 다르긴 하지만 대략 알코올 10~14도가 되면 효모는 죽는다. 이 정도 알코올 도수라면 약 20~22브릭스의 당분이 소요된 셈이라서 나머지 천연 당은 와인 속에 잔류하게 되어 달콤한 맛을 내는 것이다.

소테른 와인 제대로 고르기

만약 소테른 와인이 달기만 하다면 의미 없는 술이 된다. 단맛을 돋우어주는 유기산이 풍부할수록 최고의 맛과 향을 보인다. 즉, 사용된 포도의 품질과 생산자에 따라 귀부 와인의 맛과 가격에는 상당한 차이가 있다는 사실을 알아 두어야 한다.

네고시앙이 만든 소테른

●대표적인 네고시앙 와인

자가 포도밭의 포도를 사용하지 않고 남이 농사지어 놓은 귀부 포도를 구입하여 자신의 기술로 와인을 만드는 업자를 네고시앙Negociant이라고 한다. 나름대로의 노하우와 관리를 하겠지만 여러 곳의 포도가 대량으로 섞이다 보면 산패된 포도 양의 증가로 유기산이 저하되어 새콤한 풍미의 유희는 사라질 수 있다. 몇몇 생산자를 제외하면 시중에서 대략 3~4만 원 정도면 구입 가능하다. 네고시앙이 만든 소테른 와인 레이블에는 'Château' 문구가 없는 경우가 많고 대신 회사 이름을 표기한다. 하지만 '꼬르디에Cordier' 같은 대형 네고시앙들은 포도원을 매입한 후 기존의 샤또 이름을 레이블에 고수하면서 회사 문구를 같이 표기하기도 한다.

단일 포도원에서 생산된 소테른

●그랑 크뤼가 아닌 일반 포도원

남의 포도나 다른 구역의 포도를 사용하지 않고 자신의 포도원에서만 재배된 귀부포도를 사용할 경우 'Château ○○○' 혹은 'Domaine ○○○'라고 레이블에 표기된다. 'Château'가 단일 포도원을 뜻하므로 네고시앙이 만든 소테른 와인보다는 품질이 좋은 편에 속한다. 작황이 좋은 해에 생산된 와인일 경우 오히려 그랑 크뤼급 와인보다 품질이 뛰어나 맛이 더 좋을 수도 있다. '도멘 드 까르보니외Domaine de Carbonnieu', 혹은 '샤또 브리아뜨Ch. Briatte'에서 생산된 소테른 와인은 그 좋은 예라 할 수 있다.

그랑 크뤼 소테른

소테른 지역에서 정부가 지정한 최상급 포도원을 말한다. 레이블에 'Château OOO'라는 표기와 함께 'Grand Cru' 혹은 '1er Cru' 문구가 함께 표기된다. 1855년 보르도 메독 지역에서 그랑 크뤼 포도원이 선발될 때 소테른 지역에서도 그랑 크뤼 포도원들이 지정되었다. 하지만 그랑 크뤼라고 해서 절대적으로 품질이 보장되는 건 아니다. 다만 '단일 포도원' 과 '그랑 크뤼' 소테른 와인이 더 나은 대접을 받는 이유는 지리적 위치가 좋고 빠른 수확과 양조로 과일의 산화율을 낮춘다는 것! 그래서 깊은 맛과 신선한 유기산을 담아낼 수 있다는 믿음과 신뢰 때문이다.

●그랑 크뤼 소테른

당대 최고의 귀부 와인 세 가지

프랑스의 샤또 디켐, 독일의 에곤 뮐러 TBA, 헝가리의 로얄 토까이 에센시아. 이 와인들을 접할 기회가 있다면 그건 행운이다. 가격 때문이 아니라 어쩌면 단 한 번도 경험해 보지 못했던 맛과 향의 신세계를 경험할 수도 있기 때문이다.

샤또 디켐

어느 소믈리에 선발 대회에서 샤또 디켐Chateau d'yquem 1992년산에 대한 문제가 나왔다. 디캔팅 여부에 대한 질문이었는데 함정이었다. 재밌게도 그해는 이켐이 생산되지 않은 연도였다. 가장 최근 2012년에도 샤또 디켐 포도원은 해당 년도의 소테른 와인을 생산하지 않았다. 수확기에 많이 내린 비로 포도 품질에 문제가 생겨 농밀하고 산미가 좋은 와인을 만들기에 부적합했기 때문이다. 한두 번이 아니다. 2012년을 포함하여 1910, 1915, 1930, 1951, 1952, 1964, 1972, 1974, 1992에는 작황이 좋지 못해 와인 생산을 포기한 해다.

●샤또 디켐

반면에 작황이 좋은 해의 이켐은 지극히 이국적이며 뇌쇄적일 정도로 달콤하다. 무엇보다도 산미와 천연 당도의 절묘한 조화가 환상적이다. 빈티지에 따라 가격과 맛의 편차가 심하며 일반적인 작황의 와인은 35~45만 원 정도이다. 최근 2000년 들어서 괜찮은 빈티지는 8

개다. 2001, 2003, 2004, 2005, 2007, 2009, 2010, 2011년산이며, 이 중 2001과 2009은 이켐의 최고 빈티지이고 RP, WS, WE 모두 100점이다. 세미용을 주력으로 하며 소비뇽 블랑과 뮈스까델 품종이 소량 블렌딩된다.

에곤 뮬러 TBA

독일 와인 명가, 에곤 뮬러Egon Muller가 자신 소유의 사르초프베르그(독일 편 참고) 포도밭에서 생산하는 트로켄베렌아우스레제Trockenbeerenauslese(이하 TBA라 칭함)는 극도로 접하기 어려운 술로도 유명하다. 이켐은 한해에 10만 병 정도 생산되지만 이 술은 고작 50~300병 정도다. 평균 13.5%의 알코올 농도를 보이는 이켐에 비해 에곤 뮬러의 TBA는 5.5%다. 상대적으로 낮은 알코올 농도지만 그 맛과 향은 놀라울 정도의 힘과 균형미를 가지고 있다. 살구와 열대과일, 미네랄 터치가 단호하며 짙은 노란색은 침샘을 자극한다. 술이라기보다는 신들의 넥타nectar에 가깝다. 리슬링 품종으로는 세계 최고의 술이다. 매년마다 생산되지 않으며 현재 알려진 생산 빈티지는 1989, 1990, 1995, 1999, 2005, 2009, 2010, 2011이다.

● 에곤뮬러 TBA

로얄 토카이 에센시아

마지막으로 상기 두 와인과 더불어 로얄 토카이 사의 에센시아Essencia를 최고로 꼽을 수 있다. 헝가리에도 '토카이Tokaji'라는 귀부 와인이 생산되는데 사실 이 나라가 귀부 와인의 원조국이다. 토카이 헤잘라Tokaj-Hegyalja라는 지역에서 곰팡이 핀 포도로 처음 생산되기 시작했다. 오랜 역사와 뛰어난 품질을 가지고 있지만 아쉽게도 소테른과 TBA에 가려져 있다. 보통 토카이는 레이블에 3, 5, 6이라는 숫자가 표시되어 있고 품질과 가격은 숫자가 높을수록 비례하지만 가장 최고급 와인은 에센시아Essencia 또는 에센스Essence라고 표기되어 있다. 순도 높은 귀부 포도만을 사용하며 생산량이 극히 적어 구하기 힘들다. 로얄 토카이사의 에센시아는 작황이 뛰어난 해에만 특별히 생산되며 특히 1993, 1999, 2000, 2003은 최고의 해로, 응축된 맛과 향은 이켐이나 에곤 뮬러에 결코 뒤지지 않는다. 평균 5~8년의 숙성과정을 거쳐 출시되며 주력 품종은 푸르민트Furmint와 하르슐레벨뤼Harslevelu를 사용한다.

●로얄 토카이 에센시아

지푸라기 와인

'건조기'가 아닌 '자연풍'을 이용하다

깨끗한 바람에 말린다. 수확한 포도를 지푸라기나 건조대에 놓고 통풍이 잘 되는 곳에서 약 4개월간 건조시킨 후 당도가 높아지면 즙을 내어 와인을 만든다. 이런 방식의 와인은 이탈리아와 프랑스가 대표적이다. 물론 다른 나라에서도 생산된다. 이탈리아와 프랑스는 건조 방식으로 만든 와인을 칭하는 말이 따로 있고 이를 제외한 생산국은 보통 영어로 통칭해서 '스트로Straw' 와인이라 부른다. '지푸라기' 와인이다.

프랑스는 뱅 드 빠이유

뱅 드 빠이유Vin de Paille, 해석하면 지푸라기Paille 의de 와인Vin이다. 매년마다 만들지 않고 그해 작황이 좋아야 하며 포도가 잘 익은 해에만 생산된다. 프랑스 쥐라 지방의 토속주다. 사용되는 품종은 샤르도네, 사바냉 그리고 적포도인 뿔사르Poulsard다. 이런 스타일의 와인은 쥐라 지역 말고도 프랑스의 다른 지역에서도 찾아볼 수 있다. 론 지방의 에르미따쥐Hermitage 지역에서는 막산느Marsanne 품종으로, 알자스 지방은 리슬링Riesling, 그리고 꼬레즈Corrèze 지역에서는 까베르네 소비뇽과 까베르네 프랑, 샤르도네와 소비뇽 블랑으로 생산된다. 이 세 지역에서는 '뱅 빠이예Vin Paillé'라고 부른다. 복숭아와 살구 풍미가 진하고 달콤하며 푸아그라 요리와 조합이 맞다.

이탈리아산 지푸라기 와인은?

이탈리아에서 포도를 건조시켜 만든 디저트 와인을 통칭하여 '파시토passito'라고 부르지만 생산되는 지역마다 불리는 고유 명칭이 따로 있다.

토스카나 지방에서는 빈 산토

귀빈들이 모인 어느 만찬에서 빈 산토가 디저트 와인으로 선정된 적이 있었다. 통역과정에서 해프닝이 벌어졌는데 '빈 산토Vin santo' 와인이 뭐냐고 묻자, 한 통역관이 '성스러운 와인'이라고 대답한다. 이태리 토스카나 지역에서 생산되는 '달콤한 디저트 와인'이라고 전달해야 하는데 그는 빈 산토 와인을 몰랐던 것이다. 뜻 그대로 번역하면 'holy wine'이 맞다. santo가 '성스러운'이라는 영어의 holy에 해당한다. 하지만 그 통역관은 레드 와인인지, 화이트 와인인지 하물며 달콤한 맛의 스위트한 술인지 개념조차 없었다. 이 술의 기원은 로마 카톨릭 교회시절에 미사주로 자주 쓰였다 하여 'Vin santo'라는 이름을 갖게 되었다. 토스카나 지역에서 재배되는 청포도인 트레비아노Trebbiano와 말바시아Malvasia 품종으로 만들어지며 짙은 호박색을 띠고 아몬드와 해즐넛, 그리고 비스킷 풍미가 좋다. 5~6년 묵혀 두어야 제맛을 볼 수 있다.

●빈 산토

베네토 지방은 레치오토

'레치오토Recioto'는 말 그대로 '달콤한 맛'을 뜻한다. 레드와 화이트 둘 다 생산되며 레드는 베네토 지방에 소재하는 발폴리첼라Valpolicella 지역이 유명하다. 꼬르비나 베로네즈Corvina Veronese, 론디넬라Rondinella, 그리고 몰리나라Molinara 품종으로 빚어진다. 꼬르비나 종은 향기로운 과일 향을, 론디넬라는 짙은 색깔을, 몰리나라는 적당한 산도를 와인에 부여한다. 레치오토가 화이트 와인으로 생산되는 경우는 청포도인 가르가네가Garganega를 사용하는데, 베네토의 소아베Soave 지역에서는 화이트로 생산된다. 따라서 레드 레치오토는 Recioto della Valpolicella, 화이트는 Recioto di Soave로 레이블에 표기된다.

● 레치오토 레드 ● 레치오토 화이트

친퀘 테레의 샤케트라

친퀘 테레Cinque Terre는 이탈리아 북서부의 리구리아Liguria 주에 위치하는 라 스페치아La Spezia 지방의 5개 해안 마을을 합쳐 부르는 말이다. 동화 같은 해안도시의 절벽 위로 옹기종기 붙어 앉은 이 마을들은 관광으로 가장 유명하지만 수세기 동안 알려져 있지 않았던 가파른 계단식 포도밭이 눈길을 사로잡는다. 달의 와인이라 불리는 술! '샤케트라Sciacchetra'는 이 5개 마을에서 생산되는 달콤한 화이트 와인으로 금빛 색채 속에 사과, 살구, 그리고 아카시아 꿀 향기가 녹아 있다. 이 술은 신이 친퀘 테레에 내린 또 하나의 축복이다. 사용되는 포도는 보스코Bosco, 알바롤라Albarola, 베르멘티노Vermentino로 만들어진다.

● 스위트 와인, 샤케트라

와인과 음식 가이드라인

여름철 보양식인 장어를 맛있게 먹고 디저트로 복숭아를 먹는다면 속이 불편할지도 모른다. 복숭아의 유기산이 장어의 지방 소화를 방해할 수가 있다. 이는 상극이다. '돼지고기와 새우젓', 이 둘은 상생이다. 새우젓이 돼지고기의 누린내를 잡아 주고 소화를 돕기 때문이다. 홍어와 막걸리는 어떠한가? 막걸리에는 단백질과 알칼리성 암모니아를 중화시켜주는 유기산이 함유되어 있다. 따라서 홍어와 막걸리는 천생연분이라 하겠다. 이런 궁합은 속을 편안하게 하며 영양소의 체내 흡수를 최대치로 끌어올린다.

최고가 아닌 최선

와인과 음식의 조합은 어떨까? 흔한 말로 레드 와인은 육류, 화이트는 생선과 어울린다고 한다. 틀린 말은 아니다. 하지만 '적(赤)'과 '백(白)'으로 나누기엔 와인의 종류가 많고 다양하다. 게다가 생산지의 특성, 그해의 포도작황, 병입 후 보관 상태와 세월, 그리고 누가 만들었는지에 따라 와인의 풍미는 천양지차다. 개인의 취향은 또 어떠한가? 세계 최고의 요리사가 만든 음식에도 불평하는 자는 있게 마련이다. 맛과 향은 극히 개인적인 기호의 문제다. 따라서 이 음식과 저 와인의 최고를 찾기보다는 최선의 가짓수를 늘려 가며 자신의 경험치를 쌓는 것이 옳다.

와인과 음식을 어떻게 짝지을 것인가?

여기에 왕도는 없다. 한평생 와인 업계에 몸을 담아도 그리 녹록하지 않다. 어찌 모든 사람의 입맛을 완벽히 맞출 수 있겠는가? 앞에서도 얘기했지만 최고가 아닌 최선의 조합을 찾아내야 한다. 그러기 위해서는 가이드라인이 필요한데 이를 토대로 경험치를 쌓아 간다면 자신만의 노하우가 생겨날 것이다.

가볍고 산뜻한 레드 와인	**과일 맛이 좋은 로제 와인**	**단맛과 산미가 조화로운 화이트 와인**
↓	↓	↓
갸메 산죠베제 까베르네 프랑 진판델	**까베르네 프랑 진판델 피노 따쥐**	**리슬링 게뷔르츠트라미너**
↓	↓	↓
보졸레 키안티 루피나 앙주 소뮈르 소뮈르 샹피니 시농 부르게이 생 니콜라스 부르게이 캘리포니아 진판델 *삼겹살, 족발	앙주 로제 까베르네 당주 까베르네 드 소뮈르 진판델 로제 남아공 로제 *수육, 보쌈	독일 리슬링 알자스 게뷔르츠트라미너 *냉채족발

생기 있고 과일 맛이 좋은 레드 와인

피노 누와
멜롯

지브레 샹베르땡
본 로마네
샹볼 뮈지니
오레곤 피노 누와
러시안 리버 벨리
뉴질랜드 피노 누와
뽀므롤
생떼밀리옹 그랑 크뤼
*불고기, 수육

진하고 잼과 같은 농밀한 레드 와인

쉬라즈
말벡
따나
꼬르비나

바로사 벨리
맥라렌 베일
헌터 벨리
에르미따쥐
크로즈 에르미따쥐
꼬뜨 로띠
쌩 조셉
꼬르나스
멘도사 또는 살타
까오르
마디랑
아마로네
*스테이크

깊은 맛을 가진 원숙한 최상급 레드 와인

까베르네 소비뇽
네비올로
산죠베제
뗌프라뇨
그르나슈

마고 그랑 크뤼
생 줄리앙 그랑 크뤼
뽀이약 그랑 크뤼
그라브 그랑 크뤼
생 떼스테프 그랑 크뤼
쿠나와라
나파 벨리
바롤로 크뤼
바르바레스코 크뤼
부르넬로 디 몬탈치노
키안티 클라시코 리제르바
슈퍼 투스칸
리베라 델 두에로
토로
나바라
샤또 뇌프 뒤 빠쁘
꼬뜨 뒤 방뚜
*숯불구이

미디엄 바디에 과일 맛이 좋은 레드 와인

까베르네 프랑
산죠베제
그르나슈

앙주
생 니콜라스 부르게이
키안티 클라시코
지공다스
리락
*오븐 구이

가볍고 살짝 단맛이 있는 로제 와인

까베르네 프랑
진판델
그르나슈

앙주 로제
방돌 로제
꼬뜨 드 프로방스 로제
미국 진판델 로제
*후라이드 치킨, 백숙

단맛이 있는 스파클링

모스까또
말바시아
브라께또

모스까또 다스티
말바시아 스파클링
브라께또 다퀴
*양념치킨, 아귀찜
*매콤한 음식

숙성이 잘된 고급 레드 와인

↓

까베르네 소비뇽
그르나슈
네비올로
뗌쁘라뇨
시라

↓

뽀이약 그랑 크뤼
샤또 뇌프 뒤 빠쁘
미네르브와
바롤로
바르바레스코
리베라 델 두에로
파소 노블레스
*양고기 스테이크

당미가 있고 과일 맛이 진한 레드 와인

↓

까베르네 소비뇽
쉬라즈
말벡

↓

칠레 아이콘 와인
나파 벨리
꼬뜨 로띠
바로사 벨리
아르헨티나
*양곱창 구이

당미와 산미가 조화로운 화이트

↓

리슬링

↓

독일산 리슬링 와인
케비넷, 스패틀레제,
아우스레제
*양곱창 구이

오크 향이 과하지 않은 고급 화이트 와인

샤르도네
리슬링
슈냉블랑
마르산느
비오니에
세미용

샤블리 1er 또는 그랑 크뤼
뫼르소
샤사뉴 몽하쉐
퓔리니 몽하쉐
나파 벨리
마가렛 리버
클레어 벨리
알자스 고급 리슬링
오카나간 벨리
사브니에르
에르미따쥐 화이트
꽁드리외
그라브 고급 화이트
*고급어종 '회'
*흰 살 생선 요리 & 찜
*게, 랍스터, 관자요리

최근 빈티지의 신선한 화이트 와인

소비뇽 블랑
슈냉블랑
세미용
가르가네가
꼬르테제
쁘띠 망상

나파 벨리 휘메 블랑
스텔렌보쉬 소비뇽 블랑
말보로 소비뇽 블랑
뿌이 휘메
상세르
부브레
엉뚜르 드 메르
베르즈락 쎅
몽라벨
소시냑
소아베
꼬르테제 디 가비
*일반어종 '회'

샴페인 & 스파클링

샤르도네
피노 누와
피노 뫼니에
프로세코

블랑 드 블랑
블랑 드 누와
로제 샴페인
프란치아코르타
까르띠제 프로세코
*연어, 참치, 굴, 홍합
*고급어종 '회'

부드럽고 말랑한 연성치즈

- **화이트**
  - 아이스 와인
  - 포트 와인
  - 파시토 와인
  - 뱅 드 빠이유
  - 샤케트라
  - 모스까또 다스티
  - 고급 샤르도네
  - 에르미따쥐
  - 독일 리슬링
- **샴페인& 스파클링**
  - 샴페인
  - 블랑 드 블랑
  - 블랑 드 누와
  - 까바
  - 프로세코
  - 프란치아코르타

딱딱한 경성치즈

- **미디엄 & 풀 바디 레드 와인**
  - 까베르네 소비뇽
  - 쉬라즈
  - 말벡
  - 뗌쁘라뇨
  - 산죠베제
  - 그르나슈
  - 멜롯

블루치즈 (로크포르)

- **귀부 와인**
  - 소테른
  - 토카이
  - 독일 TBA
  - 셀렉시옹 드 그랭노블

와인의 정석

1판 1쇄 발행 2014년 6월 20일
개정2판 1쇄 발행 2024년 2월 28일

지은이 고창범
펴낸이 강수걸
편집 강나래 이선화 오해은 이소영 이혜정
디자인 권문경 조은비
펴낸곳 산지니
등록 2005년 2월 7일 제333-3370000251002005000001호
주소 부산시 해운대구 수영강변대로 140 BCC 626호
전화 051-504-7070 | 팩스 051-507-7543
홈페이지 www.sanzinibook.com
전자우편 sanzini@sanzinibook.com
블로그 http://sanzinibook.tistory.com

ISBN 979-11-6861-238-9 03590

* 책값은 뒤표지에 있습니다.
* 잘못 만들어진 책은 구입처에서 교환해드립니다.